普通高等教育土建学科专业"十一五"规划教材

全国高职高专教育土建类专业教学指导委员会规划推荐教材

建 筑 施 工 工 艺

（工程造价与建筑管理类专业适用）

丁宪良　魏　杰　主编

白　峰　邢根宝　主审

中国建筑工业出版社

图书在版编目(CIP)数据

建筑施工工艺/丁宪良，魏杰主编. —北京：中国建筑工业
出版社，2008（2023.6重印）
普通高等教育土建学科专业"十一五"规划教材. 全国高职
高专教育土建类专业教学指导委员会规划推荐教材.（工程造
价与建筑管理类专业适用）
ISBN 978-7-112-09825-5

Ⅰ. 建…　Ⅱ. ①丁…②魏…　Ⅲ. 建筑工程—工程施工—高
等学校：技术学校—教材　Ⅳ. TU7

中国版本图书馆 CIP 数据核字(2008)第 055407 号

普通高等教育土建学科专业"十一五"规划教材
全国高职高专教育土建类专业教学指导委员会规划推荐教材
建 筑 施 工 工 艺
（工程造价与建筑管理类专业适用）

丁宪良　魏　杰　主编

白　峰　邢根宝　主审

*

中国建筑工业出版社出版、发行（北京西郊百万庄）
各地新华书店、建筑书店经销
北 京 天 成 排 版 公 司 制 版
建工社（河北）印刷有限公司印刷

*

开本：787×1092毫米　1/16　印张：18½　字数：444千字
2008年7月第一版　2023年6月第十三次印刷
定价：35.00元
ISBN 978-7-112-09825-5
(21621)

《建筑施工工艺》是工程造价与建筑管理类专业的一门主要专业课。该课程是一门实践性很强的技术性课程。它的主要任务是研究建筑工程各主要工种工程施工技术的基本知识、基本理论、施工工艺、施工方法、施工机械。

　　本课程是培养学生运用专业知识解决工程实际问题的一个重要教学环节，通过本课程的学习使学生掌握一般工业与民用建筑的施工程序，掌握建筑施工主要工种的施工方法、施工工艺、施工特点，了解国内外建筑工程施工新技术、新工艺、新材料、新设备，为从事建筑工程的管理提供良好的平台。

　　本教材共分为 11 章，必修内容包括：土方工程、地基与基础工程、砌筑工程、钢筋混凝土工程、预应力混凝土工程、结构安装工程、防水工程、装饰工程；选修内容包括：高层建筑施工、大模板建筑施工、液压滑升模板施工。

　　本教材可作为高等职业教育工程造价与建筑管理类专业教材，亦可作为相关人员的岗位培训教材或土建工程技术人员参考资料。

＊　　　＊　　　＊

责任编辑：张　晶
责任设计：赵明霞
责任校对：王　爽　安　东

教材编审委员会名单

主　任： 吴　泽

副主任： 陈锡宝　范文昭　张怡朋

秘　书： 袁建新

委　员：（按姓氏笔画排序）

马纯杰　王武齐　田恒久　任　宏　刘　玲

刘德甫　汤万龙　杨太生　何　辉　宋岩丽

张　晶　张小平　张凌云　但　霞　迟晓明

陈东佐　项建国　秦永高　耿震岗　贾福根

高　远　蒋国秀　景星蓉

序　言

全国高职高专教育土建类专业教学指导委员会工程管理类专业指导分委员会(原名高等学校土建学科教学指导委员会高等职业教育专业委员会管理类专业指导小组)是建设部受教育部委托，由建设部聘任和管理的专家机构。其主要工作任务是，研究如何适应建设事业发展的需要设置高等职业教育专业，明确建设类高等职业教育人才的培养标准和规格，构建理论与实践紧密结合的教学内容体系，构筑"校企合作、产学结合"的人才培养模式，为我国建设事业的健康发展提供智力支持。

在建设部人事教育司和全国高职高专教育土建类专业教学指导委员会的领导下，2002年以来，全国高职高专教育土建类专业教学指导委员会工程管理类专业指导分委员会的工作取得了多项成果，编制了工程管理类高职高专教育指导性专业目录；在重点专业的专业定位、人才培养方案、教学内容体系、主干课程内容等方面取得了共识；制定了"工程造价"、"建筑工程管理"、"建筑经济管理"、"物业管理"等专业的教育标准、人才培养方案、主干课程教学大纲；制定了教材编审原则；启动了建设类高等职业教育建筑管理类专业人才培养模式的研究工作。

全国高职高专教育土建类专业教学指导委员会工程管理类专业指导分委员会指导的专业有工程造价、建筑工程管理、建筑经济管理、房地产经营与估价、物业管理及物业设施管理等6个专业。为了满足上述专业的教学需要，我们在调查研究的基础上制定了这些专业的教育标准和培养方案，根据培养方案认真组织了教学与实践经验较丰富的教授和专家编制了主干课程的教学大纲，然后根据教学大纲编审了本套教材。

本套教材是在高等职业教育有关改革精神指导下，以社会需求为导向，以培养实用为主、技能为本的应用型人才为出发点，根据目前各专业毕业生的岗位走向、生源状况等实际情况，由理论知识扎实、实践能力强的双师型教师和专家编写的。因此，本套教材体现了高等职业教育适应性、实用性强的特点，具有内容新、通俗易懂、紧密结合工程实践和工程管理实际、符合高职学生学习规律的特色。我们希望通过这套教材的使用，进一步提高教学质量，更好地为社会培养具有解决工作中实际问题的有用人材打下基础。也为今后推出更多更好的具有高职教育特色的教材探索一条新的路子，使我国的高职教育办的更加规范和有效。

全国高职高专教育土建类专业教学指导委员会
工程管理类专业指导分委员会

前　言

　　本书是全国建设管理类高等职业教育工程造价、工程管理、建筑经济管理等专业的主干课教材。本书根据全国高职高专教育土建类专业教学指导委员会制定的培养方案及课程教学大纲编写。编者力求突出建筑工程技术专业领域的新知识、新材料、新工艺和新方法，克服专业教学存在的内容陈旧、更新缓慢、片面强调学科体系完整、不适应企业发展需要的弊端。

　　"建筑施工工艺"是工程造价、建筑管理专业的主要技术课之一，它主要研究建筑工程的施工工艺、质量验收标准和施工中的安全技术等内容。

　　通过本课程的学习使学生掌握一般工业与民用建筑的施工程序，掌握建筑施工各分部工程的施工方法、施工工艺、施工特点，了解国内外建筑工程施工新技术、新工艺、新材料、新设备，为从事建筑工程的管理提供良好的平台。

　　本书共分11章，河南建筑职业技术学院丁宪良、魏杰担任主编，参编人员有河南建筑职业技术学院秦继英、王守剑、李静、赵琳霖。山西建筑职业技术学院白峰老师以及山西省建工集团第二公司邢根宝总工程师对本书进行了审稿。第1、6章由李静编写，第2、9章由秦继英编写，第3、4章由魏杰编写，第5、7、10章由王守剑编写，第8、11章由赵琳霖编写。全书由丁宪良、魏杰负责统稿。

目　　录

第一章 土方与基坑工程

土方与基坑工程是建筑工程施工的主要工种工程之一，它主要包括场地平整、土方的开挖、运输和填筑，以及施工排水、降水和土壁支撑等准备和辅助工作。

土方工程的工程量大，施工工期长，劳动强度大，施工条件复杂，又多为露天作业，受气候、水文、地质等影响较大，难以确定的因素较多。因此在组织土方工程施工前，应详细分析与核查各项技术资料(如地下管道、电缆和地下构筑物资料等)，进行现场调查并根据现场施工条件做好施工组织设计，选择好施工方法和机械设备，制定合理的调配方案，实行科学管理，以保证工程质量，缩短工期，并取得较好的经济效果。

第一节 概 述

一、土的工程分类

土的种类繁多，分类方法也较多。在这里我们只介绍与土方施工密切相关的工程分类。

在建筑工程施工中常根据土方施工时的开挖难易程度，将土分为松软土、普通土、坚土、砂砾坚土、软石、次坚石、坚石、特坚石 8 类，称为土的工程分类。前 4 类属一般土，后 4 类属岩石，土的分类方法及其现场鉴别方法见表 1-1。

土的工程分类与现场鉴别方法 表 1-1

土的分类	土 的 名 称	开挖方法	可松性系数	
			K_s	K'_s
一类土(松软土)	砂土、粉土，冲积砂土，种植土、泥炭(淤泥)	能用锹、锄头挖掘	1.08~1.80	1.01~1.04
二类土(普通土)	粉质黏土，潮湿的黄土，夹有碎石、卵石的砂，种植土、填筑土	用锹、锄头挖掘，少许用镐翻松	1.14~1.28	1.02~1.05
三类土(坚土)	软及中等密实黏土，重粉质黏土，粗砾石，干黄土及含碎石、卵石的黄土、粉质粘土，压实的填筑土	主要用镐，少许用锹、锄头，部分用撬棍	1.24~1.30	1.04~1.07
四类土(砂砾坚土)	重黏土及含碎石、卵石的黏土，粗卵石，密实的黄土、天然级配砂石，软的泥灰岩及蛋白石	用镐、撬棍，然后用锹挖掘，部分用楔子及大锤	1.26~1.37	1.06~1.15
五类土(软石)	硬石炭纪黏土，中等密实的页岩、泥灰岩，白垩土，胶结不紧的砾岩，软的石灰岩	用镐或撬棍、大锤，部分使用爆破	1.30~1.45	1.10~1.20

土的分类	土 的 名 称	开挖方法	可松性系数	
			K_s	K'_s
六类土(次坚石)	泥岩,砂岩,砾岩,坚实的页岩、泥灰岩,密实的石灰岩,风化花岗岩、片麻岩	用爆破方法,部分用风镐	1.30~1.45	1.10~1.20
七类土(坚石)	大理岩,辉绿岩、粗、中粒花岗岩,坚实的白云岩、砂岩、砾岩、片麻岩、石灰岩	用爆破方法	1.30~1.45	1.10~1.20
八类土(特坚石)	玄武岩,花岗片麻岩、坚实的细粒花岗岩、闪长岩、石英岩、辉绿岩	用爆破方法	1.45~1.50	1.20~1.30

注: K_s 为最初可松性系数。

K'_s 为最后可松性系数。

土的开挖难易程度不同影响着土方开挖的方法、劳动量的消耗、工期的长短、工程的费用。因此,在建筑工程管理中应首先根据土的工程分类确定土的类别。

二、土的工程性质

土的工程性质对土方工程的施工有直接影响,在施工之前应详细了解,以避免对工程的施工带来不必要的麻烦。其中基本的工程性质有:土的密度、土的密实度、可松性、压缩性、含水量、渗透性等。

（一）土的密度

土的密度分天然密度和干密度。

土的天然密度,指土在天然状态下单位体积的质量;它影响土的承载力、土压力及边坡的稳定性。天然密度按下式计算:

$$\rho = m/V \qquad (1-1)$$

式中 ρ——土的天然密度(kg/m³);

m——土的总质量(kg);

V——土的天然体积(m³)。

土的干密度,指单位体积土中固体颗粒的质量;土的干密度愈大,表示土越密实。工程上常把干密度用以检验填土压实质量的控制指标。土的干密度按下式计算:

$$\rho_d = m_s/V \qquad (1-2)$$

式中 ρ_d——土的干密度(kg/m³);

m_s——土中固体颗粒的质量(kg);

V——土的天然体积(m³)。

（二）土的密实度

土的密实度即土的密实程度,通常用干密度表示。即施工时的填土干密度与实验室所得的最大干密度之比值,其计算式如下:

$$\lambda_c = \rho_d/\rho_{dmax} \qquad (1-3)$$

其中　λ_c——密实度(即压实系数)；

ρ_d——土的实际干密度(kg/m³)；

ρ_{dmax}——土的最大干密度(kg/m³)。

土的密实度对填土的施工质量有很大影响,它是衡量回填土施工质量的重要指标。

（三）土的可松性

土的可松性是指在自然状态下的土经开挖后,其体积因松散而增大,以后虽经回填压实,也不能恢复其原来的体积。由于土方工程量是以自然状态的体积来计算的,所以在土方调配、计算土方机械生产率及运输工具数量等的时候,必须考虑土的可松性。

土的可松性程度用可松性系数表示,即

$$K_s = \frac{V_2}{V_1}; \quad K'_s = \frac{V_3}{V_1} \tag{1-4}$$

式中　K_s——最初可松性系数；

K'_s——最后可松性系数；

V_1——土在天然状态下的体积(m³)；

V_2——土经开挖后的松散体积(m³)；

V_3——土经回填压实后的体积(m³)。

在土方工程中,K_s是计算土方施工机械及运土车辆等的重要参数,K'_s是计算场地平整标高及填方时所需挖土量等的重要参数。不同类型土的可松性系数可参照表1-1。

（四）土的压缩性

移挖作填或取土回填,松土经填压后会压缩,一般松土的压缩率见表1-2。在松土回填时应考虑土的压缩率,一般可按填方断面增加10%～20%计算松土方数量。

土 的 压 缩 率　　　　　　　表 1-2

土的类别	土的名称	土的压缩率(%)	每 1m³ 松散土压实后的体积(m³)	土的类别	土的名称	土的压缩率(%)	每 1m³ 松散土压实后的体积(m³)
一、二类土	种植土	20	0.80	三类土	天然湿度黄土	12～17	0.85
	一般土	10	0.90		一般土	5	0.95
	砂 土	5	0.95		干燥坚实黄土	5～7	0.94

（五）土的含水量

土的含水量 W 是土中所含水的质量与土的固体颗粒的质量之比,以百分数表示,其计算式如下：

$$W = \frac{G_1 - G_2}{G_2} \times 100(\%) \tag{1-5}$$

式中　G_1——含水状态时土的质量(kg)；

G_2——土烘干后的质量(kg)。

土的含水量影响土方施工方法的选择、边坡的稳定和回填土的夯实质量。如土的含水量超过 25%～30%,则机械化施工就困难,容易打滑、陷车；回填土则需有最佳含水量,方能夯压密实,获得最大干密度。土的最佳含水量和最大干密度参考值见表1-3。

土的最佳含水量和最大干密度　　　　　　　　表 1-3

土 的 种 类	最佳含水量(质比)(%)	最大干密度(g/cm³)
砂　　土	8～12	1.80～1.88
粉　　土	16～22	1.61～1.80
黏　　土	19～23	1.58～1.70
粉质黏土	12～15	1.85～1.95

（六）土的渗透性

土的渗透性是指水在土体中渗流的性能，一般以渗透系数 K 表示。渗透系数 K 值将直接影响降水方案的选择和涌水量计算的准确性，一般应通过扬水试验确定，表 1-4 所列数据仅供参考。

土的渗透系数参考值　　　　　　　　　表 1-4

土 的 种 类	K(m/d)	土 的 种 类	K(m/d)
黏　　土	<0.005	中　　砂	5～20
粉质黏土	0.005～0.10	均质中砂	35～50
粉　　土	0.1～0.50	粗　　砂	20～50
黄　　土	0.25～0.50	圆砾石	50～100
细　　砂	1.0～5.00	砾　　石	100～500

第二节　场 地 平 整

一、土方工程施工前的准备工作

土方工程施工前应做好下述准备工作：

（1）场地清理：包括清理地面及地下各种障碍。在施工前应拆除旧房和古墓，拆除或改建通信、电力设备、地下管线及地下建筑物，迁移树木，去除耕植土及河塘淤泥等。

（2）排除地面水：场地内低洼地区的积水必须排除，同时应注意雨水的排除，使场地保持干燥，以利土方施工。地面水的排除一般采用排水沟、截水沟、挡水土坝等措施。

（3）修筑好临时道路及供水、供电等临时设施。

（4）做好材料、机具及土方机械的进场工作。

（5）做好土方工程测量、放线工作。

（6）根据土方施工设计做好土方工程的辅助工作，如边坡稳定、基坑（槽）支护、降低地下水等。

二、场地平整的土方工程量计算

场地平整就是将天然地面改造成我们所要求的平面。就是首先确定场地平整设计标高，场地平整设计标高的确定一般有两种情况。一种情况是整体规划设计时确定场地设计标高，此时必须综合考虑的因素是：

（1）要与已有建筑标高相适应；

（2）要能满足生产工艺和运输的要求；

（3）要尽量利用地形，减少挖方数量；

（4）要求场地内的挖方和填方基本平衡，以降低土方运输的费用；

（5）要有一定的泄水坡度，以满足排水需要等。

另一种情况是总体规划没有确定场地设计标高时，按场地内挖填平衡，降低运输费用为原则，确定设计标高，由此可计算场地平整的土方量。

计算场地平整的土方量的步骤如下：

（1）划分方格网。

依据已有地形图（一般用 1/500 的地形图）划分成边长相等的若干个方格网，方格网一般采用 20m×20m～40m×40m。

（2）确定各角点的自然地面标高。

（3）确定各角点的设计地面标高。

（4）确定各个角点的施工高度（挖或填），挖方为（-），填方为（+）。

（5）确定零线。

（6）计算方格挖、填方量。

（7）计算土方量汇总。

分别将挖方区（或填方区）所有方格计算的土方量和边坡土方量汇总，即得该场地挖方和填方的总土方量。

三、场地平整的施工方案

按场地平整内容的施工顺序，可分为下述 3 个方案：

（1）先平整场地后开挖基坑（槽）；

（2）先开挖基坑（槽）后平整场地；

（3）边开挖基坑（槽）边平整场地。

在实际施工过程中，具体采用何种方案要根据施工现场的实际情况选择切合本工程实施的施工方案。

第三节 基 坑（槽）开 挖

一、建筑物的定位与放线

基坑（槽）的施工，首先应进行房屋定位和标高引测，然后根据基础的底面尺寸、埋置深度、土质好坏、地下水位的高低及季节性变化等不同情况，考虑施工需要，确定是否需要留工作面（施工人员操作、支模板等所需要的平面位置，例如混凝土基础施工时工作面一般留宽 300mm）、放坡、增加排水设施和设置支撑，从而定出挖土边线和进行放灰线工作。

基槽放线：根据房屋主轴线控制点，首先将外墙轴线的交点用木桩测设在地面上，并在桩顶钉上钢钉作为标志。房屋外墙轴线测定以后，再根据建筑物平面图，将内部开间所有轴线都一一测出。最后根据边坡系数计算的开挖宽度在中心轴线两侧用石灰在地面上撒出基槽开挖边线。同时在房屋四周设置龙门板，以便于基础施工时复核轴线位置。

柱基放线：在基坑开挖前，从设计图上查对基础的纵横轴线编号和基础施工详图，根据柱子的纵横轴线，用经纬仪在矩形控制网上测定基础中心线的端点，同时在每个柱基中心线上，测定基础定位桩，每个基础的中心线上设置4个定位木桩，其桩位离基础开挖线的距离为0.5~1.0m。若基础之间的距离不大，可每隔1~2个或几个基础打一个定位桩，但两个定位桩的间距以不超过20m为宜，以便拉线恢复中间柱基的中线。桩顶上钉一钉子，标明中心线的位置。然后按施工图上柱基的尺寸和按边坡系数确定的挖土边线的尺寸，放出基坑上口挖土灰线，标出挖土范围。

大基坑开挖，根据房屋的控制点用经纬仪放出基坑四周的挖土边线。

二、土壁支护

（一）土方边坡及其稳定

土方边坡坡度以其高度 H 与其底宽 B 之比表示。边坡可做成直线形、折线形或踏步形（图1-1）。

图 1-1　土方边坡
(a)直线形；(b)折线形；(c)踏步形

$$\text{土方边坡坡度} = \frac{H}{B} = \frac{1}{B/H} = \frac{1}{m} \tag{1-6}$$

式中　m——坡度系数，$m = B/H$。

施工中，土方边坡坡度的留设应考虑土质、开挖深度、开挖方法、施工工期、地下水水位、坡顶荷载及气候条件等因素。临时性土方边坡坡度应符合表1-5的规定。

临时性挖方边坡坡度　　　　　　　　　　表 1-5

土 的 类 别		边坡坡度（高∶宽）
砂土（不包括细砂、粉砂）		1∶1.25~1∶1.50
一般性黏土	硬	1∶0.75~1∶1.00
	硬、塑	1∶1.00~1∶1.25
	软	1∶1.50 或更缓
碎石类土	充填坚硬、硬塑黏性土	1∶0.50~1∶1.00
	充填砂土	1∶1.00~1∶1.50

注：1. 设计有要求时，应符合设计标准。
　　2. 如采用降水或其他加固措施，可不受本表限制，但应计算复核。
　　3. 开挖深度，对软土不应超过4m，对硬土不应超过8m。

当土的湿度、土质及其他地质条件较好且地下水位低于基底时，深度超过上述规定但在 5m 以内不加支撑的基坑或管沟，其边坡的最大允许坡度不得超过表 1-6 的规定。

深度在 5m 的基坑（槽）、管沟边坡的最大允许坡度（不加支撑）　　　　表 1-6

土 的 类 别	边坡坡度（高：宽）		
	坡顶无荷载	坡顶有静载	坡顶有动载
中密的砂土	1：1.00	1：1.25	1：1.50
中密的碎石类土（充填物为砂土）	1：0.75	1：1.00	1：1.25
硬塑的粉土	1：0.67	1：0.75	1：1.00
中密的碎石类土（充填物为黏性土）	1：0.50	1：0.67	1：0.75
硬塑的粉质黏土、黏土	1：0.33	1：0.50	1：0.67
老黄土	1：0.10	1：0.25	1：0.33
软土（经井点降水后）	1：1.00	—	—

注：1. 静载指堆土或材料等，动载指机械挖土或汽车运输作业等。静载或动载距挖方边缘的距离应保证边坡和直立壁的稳定，堆土或材料应距挖方边缘 0.8m 以外，高度不超过 1.5m。
　　2. 当有成熟施工经验时，可不受本表限制。

一般情况下，应对土方边坡作稳定分析，即在一定开挖深度及坡顶荷载下，选择合适的边坡坡度，使土体抗剪切破坏有足够的安全度，而且其变形不应超过某一容许值。

边坡稳定的分析方法很多，如摩擦圆法、条分法等。有关这方面的计算，可参考有关资料。

施工中除应正确确定边坡，还要进行护坡，以防边坡发生滑动。土坡的滑动一般是指土方边坡在一定范围内整体地沿某一滑动面向下和向外移动而丧失其隐定性（图 1-2）。边坡失稳往往是在外界不利因素影响下触发和加剧的。这些外界不利因素往往导致土体剪应力的增加或抗剪强度的降低。

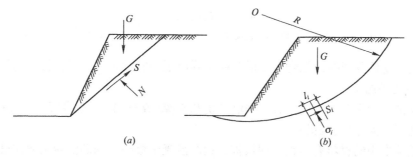

图 1-2　土坡的滑动
(a)直线滑动面；(b)圆弧滑动面

土体的下滑在土体中产生剪应力，引起下滑力增加的因素主要有：坡顶上堆物、行车等荷载；雨水或地面水渗入土中使土的含水量提高而使土的自重增加；地下水的渗流产生一定的动水压力；土体竖向裂缝中的积水产生侧向静水压力等。引起土体抗剪强度降低的因素主要是：气候的影响使土质松软；土体内含水量增加而产生润滑作用；饱和的细砂、粗砂受振动而液化等。

因此，在土方施工中，要预估各种可能出现的情况，采取必要的措施护坡防坍塌，特别要注意及时排除雨水、地面水，防止坡顶集中堆荷及振动。必要时可采用钢丝网细石混凝土(或砂浆)护坡面层。如是永久性土方边坡，则应做好永久性加固措施。

（二）基坑（槽）支护

开挖基坑（槽）时，如地质条件及周围环境许可，采用放坡开挖是较经济的。但在建筑稠密地区施工，或有地下水渗入基坑（槽）时，往往不可能按要求的坡度放坡开挖，就需要进行基坑（槽）支护，以保证施工的顺利和安全，并减少对相邻建筑、管线等的不利影响。

基坑（槽）支护结构的主要作用是支撑土壁。此外，钢板桩、混凝土板桩及水泥土搅拌桩等围护结构还兼有不同程度的隔水作用。

基坑（槽）支护结构的形式有多种，根据受力状态可分为横撑式支撑、板桩式支护结构、重力式支护结构，其中，板桩式支护结构又分为悬臂式和支撑式。

1. 横撑式支撑

开挖较窄的沟槽，多用横撑式土壁支撑。横撑式土壁支撑根据挡土板的不同，分为水平挡土板式和垂直挡土板式两类，水平挡土板的布置又分间断式和连续式两种。如图1-3所示。湿度小的黏性土挖土深度小于3m时，可用间断式水平挡土板支撑；对松散、湿度大的土可用连续式水平挡土板支撑，挖土深度可达5m。对松散和湿度很高的土可用垂直挡土板式支撑，挖土深度不受限制。

图1-3　横撑式支撑

(a)断续式水平挡土板支撑；(b)连续式水平挡土板支撑；(c)连续式垂直挡土板支撑

挡土板、立柱及横撑的强度、变形及稳定等可根据实际布置情况进行结构计算。

2. 板桩支护结构

板桩支护结构由两大系统组成：挡墙系统和支撑(或拉锚)系统(图1-4)。悬臂式板桩支护结构则不设支撑(或拉锚)。

挡墙系统常用的材料有型钢、钢板桩、钢筋混凝土板桩、钢筋混凝土灌注桩、地下连续墙，少量采用木材。

支撑系统一般采用大型钢管、H型钢或格构式钢支撑、也可采用现浇钢筋混凝土支撑。拉锚系统材料一般用钢筋、钢索、型钢或土锚杆。根据基坑开挖的深度及挡墙系统的截面性能，可设置一道或多道支撑(或拉锚)。基坑较浅，挡墙具有一定刚度时，可采用悬臂式挡墙而不设支撑或拉锚。

支撑或拉锚与挡墙系统通过围檩、压顶梁等连接成整体。

板桩施工要正确选择打桩方法、打桩机械和流水段划分，以便使打设后的板桩墙有足够的刚度和防水作用，且板桩墙面平直，以满足墙内支撑安装精度的要求，对封闭式板桩

8

图 1-4　板桩破坏情况示意图

(a)入土深度不够；(b)截面尺寸过小；(c)拉锚力不足

1—板桩；2—锚杆；3—锚锭；4—土堆；5—破坏面

墙还要求封闭合拢。

（1）钢板桩

钢板桩有平板形和波浪形(图 1-5)两种。钢板桩通过锁口互相连接，形成一道连续的挡墙。由于锁口的连接，使钢板桩之间连接牢固，形成整体。同时，也具有较好的隔水能力。钢板桩截面积小，易于打入。U 形、Z 形等波浪式钢板桩截面抗弯能力较好。施工完毕后还可拔出重复使用。

图 1-5　常用钢板桩

(a)平板形；(b)波浪形

对于钢板桩，通常有三种打桩方法：

1）单独打入法

此法是从一角开始逐块插打，每块钢板桩自起打到结束中途不停顿。因此，桩机行走路线短，施工简便，打设速度快。但是，由于单块打入，易向一边倾斜，累计误差不易纠正，壁面平直度难以控制。一般在钢板桩长度不大(小于 10m)、工程要求不高时宜采用此法。

2）围檩插桩法

采用围檩支架作板桩打设的导向装置(图 1-6)。围檩支架由围檩和围檩桩组成，在平面上分单面围檩和双面围檩，高度方向有单层和双层之分。在打设板桩时起导向作用。双面围檩之间的距离，比两块板桩组合宽度大 8～15mm。

双层围檩插桩法是在地面上，离板桩墙轴线一定距离先筑起双层围檩支架，而后将钢板桩依次在双层围檩中全部插好，成为一个高大的钢板桩墙，待四角实现封闭合拢后，再按阶

图 1-6　围檩插桩法

梯形逐渐将板桩一块块打入设计标高。此法优点是可以保证平面尺寸准确和钢板桩垂直度，但施工速度慢，不经济。

3）分段复打桩

又称屏风法，是将10～20块钢板桩组成的施工段沿单层围檩插入土中一定深度形成较短的屏风墙，先将其两端的两块打入，严格控制其垂直度，打好后用电焊固定在围檩上，然后将其他的板桩顺序以1/2或1/3板桩高度打入。此法可以防止板桩过大的倾斜和扭转，防止误差积累，有利实现封闭合拢，且分段打设，不会影响邻近板桩施工。

打桩锤根据板桩打入阻力确定，该阻力包括板桩端部阻力，侧面摩擦阻力和锁口阻力。桩锤不宜过重，以防因过大锤击而产生板桩顶部纵向弯曲，一般情况下，桩锤重量约为钢板桩重量的两倍。此外，选择桩锤时还应考虑锤体外形尺寸，其宽度不能大于组合打入板桩块数的宽度之和。

地下工程施工结束后，钢板桩一般都要拔出，以便重复使用。钢板桩的拔除要正确确定拔除方法与拔除顺序，由于板桩拔出时带土，会引起土体变形，对周围环境造成危害。必要时还应采取注浆填充等方法。

（2）地下连续墙

桩墙结构是在基坑开挖前沿基坑边缘施工成排的桩或地下连续墙，并使其底端嵌入到基坑底面以下。随着基坑的分层向下开挖，在桩墙表面设置支点，支点形式可以采用内支撑，也可以采用锚杆。在桩墙结构侧壁上土压力的作用下，桩墙结构的受力形式相当于梁板结构，内支撑可根据具体结构形式进行结构设计计算，锚杆则单独进行承载力的设计计算。这种结构不设置支点时，为悬臂梁结构，但悬臂结构只适用于基坑深度较浅同时周边环境对支护结构水平位移要求不高的情况下采用。实际工程中常采用的桩墙结构形式主要有：排桩—锚杆结构、排桩—内支撑结构、地下连续墙—锚杆结构、地下连续墙—内支撑结构等。

1）地下连续墙施工工艺

修筑导墙→挖槽→吊放接头管（箱）、吊放钢筋笼→浇筑混凝土。

导墙的作用：护槽口，为槽定位（标高、水平位置、垂直），支撑（机械、钢筋笼等），存放泥浆（可保持泥浆面高度）。泥浆的作用：护壁，携渣，冷却润滑。

目前，在地下连续墙施工中国内外常用的挖槽机械，按其工作机理分为挖斗式、冲击式和回转式三大类，而每一类中又分为多种。

常用的方法有砂石吸力泵排泥、压缩空气升液排泥、潜水泥浆泵排泥。

采取在钢筋笼内放桁架的方法防止钢筋笼起吊时变形。

单元墙段的接头。常用的施工接头有以下几种：

① 接头管（亦称锁口管）接头，应用最多。一个单元槽段土方挖好后，于槽段端部用吊车放入接头管，然后吊放钢筋笼并浇筑混凝土，待浇筑的混凝土强度达到0.05～0.20MPa时（一般在混凝土浇筑后3～5h，视气温而定），开始用吊车或液压顶升架提拔接头管，上拔速度应与混凝土浇筑速度，混凝土强度增长速度相适应，一般为2～4m/h，应在混凝土浇筑结束后8h以内将接头管全部拔出。接头管直径一般比墙厚小50mm，可根据需要分段、接长。端部半圆形可以增强整体性和防水能力。

② 接头箱接头。一个单元槽段挖土结束后，吊放接头箱，再吊放钢筋笼。钢筋笼端

部的水平钢筋可插入接头箱内。接头箱的开口面被焊在钢筋笼端部的钢板封住，因而浇筑的混凝土不能进入接头箱。混凝土初凝后，与接头管一样逐步吊出接头箱。

③ 隔板式接头。隔板式接头按隔板的形状分为平隔板、榫形隔板和 V 形隔板。由于隔板与槽壁之间难免有缝隙，为防止新浇筑的混凝土渗入，要在钢筋笼的两边铺贴维尼龙等化纤布。化纤布可把单元槽段钢筋笼全部罩住，也可以只罩住 2～3m 宽。要注意吊入钢筋笼时不要损坏化纤布。

带有接头钢筋的榫形隔板式接头，能使各单元墙段形成一个整体，是一种较好的接头方式。但插入钢筋笼较困难，且接头处混凝土的流动亦受到阻碍，施工时要特别加以注意。

地下连续墙与内部结构的楼板、柱、梁、底板等连接的结构接头，常用的有下列几种：

① 预埋连接钢筋法。此法应用最多。连接钢筋弯折后预埋在地下连续墙内，待内部土体开挖后露出墙体时，凿开预埋连接钢筋处的墙面，将露出的预埋连接钢筋弯成设计形状、连接。考虑到连接处往往是结构的薄弱处，设计时一般使连接筋有 20% 的富余。

② 预埋连接钢板法。这是一种钢筋间接连接的接头方式。预埋连接钢板放入并与钢筋笼固定。浇筑混凝土后凿开墙面使预埋连接钢板外露，用焊接方式将后浇结构中的受力钢筋与预埋连接钢板焊接。

③ 预埋剪力连接件法。剪力连接件的形式有多种。剪力连接件先预埋在地下连续墙内，然后弯折出来与后浇结构连接。

2）地下连续墙的规范要求

地下连续墙的常用厚度为 600～800mm，已建工程中最大厚度为 1200mm。墙厚除满足设计要求外，还需结合成槽机械的规格决定，不宜小于 600mm。

地下连续墙单元墙段（槽段）的长度、形状，应根据整体平面布置、受力特性、槽壁稳定性、环境条件和施工要求等因素综合确定。当地下水位变动频繁或槽壁孔可能发生坍塌时，应进行成槽试验及槽壁的稳定性验算。地下连续墙受力钢筋应采用 HRB335 级钢筋，直径不宜小于 20mm；构造钢筋可采用 HPB235 级或 HRB335 级钢筋，直径不宜小于 14mm；竖向钢筋的净距不宜小于 75mm；构造钢筋的间距不应大于 300mm。单元槽段的钢筋笼宜装配成一个整体；必须分段时，宜采用焊接或机械连接，应在结构内力较小处布置接头位置，接头应相互错开。地下连续墙钢筋的保护层厚度，对临时性支护结构不宜小于 50mm，对永久性支护结构不宜小于 70mm。竖向受力钢筋应有一半以上通长配置。当地下连续墙与主体结构连接时，预埋在墙内的受力钢筋、连接螺栓或连接钢板，均应满足受力计算要求，锚固长度满足现行《混凝土结构设计规范》（GB 50010—2002)要求，预埋钢筋应采用 HPB235 级钢筋，直径不宜大于 20mm。地下连续墙墙体混凝土的抗渗等级不得小于 0.6MPa，二层以上地下室不宜小于 0.8MPa。当墙段之间的接缝不设止水带时，应选用锁口圆弧形、槽形或 V 形等可靠的防渗止水接头，接头面应严格清刷，不得存有夹泥或沉渣。

地下室逆作法施工时，楼盖、梁和板整体浇筑作为水平支撑体系，应符合承载力、刚度及抗裂要求。在出土口处先施工板下梁系形成水平支撑体时，应按平面框架方法计算内力和变形，其肋梁应按偏心受压杆件验算构件的承载力和稳定性。肋梁应留出插筋以与混凝土墙体的竖筋连接。当采用梁、板分次浇筑施工时，肋梁上应留出箍筋以便与后浇的混凝土楼板结合形成整体。

地下连续墙与地下结构梁、板的连接，应通过墙体的预埋构件；与底板应采用整体连接；接头钢筋应采用焊接或机械连接。宜在墙内侧设置钢筋混凝土内衬墙，满足地下室使用要求。

地下主体结构的梁、板当施工期间有超载时（如走车、堆土等），应考虑其影响。在兼作施工平台和栈桥时，其构件的强度和刚度应按正常使用和施工两种工况分别进行验算。立柱和立柱桩的荷载应包括施工平台或栈桥所受的施工荷载。竖向立柱的沉降，应满足主体结构的受力和变形要求。

3. 重力式支护结构

重力式支护结构主要通过加固基坑周边土形成一定厚度的重力式墙，以达到挡土目的。

（1）水泥土搅拌桩

常用深层搅拌水泥桩支护墙，即在基坑四周用深层搅拌法将水泥与土拌合，形成块状连续壁或格状连续壁与壁间土组成复合重力式支护结构。这种支护墙具有防渗和挡土的双重功能，要求两桩间应搭接 200mm。宜用于场地较开阔，挖深不大于 6m，土质承载力标准值小于 150kPa 的软土或较软土中。此外，尚有高压旋喷帷幕墙、水泥粉喷桩、化学注浆防渗挡土墙等形式的重力支护结构。

水泥土加固体的强度取决于水泥掺入比（水泥重量与加固土体重量的比值），围护墙常用的水泥掺入比为 12％～14％。常用的水泥强度等级为 32.5 级。

（2）土钉墙结构

最常用的土钉墙结构是在分层分段挖土的条件下，分层分段施做土钉和配有钢筋网的喷射混凝土面层，挖土与土钉施工交叉作业，并保证每一施工阶段基坑的稳定性。土钉的水平与竖向间距一般均在 1～2m 之间。其受力特点是通过斜向土钉对基坑边坡土体的加固，增加边坡的抗滑力和抗滑力矩，以满足基坑边坡稳定的要求。这类结构一般采用钻孔中内置钢筋，然后孔中注浆的土钉，坡面用配有钢筋网的喷射混凝土形成的土钉墙；也有采用打入式钢管再向钢管内注浆的土钉；也有采用土钉和预应力锚杆等结合的复合土钉墙结构。

1）土钉墙支护的特点及适用范围

土钉墙支护技术是一种原位土体加固技术，由原位土体、设置在土中的土钉与喷射混凝土面层组成。

土钉墙支护技术是通过原位土体加固、充分利用原位土体的自稳能力，因而能大幅度降低支护造价，一般比桩墙式支护结构节约费用 30％～60％，而且施工期短，具有显著的经济效益。土钉墙一般适宜于地下水位以上或经人工降水后的人工填土、黏性土和微黏性砂土（$N \geqslant 5$ 的砂质土和 $N \geqslant 3$ 的黏性土），不宜用于含水丰富的粉细砂层、砂卵石层和淤泥质土。

土钉墙结构由土钉和面层两部分构成，土钉主要包括钻孔注浆土钉和打入式土钉两种形式。

钻孔注浆土钉为最常用的土钉，一般采用 16～32mm 的 HRB335、HRB400 级钢筋，置于 70～120mm 钻孔中，采用强度等级不低于 M10 的水泥浆或水泥砂浆注入孔中形成。

水泥浆水灰比一般为 0.5 左右，水泥砂浆配合比一般 1：1～1：2，水灰比为 0.4～0.45。注浆土钉设定位支架以使钢筋居中，孔口宜设置止浆塞及排气管。

打入式土钉一般采用钢管等材料打入土中形成。打入式土钉一般钉长较短，施工简单快速，但不宜用于密实胶结土中。当打入钢管为周围带孔的闭口钢管时，可在打入后管内注浆，增强土钉与土的粘结力，提高土钉的抗拔能力。注浆方式有低压注浆与高压喷射注浆等方式。

土钉长度一般为开挖深度的 0.5～1.2 倍，间距为 1～2m，与水平夹角一般为 5°～20°，适用的土钉墙墙面坡度不宜大于 1：0.1。

面墙为土钉墙的重要组成部分。一般由 $\phi6～\phi10mm$、间距 150～300mm 的钢筋网，强度等级不低于 C20 的喷射混凝土组成，面层厚度一般为 80～150mm。为保证土钉与面墙的有效连接，可采用加强钢筋与土钉和分布钢筋连接，也可采用承压垫板方法连接。

2）土钉支护施工

施工工艺步骤：①按设计要求开挖工作面，修正边坡；②喷射第一层混凝土；③安设土钉（包括钻孔、插筋、注浆等）；④绑扎钢筋网、留搭接筋、喷射第二层混凝土；⑤继续开挖土方，按此循环，直至坑底标高。

喷射混凝土施工：水泥强度等级不低于 32.5MPa，石子粒径不宜大于 15mm，水灰比 0.4～0.45。喷射时，喷头与喷面应垂直，宜保持 0.6～1m 的距离。钢筋网宜在喷射一层混凝土后铺设，钢筋与坡面的间隙宜大于 20mm。钢筋网与下层应搭接，其搭接长度为 25 倍的钢筋直径。终凝 2h 后，要洒水养护，根据气温条件，一般养护 3～7d。

土钉施工：土钉施工机具可采用螺旋钻、冲击钻、地质钻、洛阳铲等。按设计图的纵向、横向尺寸及与水平面的夹角进行钻孔施工。钢筋要平直、除锈、除油。注浆材料用水泥浆或水泥砂浆，水泥砂浆配合比一般为 1：1～1：2，水灰比为 0.4～0.45。注浆管插到距孔底 250～500mm，为保证注浆饱满，在孔口设止浆塞。土钉应设定位器，以使钢筋居中。

三、基坑(槽)土方量计算

(一)基坑土方工程量计算

基坑土方量可按几何中的棱柱体(由两个平行的平面做底的一种多面体)体积公式计算，如图 1-7 所示。即：

$$V=\frac{H}{6}(A_1+4A_0+A_2) \tag{1-7}$$

式中　H——基坑深度(m)；

A_1、A_2——基坑上、下底的面积(m²)；

A_0——基坑的中截面面积(m²)。

(二)基槽土方工程量计算

1. 等截面基槽

土方体积按下式计算：

$$V=AL \tag{1-8}$$

式中　V——基槽的土方工程量(m³)；

图 1-7　基坑土方量计算

A——基槽横断面面积(m^2)；

L——基槽的长度(m)。外墙中心线之间的长度；内墙净长线之间的长度。

2. 不等截面基槽

基槽和路堤的土方量可以沿长度方向分段后，再用同样的方法计算。如图1-8所示。即：分段之体积按下式计算：

$$V_1 = \frac{L_1}{6}(A_1 + 4A_0 + A_2) \qquad (1\text{-}9)$$

式中　V_1——第一段的土方量(m^3)；

　　　L_1——第一段的长度(m)。

图1-8　基槽土方量计算

将各段土方量相加，即得总土方量：$V = V_1 + V_2 + \cdots + V_n$

式中　V_1、V_2、$\cdots V_n$——各分段的土方量(m^3)。

四、施工排水与降低地下水位

基坑(槽)开挖、降排水措施和支护方案虽然属于施工期间的临时措施，但对施工的安全、工期和经济效益有较大的影响，特别是地下水位较高的软土地基，往往是整个高层建筑关键技术之一，投资达数千万元，有的高层建筑这项费用甚至达到整个建筑工程费用的20%以上。因此，除了精心设计外，施工时应加强检测，根据结构的应力、位移、坑底的隆起量和渗漏量等信息指导施工过程，必要时对原设计进行修改和完善。对可能出现的险情应有充分的估计，设计时就应考虑到后备措施。

当基坑(槽)开挖和基础施工期间的最高地下水位高于坑底设计标高时，应对地下水位进行处理，以保证开挖期间获得干燥的作业面，保证坑(槽)底、边坡和基础底板的稳定，同时确保邻近基坑的建筑物和其他设施的正常运行。

根据基坑(槽)开挖深度、场地水文地质条件和周围环境，可采用集水井降水法和井点降水法进行降水。

（一）集水井排水法

在基坑或沟槽开挖时，采用截、疏、抽的方法来进行排水。开挖时，沿坑底周围或中央开挖排水沟，再在沟底设集水井，使基坑内的水经排水沟流向集水井，然后用水泵抽走(图1-9)。

基坑四周的排水沟及集水井应设置在基础范围以外，地下水流的上游。明沟排水的纵坡宜控制在1‰～2‰；集水井应根据地下

图1-9　集水井降水
1—排水沟；2—集水井；3—水泵

水量、基坑平面形状及水泵能力，每隔20～40m设置一个。

集水井的直径或宽度，一般为0.7～0.8m。其深度随着挖土的加深而加深，要始终低于挖土面0.8～1.0m。井壁可用竹、木等材料进行简易加固。

当基坑挖至设计标高后，井底应低于坑底1～2m，并铺设0.3m碎石滤水层，以免在抽水时将泥砂抽出，并防止井底的土被搅动。

明排水法由于设备简单和排水方便，采用较为普通，但当开挖深度大、地下水位较高而土质又不好时，用明排水法降水，挖至地下水位以下时，有时坑底下面的土会形成流动状态，随地下水涌入基坑。这种现象称为流砂现象。发生流砂时，土完全丧失承载能力。使施工条件恶化，难以达到开挖设计深度。严重时会造成边坡塌方及附近建筑物下沉、倾斜、倒塌等。总之，流砂现象对土方施工和附近建筑物有很大危害。

1. 流砂现象形成的原因

流砂现象的形成有其内因和外因。内因取决于土的性质。当土的孔隙度大、含水量大、黏粒含量少、粉粒多、渗透系数小、排水性能差等均容易产生流砂现象。因此，流砂现象经常发生在细砂、粉砂和亚砂土中；但会不会发生流砂现象，还应具备一定的外因条件，即地下水及其产生动水压力的大小和方向。

当地下水位较高，基坑内排水所造成的水位差较大时，动水压力也愈大；当动水压力≥浮土重度时，就会推动土失去稳定，形成流砂现象。

2. 防治流砂的方法

防治流砂总的原则是"治砂必治水"。其途径有三：一是减小或平衡动水压力；二是截住地下水流；三是改变动水压力的方向。具体措施有：

（1）枯水期施工

因地下水位低，坑内外水位差小，动水压力减小，从而可预防和减轻流砂现象。

（2）打板桩

将板桩沿基抗周围打入不透水层，便可起到截住水流的作用；或者打入坑底面一定深度，这样将地下水引至坑底以下流入基坑，不仅增加了渗流长度，而且改变了动水压力的方向从而可达到减小动水压力的目的。

（3）水中挖土

即不排水施工，使坑内外的水压相平衡，不致形成动水压力。如沉井施工，不排水下沉，进行水中挖土，水下浇筑混凝土，这些都是防治流砂的有效措施。

（4）人工降低地下水位

这是截住水流，不让地下水流入基坑，从而不仅可防治流砂和土壁塌方，还可改善施工条件。

（5）地下连续墙法

此法是沿基坑的周围先浇筑一道钢筋混凝土的地下连续墙，从而起到承重、截水和防流砂的作用，它又是深基础施工的可靠支护结构。

（6）抛大石块，抢速度施工

如在施工过程中发生局部的或轻微的流砂现象，可组织人力分段抢挖，挖至标高后，立即铺设芦席并抛大石块、增加土的压力，以平衡动水压力，力争在未产生流砂现象之前，将基础分段施工完毕。

此外，在含有大量地下水的土层中或沼泽地区施工时，还可以采取土体冻结法；对位于流砂地区的基础工程，应尽可能用桩基或沉井施工，以节约防治流砂所增加的费用。

（二）井点降水法

井点降水法也称为人工降低地下水位法，是地下水位较高的地区施工中采取的重要措施之一。基坑开挖前，预先在基坑四周埋设一定的管（井），利用抽水设备，从井点管中将地下水不断抽出，使地下水位降低到拟开挖的基坑底面，因而能克服流砂现象，稳定边坡，降低地下水对支护结构的水平压力，防止坑底土的隆起，加快土的固结，提高地基土的承载能力，并使位于天然地下水位以下的基础工程能在较干燥的施工环境中进行施工。采用人工降低地下水位，可适当改陡边坡，减少挖土方量，但在降水过程中，基坑附近的地基土会有一定的沉降，施工时要严加注意，防止地基沉降给周围建筑物带来不利影响。

井点降水法有轻型井点、喷射井点、电渗井点、管井井点和深井井点。可以根据土层的渗透系数、要求降低水位的深度、工程特点及设备情况，作技术经济比较后确定，各种井点降水方法的适用范围可参见表 1-7。其中轻型井点应用较为广泛，本节将作主要介绍。

各种井点降水适用范围 表 1-7

项次	井点类别	土层渗透系数 (m/d)	降低水位深度 (m)	适 用 土 质
1	单层轻型井点	0.1～50	3～6	黏质粉土、砂质粉土、粉砂、含薄层粉砂的粉质黏土
2	多层轻型井点	0.1～50	6～12	黏质粉土、砂质粉土、粉砂、含薄层粉砂的粉质黏土
3	喷射井点	0.1～2	8～20	黏质粉土、砂质粉土、粉砂、含薄层粉砂的粉质黏土
4	电渗井点	<0.1	5～6	黏土、粉质黏土
5	管井井点	20～200	根据选用的水泵而定	黏质粉土、粉砂、含薄层粉砂的粉质黏土、各类砂土、砾砂
6	深井井点	10～250	>15	黏质粉土、粉砂、含薄层粉砂的粉质黏土、各类砂土、砾砂

1. 轻型井点

轻型井点是沿基坑四周将许多根井点管沉入地下蓄水层内，井点管上端通过弯联管与集水总管相连接，并利用抽水设备将地下水从井点管内不断抽出，从而将地下水位降低至基底以下。

（1）轻型井点设备

轻型井点系统由滤管、井点管、弯联管、集水总管和抽水设备等组成，如图 1-10 所示。

滤管是进水设备（图 1-11），滤管用 $\phi38\sim\phi55$mm 钢管制成，长度一般为 1.0～1.7m。滤管壁上钻有直径 12～18mm 的呈梅花形布置的滤孔，滤孔面积占滤管表面积的 20%～30%。管壁外包有粗细两层滤网，为避免滤孔淤塞，在管壁与滤网间用小塑料管或钢丝绕成螺旋状隔开，并在滤网外再围一层粗钢丝保护层。滤管上端与井点管相连，下端有铸铁头，便于沉入土中。

井点管的直径和滤管相同，长度 5～7m，可整根或分节组成，井点上端用弯联管与总管相连。弯联管用塑料管、橡胶管或钢管制成，并且每根弯联管上均安装阀门以便检修井点。

集水总管一般用直径 75～110mm 的钢管分节连接，每节管长 4m，上面装有与弯联管连接的短接头（三通口），短接头间距 0.8～1.6m，总管要设置一定的坡度坡向泵房。

图 1-10 轻型井点降低地下水位示意

1—井点管；2—滤管；3—集水总管；4—弯联管；5—水泵房；

6—原有地下水位线；7—降水后地下水位线

图 1-11 滤管构造

1—钢管；2—管壁小孔；3—缠绕的塑料管；

4—细网；5—粗滤网；6—粗钢丝保护网；

7—井点管；8—铸铁头

轻型井点常用的抽水设备有真空泵和离心泵等，可根据不同的土渗透系数的大小来进行选择。

(2) 轻型井点布置

轻型井点的布置，应根据基坑大小与深度、土质、地下水位高低与流向、降水深度等要求而定。

当基坑宽度小于 6m，降水深度不超过 6m 时，一般采用单排线状井点，布置在地下水的上游一侧，两端延伸长度以不小于槽宽为宜(图 1-12)。如宽度大于 6m 或基坑宽度虽不大于 6m，但土质不良时，宜采用双排线状井点(图 1-13)。当基坑面积较大，宜采用环形井点(图 1-14)。井点管距离基坑或沟槽上口宽不应小于 1.0m，以防漏气，一般取1.0~1.5m。为了观察水位降落情况，应在降水范围内设置若干个观测井，观测井的位置和数量视需要而定。

图 1-12 单排线状井点的布置

图 1-13 双排线状井点的布置

图 1-14 环形井点的布置

1—集水总管；2—井点管

在软土地基中为防止邻近建筑物因人工降水而产生沉降，可以采用回灌的方法：即在井点管与建筑物之间，打一排回灌孔，注水回灌土中，以维持建筑物下的地下水位不下降。这种方法在实际工程中经常使用，效果较好。

进行轻型井点的系统高程布置时，考虑抽水设备的水头损失后，一般井点降水深度不超过 6m。井点管的埋置深度 H_1（图 1-15）按下式计算：

$$H_1 \geqslant H_2 + h + iL \tag{1-10}$$

图 1-15　高程布置

(a)实际高程布置图；(b)计算简图

式中　H_2——井点管埋设面至基坑底面的距离(m)；

　　　h——基坑底面至降低后的地下水位线的最小距离，一般取 0.5～1.0m；

　　　i——水力坡度，根据实测：双排和环状井点为 1/10，单排井点为 1/4～1/5；

　　　L——井点管至基坑中心的水平距离，单排井点为至基坑另一边的距离(m)。

此外，确定井点管埋置深度时，还要考虑到井点管上口一般要比地面高 0.2m。当一级井点系统达不到降水深度要求时，可采用二级井点，即先挖去第一级井点所疏干的土，然后再在其底部装设第二级井点(图 1-16)。

(3) 轻型井点计算

轻型井点计算的目的，是求出在规定的水位降低深度时，每昼夜抽取的地下水流量，即涌水量；确定井管数量和间距，并选择设备。

井点系统的涌水量是以水井理论进行计算的。根据地下水有无压力，水井分为无压井和承压井。当滤管处于二不透水层之间，地下水表面有一定水压时，称为承压井；否则称为无压井。井底达到不透水层顶面时的井称为完整井，否则称为不完整井(图 1-17)。

水井类型不同，其涌水量的计算亦不相同，而无压完整井的计算最为完善。完整井抽水时水位降落曲线如(图 1-18)所示。经过一定时间的抽水后，其水位降落曲线趋于稳定，呈漏斗状曲面，水井轴线距漏斗边缘的水平距离，

图 1-16　二级轻型井点

图 1-17　水井的分类

(a)无压完整井；(b)无压不完整井；(c)承压完整井；(d)承压不完整井

图 1-18　完整井水位降落曲线

(a)无压完整井；(b)承压完整井

1—不透水层；2—透水层；3—水井；4—原地下水位线；5—水位降落曲线；

6—距井轴 x 处的过水断面；7—压力水位线

称之为抽水半径 R。

轻型井点系统中，各井点布置在基坑四周同时抽水，是由许多单井所组成，而各个单井相互之间的距离都小于抽水影响半径，各个单井水位降落漏斗彼此相互干扰。因此，考虑井点系统(称为群井)的相互作用，其总涌水量并不等于各个单井涌水量之和，而比单井涌水量小，但总的水位降低要大于单井抽水时的水位降低值。对于无压不完整井的井点系统，地下水不仅从井侧面进入，还要从井底进入，其涌水量较无压完整井大。

(4) 轻型井点的施工

轻型井点的安装程序是：挖井点沟槽，敷设集水总管，埋设井点管，用弯联管将井点管与总管连接，安装抽水设备。井管的埋设一般采用水冲法，并根据现场条件以及土层情况选择冲水管冲孔后沉入井点管、直接利用井点管水冲下沉、套管式冲枪水冲法或振动水冲法成孔后沉入井点管等方法。冲孔过程中孔洞必须保持垂直，孔径不应小于 300mm，并应上下一致。冲孔深度应比滤管底深 0.5m 以上。井孔成型后，应立即拔出冲管，插入井点管，并填满砂滤层，以防孔壁塌土。砂滤层的填灌质量是保证轻型井点顺利工作的关键，一般要选择干净的粗砂，以免堵塞滤管网眼，填灌要均匀，并填塞至滤管顶上 1.0～1.5m。井点管与孔壁之间填砂滤料时，管口应有泥浆水冒出，或向管内灌水时，能很快下渗方为合格。砂滤层填灌好后，距地面下的 0.5～1.0m 深度内，应用黏土封口，以防漏气影响抽水效果。

井点系统全部安装完毕后，需进行试抽，以检查有无漏气现象。一旦试抽成功应连续抽水不得停止，直至施工进行到地下水位以上方可停止。

2. 管井和深井井点

管井井点就是沿基坑每隔一定距离设置一个管井，每个管井单独用一台水泵不断抽水来降低地下水位。主要适用于轻型井点不易解决的含水层颗粒较粗的粗砂或卵石地层，以及渗透系数、水量均较大且降水深度较深的潜水或承压水地区。

管井井点的主要设备有：管井、吸水管和水泵(图 1-19)。管井由井壁管和过滤网两部分所组成。井管可用钢管管井、混凝土管管井和塑料管管井。钢管管井采用直径为 200～300mm 的钢管；过滤部分采用焊接骨架外包孔眼为 1～2mm 的滤网，长度为 2～3m，也可采用在实管上穿孔用肋垫高后缠镀锌钢丝制成。混凝土管管井内径为 400mm，分实管和过滤管两种，过滤管的孔隙率为 20%～30%，吸水管可采用直径为 50～100mm 的钢管或胶皮管，其下端应沉入管井抽吸时的最低水位以下，为了启动水泵和防止在水泵运转中突然停泵而产生水倒灌，在吸水管底部应安装逆止阀。

图 1-19 管井井点

(a)钢管管井；(b)混凝土管管井

1—沉砂管；2—钢筋焊接骨架；3—滤网；4—管身；5—吸管；6—离心泵；7—小砾石过滤层；
8—黏土封口；9—混凝土实管；10—混凝土过滤管；11—潜水泵；12—出水管

管井的沉入，可采用泥浆护壁钻孔法成孔，成孔的直径应比井管直径大 200mm，管井下沉时应清孔，并保证滤网畅通。为了保证管井的出水量，防止粉细砂涌入井内，在井管与土壁间用粗砂或砾石作为过滤层。

五、基坑(槽)开挖

基坑(槽)开挖有人工开挖和机械开挖，对于大型基坑应优先考虑选用机械化施工，以加快施工进度。

(一)土方机械化施工

土方的开挖、运输、填筑、压实等施工过程应尽量采用机械化施工，以减轻繁重的体力劳动，加快施工进度。

土方工程施工机械的种类繁多，有推土机、铲运机、平土机、松土机、单斗挖土机及多斗挖土机和各种辗压、夯实机械等。而在房屋建筑工程施工中，尤以推土机、铲运机和单斗挖土机应用最广，以下将就这几种类型机械的性能、适用范围及施工方法做重点介绍。

1. 推土机施工

推土机操作机动灵活，运转方便迅速，所需工作面小，易于转移，在建筑工程中应用最多，目前主要使用的是液压式，其外形见图 1-20。

图 1-20　推土机

推土机除适用于切土深度不大的场地平整外，也用于开挖深度不大于 1.5m 的基槽，尤其适合浅基础的面式开挖，也用于回填基坑、基槽和管沟，也可用于堆筑高度在 1.5m 以内的路基、堤坝，平整其他机械装置的土堆，推送松散的硬土、岩石和冻土以及配合铲运机助铲等工作。推土机可推掘Ⅰ～Ⅳ类土。推掘Ⅲ、Ⅳ类土前应予以翻松。推土机推填距离宜在 100m 以内，距离在 60m 时效率最高。推土机可采用下坡推土、并列推土、槽形推土和多铲集运四种推土方法。

(1)下坡推土

推土机顺地面坡度沿下坡方向切土和推土，以借助机械本身的重力作用，增加推土能力和缩短推土时间。一般可提高生产效率 30%～40%，但推土坡度应在 15% 以内。

(2)并列推土

平整场地面积较大时，可用 2～3 台推土机并列作业。铲刀相距 15～30cm，一般两机并列推土可增大推土量 15%～30%，但平均运距不宜超过 50～70m，也不宜小于 20m。

（3）槽形推土

推土机重复多次在一条作业线上切土和推土，使地面逐渐形成一条浅槽，以减少土从铲刀两侧流散，可以增加推土量10%～30%。

（4）多铲集运

对于硬质土，切土深度不大时，可以采用多次铲土，分批集中，一次推送的方法，以便有效地利用推土机的功率，缩短运土时间。

2. 铲运机施工

铲运机可完成挖土、铲土、装土、运土、卸土、压实、填筑和平土等多道工序。铲运机按行走方式分为自行式和拖式两种，如图1-21和图1-22所示。

图1-21　自行式铲运机

图1-22　拖式铲运机

铲运机运行路线应根据填方、挖方区的分布情况并结合当地具体条件进行合理选择，一般有以下两种形式：

（1）环形路线

当地形起伏不大，施工地段较短时，多采用环形路线。见图1-23（a）、（b）所示。环形路线每一循环只完成一次铲土和卸土，挖土和填土交替；挖填之间距离较短时，则可采用大循环路线，见图1-23（c）。

（2）"八"字路线

施工地段较长或地形起伏较大时，多采用"八"字形运行路线，见图1-23（d）。

3. 单斗挖土机施工

单斗挖土机按工作装置不同分为正铲挖土机、反铲挖土机、拉铲挖土机、抓铲挖土机。按操纵机构不同分为机械式和液压式两种，如图1-24所示。

（1）正铲挖土机

正铲挖土机的特点是：前进向上，强制切土，如图1-25所示。可以用于开挖停机面

图 1-23　铲运机运行路线

(a)、(b)环形路线；(c)大环形路线；(d)"八"字路线

图 1-24　单斗挖土机

(a)机械式；(b)液压式

1—正铲挖土机；2—反铲挖土机；3—拉铲挖土机；4—抓铲挖土机

以上的Ⅰ～Ⅳ类土和爆后的岩石、冻土等。需与相当数量的自卸运土汽车配合完成，其挖掘力大，生产率高，可以用于开挖大型干燥基坑以及土丘等。正铲工作面的高度一般不应小于1.5m，否则一次起挖不能装满铲斗，生产效率将降低。正铲挖土机有两种工作方式，即正向工作面和侧向工作面。正向工作面挖土适用于开挖工作面狭小，且较深的基坑（槽）、管沟和路堑等。侧向工作面挖土适用于开挖工作面大，深度不大的边坡、基坑（槽）、沟渠和路堑等。正铲挖土机按其装置可分为履带式和轮胎式两种。斗容量有0.25，0.5，0.6，0.75，1.0，2.0m³ 等几种。一般常用的有万能履带式单斗正铲挖土机。此外，正铲挖土机还可以根据不同操作环境的需要，改装成反铲、拉铲、抓斗等不同的工作装置。

（2）反铲挖土机

反铲挖土机的工作特点是：后退向下，强制切土，如图1-26所示。其挖掘力比正铲小，可以用于开挖停机面以下的Ⅰ～Ⅲ类土。机身和装土均在地面上操作，省去下坑通

图 1-25　正铲挖土机开挖方式示意图

(*a*)后方装车；(*b*)、(*c*)侧向装车

道，适用于开挖深度不大的基坑、基槽、沟渠、管沟及含水量大或地下水位高的土坑。可同时采用沟端和沟侧开挖。沟端开挖适用于一次或沟内后退挖土，挖出土方随即运走，或就地取土填筑路基或修筑路基等。沟侧开挖适用于横挖土体和需将土方甩到离沟边较远的距离时使用。反铲挖土机的斗容量有 $0.25 \sim 1.0 m^3$ 不等，最大挖土深度为 4～6m，比较经济的挖土深度为 1.5～3.0m。对于较大较深的基坑可采用多层接力法开挖，或配备自卸汽车运走。

图 1-26　反铲挖土机开挖方式示意图

(*a*)沟端开挖；(*b*)沟侧开挖

1—反铲挖土机；2—自卸汽车；3—弃土堆

　　(3) 拉铲挖土机

　　拉铲挖土机的工作特点是：后退向下，自重切土，如图 1-27 所示。其挖土深度和挖土半径较大，由于铲斗是挂在钢丝绳上，可以甩得较远，挖得较深，但不如反铲灵活。适用于挖掘停机面以下的 I～Ⅲ类土，开挖较深较大的基坑(槽)、沟渠，挖取水中泥土以及填筑路基、修筑堤坝等。

　　(4) 抓铲挖土机

图 1-27　拉铲挖土机开挖方式示意图

(a)侧弃土；(b)汽车运土

　　抓铲挖土机的工作特点是：直上直下，自重切土，见图 1-28 所示。可用于开挖停机面以下的Ⅰ～Ⅲ类土。宜用于挖窄而深的基坑，疏通旧有渠道以及挖取水中淤泥等，或用于装卸碎石、矿渣等松散材料，在软土地基的地区，常用于开挖基坑等，也可直接开挖直井或在开口沉井内挖土，可以装车也可以甩土。抓铲挖土机使用钢丝绳牵拉时，工效不高；而液压式机的抓取深度又受到限制，因此，除在面积小的深基坑、槽之外，应用范围很小。

图 1-28　抓铲挖掘机

　　（二）土方开挖原则

　　土方开挖应遵循"开槽支撑，先撑后挖，分层开挖，严禁超挖"的原则。

　　开挖基坑（槽）按规定的尺寸合理确定开挖顺序和分层开挖深度，连续地进行施工，尽快地完成。因土方开挖施工要求标高、断面准确，土体应有足够的强度和稳定性，所以在开挖过程中要随时注意检查。挖出的土除预留一部分用作回填外，不得在场地内任意堆放，应把多余的土运到弃土地区，以免妨碍施工。为防止坑壁滑坡，根据土质情况及坑（槽）深度，在坑顶两边一定距离（一般为 1.0m）内不得堆放弃土，在此距离外堆土高度不得超过 1.5m，否则，应验算边坡的稳定性。在桩基周围、墙基或围墙一侧，不得堆土过高。在坑边放置有动载的机械设备时，也应根据验算结果，离开坑边较远距离，如地质条件不好，还应采取加固措施。为了防止基底土（特别是软土）受到浸水或其他原因的扰动，基坑（槽）挖好后，应立即做垫层或浇筑基础，否则，挖土时应在基底标高以上保留 150～

25

300mm 厚的土层，待基础施工时再行挖去。如用机械挖土，为防止基底土被扰动，结构被破坏，不应直接挖到坑(槽)底，应根据机械种类，在基底标高以上留出 200～300mm，待基础施工前用人工铲平修整。挖土不得挖至基坑(槽)的设计标高以下，如个别处超挖，应用与基土相同的土料填补，并夯实到要求的密实度。如用原土填补不能达到要求的密实度时，应用碎石类土填补，并仔细夯实。重要部位如被超挖时，可用低强度等级的混凝土填补。

深基坑应采用"分层开挖，先撑后挖"的开挖方法。在基坑正式开挖之前，先将第①层地表土挖运出去，浇筑锁口圈梁，进行场地平整和基坑降水等准备工作，安设第一道支撑(角撑)，并施加预顶轴力，然后开挖第②层土。再安设第二道支撑，待双向支撑全面形成并施加轴力后，挖土机和运土车下坑在第二道支撑上部(铺路基箱)开始挖第③层土，并采用台阶式"接力"方式挖土，一直挖到坑底。第三道支撑应随挖随撑，逐步形成。最后用抓斗式挖土机在坑外挖两侧土坡的第④层土。

深基坑开挖过程中，随着土的挖除，下层土因逐渐卸载而有可能回弹，尤其在基坑挖至设计标高后，如搁置时间过久，回弹更为显著。如弹性隆起在基坑开挖和基础工程初期发展很快，它将加大建筑物的后期沉降。因此，对深基坑开挖后的土体回弹，应有适当的估计，如在勘察阶段，土样的压缩试验中应补充卸荷弹性试验等。还可以采取结构措施，在基底设置桩基等，或事先对结构下部土质进行深层地基加固。施工中减少基坑弹性隆起的一个有效方法是把土体中有效应力的改变降低到最少。具体方法有加速建造主体结构，或逐步利用基础的重量来代替被挖去土体的重量。

第四节　土方的回填与压实

一、填筑的要求

为了保证填方工程强度和稳定性方面的要求，必须正确选择填土的种类和填筑方法。

填方土料应符合设计要求。碎石类土、砂土和爆破石渣，可用作表层以下的填料，当填方土料为黏土时，填筑前应检查其含水量是否在控制范围内。含水量大的黏土不宜作为填土用。含有大量有机质的土，吸水后容易变形，承载能力降低；含水溶性硫酸盐大于5％的土，在地下水的作用下，硫酸盐会逐渐溶解消失，形成孔洞，影响土的密实性；这两种土以及淤泥、冻土、膨胀土等均不应作为填土。填土应分层进行，并尽量采用同类土填筑。如采用不同土填筑时，应将透水性较大的土层置于透水性较小的土层之下，不能将各种土混杂在一起使用，以免填方内形成水囊。

碎石类土或爆破石渣作填料时，其最大粒径不得超过每层铺土厚度的 2/3，使用振动碾时，不得超过每层铺土厚度的 3/4，铺填时，大块料不应集中，且不得填在分段接头或填方与山坡连接处。

回填土应分层填筑，分层压实；应控制土的含水量处于最佳含水量范围之内。

二、填土压实方法

填土的压实方法一般有碾压法、夯实法和振动压实法，见图 1-29 所示。

图 1-29　填土压实方法
(a)碾压；(b)夯实；(c)振动

(一)碾压法

碾压法是利用机械滚轮的压力压实土，使之达到所需的密实度，此法多用于大面积填土工程。碾压机械有光面碾(压路机)、羊足碾和气胎碾。光面碾对砂土、黏性土均可压实；羊足碾需要较大的牵引力，且只宜压实黏性土，因在砂土中使用羊足碾会使土颗粒受到"羊足"较大的单位压力后会向四周移动，从而使土的结构遭到破坏；气胎碾在工作时是弹性体，其压力均匀，填土质量较好。还可利用运土机械进行碾压，也是较经济合理的压实方案，施工时使运土机械行驶路线能大体均匀地分布在填土面积上，并达到一定重复行驶遍数，使其满足填土压实质量的要求。

碾压机械压实填方时，行驶速度不宜过快；一般平碾控制在 2km/h，羊足碾控制在 3km/h。否则会影响压实效果。

(二)夯实法

夯实法是利用夯锤自由下落的冲击力来夯实土，主要用于小面积回填。夯实法分人工夯实和机械夯实两种。

夯实机械有夯锤、内燃夯土机和蛙式打夯机，人工夯土用的工具有木夯、石夯等。夯锤是借助起重机悬挂的重锤进行夯土的夯实机械，适用于夯实砂性土、湿陷性黄土、杂填土以及含有石块的填土。

(三)振动压实法

振动压实法是将振动压实机放在土层表面，借助振动机械使压实机械振动，土颗粒在振动力的作用下发生相对位移而达到紧密状态。这种方法用于振实非黏性土效果较好。

如果用振动碾进行碾压，可使土受振动和碾压两种作用，碾压效率高，适用于大面积填方工程。

三、填土压实的影响因素

填土压实的影响因素较多，主要有压实功、土的含水量以及每层铺土厚度。

1. 压实功的影响

填土压实后的密度与压实机械在其上所施加的功有一定的关系。当土的含水量一定，在开始压实时，土的密度急剧增加，待到接近土的最大密度时，压实功虽然增加许多，而土的密度则变化甚小。实际施工中，对于砂土只需碾压或夯击 2～3 遍，对粉土只需 3～4 遍，对粉质黏土或黏土只需 5～6 遍。此外，松土不宜用重型碾压机械直接滚压，否则土层有强烈起伏现象，效率不高。如果先用轻碾压实，再用重碾压实就会取得较好效果。

2. 含水量的影响

在同一压实功条件下，填土的含水量对压实质量有直接影响。较为干燥的土颗粒之间的摩阻力较大，因而不易压实。当含水量超过一定限度时，土颗料之间孔隙由水填充而呈饱和状态，也不能压实。当土的含水量适当时，水起了润滑作用，土颗粒之间的摩阻力减少，压实效果好。每种土都有其最佳含水量。土在这种含水量的条件下，使用同样的压实功进行压实，所得到的密实度最大（图 1-30）。工地简单检验黏性土含水量的方法一般是以手握成团落地开花为适宜。为了保证填土在压实过程中处于最佳含水量状态，当土过湿时，应予翻松晾干，也可掺入同类干土或吸水性土料；当土过干时，则应预先洒水润湿。

3. 铺土厚度的影响

土在同一压实功的作用下，其应力随深度增加而逐渐减小（图 1-31），其影响深度与压实机械、土的性质和含水量等有关。铺土厚度应小于压实机械压土时的作用深度，但其中还有最优土层厚度问题，铺得过厚，要压很多遍才能达到规定的密实度。铺得过薄，则也要增加机械的总压实遍数。最优的铺土厚度应能使土方压实而机械的功耗费最少，可按照表 1-8 选用。在表中规定压实遍数范围内，轻型压实机械取大值，重型机取小值。

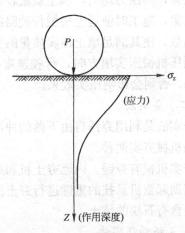

图 1-30　土的干密度与含水量关系　　　　图 1-31　压实作用沿深度的变化

填方每层的铺土厚度和压实遍数　　　　　　　　　　表 1-8

压实机具	每层铺土厚度（mm）	每层压实遍数（遍）
平碾	250~300	6~8
振动压实机	250~350	3~4
柴油打夯机	200~250	3~4
人工打夯	<200	3~4

注：人工打夯时，土块粒径不应大于 50mm。

上述三方面因素之间是互相影响的。为了保证压实质量，提高压实机械的生产率，重要工程应根据土质和所选用的压实机械在施工现场进行压实试验，以确定达到规定密实度所需的压实遍数、铺土厚度及最优含水量。

四、压实质量的检验

填方应具有一定的密实度,以防建筑物不均匀沉陷。密实度的大小,常以干密度控制,填土压实后的干密度,应有 90% 以上符合设计要求,其余 10% 的最低值与设计值的差不得大于 $0.08g/cm^3$,且应分散,不得集中于某一区域。因此,每层土压实后,必要时均应取土检验其干密度。

检验方法,常采用环刀法取样测定土的实际干密度。其取样组数为:基坑回填每 $20\sim50m^3$ 取 1 组(每个基坑不小于 1 组),基槽或管沟回填每层按长度每 $20\sim50m$ 取 1 组;室内填土每层按 $100\sim500m^2$ 取 1 组;场地平整填土每层按 $400\sim900m^2$ 取 1 组。取样部位应在每层压实后的下半部。取样后先称出土的湿密度并测定含水量,然后按下式计算土的实际干密度:

$$\rho_0 = \frac{\rho}{1+0.01W} \tag{1-11}$$

式中 ρ——土的湿密度(g/cm^3);

W——土的含水量(%)。

填土密实度以设计规定的控制干密度 ρ_d 作为检验标准。

$$\rho_d = \lambda_c \cdot \rho_{dmax} \tag{1-12}$$

式中 λ_c——填土的压实系数,一般场地平整为 0.9 左右,地基填土为 $0.91\sim0.97$;

ρ_{dmax}——填土的最大干密度,可由实验室实测,或计算求得。

填土工程质量检验标准见表 1-9。

填土工程质量检验标准(mm)　　　　　　表 1-9

项目	序号	检查项目	允许偏差或允许值					检查方法
			柱基、基坑、基槽	场地平整		管沟	地(路)面基础层	
				人工	机械			
主控项目	1	标高	−50	±30	±50	−50	−50	水准仪
	2	分层压实系数	设计要求					按规定方法
一般项目	1	回填土料	设计要求					取样检查或直接鉴别
	2	分层厚度及含水量	设计要求					水准仪及抽样检查
	3	表面平整度	20	20	30	20	20	用靠尺或水准仪

第五节　土方工程冬、雨期施工

一、土方工程冬期施工

我国冻土的面积约占全国总面积的 68.6%。土的机械强度在冻结时大大提高,开挖冻土的费用和劳动量要比开挖一般非冻土高几倍。因此土方工程应尽量安排在入冬之前施工,如必须进行冬期施工时,要因地制宜地制定经济和技术合理的施工方案。

（一）冻土的概念、分类和特性

当温度低于 0℃，且含水的各类土称为冻土。根据冻融时间的长短，可将冻土划分为两类：季节性冻土和永久冻土。

季节性冻土：受季节影响冬天冻结，夏天融化，呈周期性地冻结和融化的土。主要分布在东北和华北地区。

永冻土：冻结状态持续多年或永久不融的土。主要分布在大小兴安岭、青藏高原和西北高山地区。

冻结与融化是季节性冻土和永冻土地区的重要特征。在季节性冻土地区，一般将年复一年的冬天冻结，夏天融化的土层称为季节性冻结层。其土层的厚度叫冻结深度，一年中的最大值称为最大冻深。

地基土冻结后，体积比冻前增大的现象称为冻胀。通常用冻胀量、冻胀率表示冻胀的大小。

土的冻胀量反映了土冻结后平均体积的增量，用下式进行计算：

$$\Delta V = V_i - V_0 \tag{1-13}$$

式中　ΔV——冻胀量（平均体积增量，cm^3）；

V_i——冻后土的体积（cm^3）；

V_0——冻前土的体积（cm^3）。

土的冻胀率反映了土体冻胀后体积增大的百分率，用 K_a 表示：

$$K_a = (V_i - V_0)/V_0 \times 100\% = \Delta V/V_0 \times 100\% \tag{1-14}$$

按季节性冻土地基冻胀量的大小及其对建筑物的危害程度，将地基土的冻胀性分为四类：

Ⅰ类不冻胀：一般冻胀率小于 1%，对敏感的浅基础也无任何危害。

Ⅱ类弱冻胀：一般冻胀率在 1%～3.5% 之间，对浅基础的建筑物无危害，在最不利的条件下，可能产生细小的裂缝，但不影响建筑物使用的安全。

Ⅲ类冻胀：一般冻胀率在 3.5%～6% 之间，浅埋基础的建筑物将产生裂缝。

Ⅳ类强冻胀：一般冻胀率大于 6%，浅埋基础的建筑物将产生严重破坏。

在永冻土地区，冬天冻结，夏天融化的土层叫季节性融化层。季节性融化层的厚度叫融化深度。

（二）土方的防冻

为了减少冬期挖土困难，如有大量土方开挖，则应在冬期前就采取措施进行防冻。土的防冻应尽量利用自然条件，以就地取材为原则，防冻的主要方法有：

1. 翻松耙平防冻法

进入冬期施工前，在准备施工的部位将表层土翻松耙平，翻松深度宜为 25～30cm，宽度宜为开挖时间土冻结深度的两倍加基槽底宽之和。经翻松的土中，有许多充满空气的空隙，可降低土的导热性，起到保温作用，如图 1-32 所示。此方法适用于大面积的土方工程。

2. 雪覆盖防冻法

在初冬降雪量较大的土方工程施工地区，宜采用雪覆盖法。如场地面积较大，可在地面上设篱笆或雪堤，或用其他材料堆积成墙，高度宜为 50～100cm，间距宜为 10～15m，

图 1-32 翻松耙平防冻法

1—覆雪厚度；2—翻松土层厚度；3—自然地面；z_0—最大冻结深度

并应与主导风向垂直。面积较小的基槽，可在预定的位置上挖积雪沟，深度宜为 30～50cm，宽度为基槽预计深度的两倍加基槽底宽之和，并随即用雪填满。如图 1-33、图1-34 所示。

图 1-33 挡雪覆盖防冻法

3. 保温材料防冻法

对于开挖面积较小的基槽，宜采用保温材料覆盖法，保温材料可用草帘、炉渣、膨胀珍珠岩（可装入袋内使用）等，再加盖一层塑料布。保温材料的铺设宽度亦为待挖基坑宽度的两倍加基槽底宽之和，如图 1-35、图1-36 所示。

图 1-34 挖沟填雪防冻法

图 1-35 开挖基坑保温法

h_{FG}—覆盖材料；z_0—最大冻结深度；
z_1—覆盖材料距边缘距离（取 $1/3z_0$）

图 1-36 未挖基坑保温法

（z_0—最大冻结深度）

4. 暖棚法

主要适用于基础或地下工程，在已挖好的基槽上搭设骨架铺上基层，覆盖保温材料，也可搭设塑料大棚，在棚内采取供暖措施。如图 1-37 所示。

保温覆盖材料 —— 支撑杆

图 1-37 暖棚法

（三）冻土的开挖

土已冻结时，比较经济的土方施工方法是先破碎冻土，然后挖掘，一般有人工法、机械法、爆破法三种。现主要介绍机械法。机械挖掘冻土可根据冻土的厚度选用推土机松动，挖掘机开挖或重锤冲击破碎冻土等方法，其设备可按表 1-10 选用。

冻土挖掘设备选用表　　　　　　　　　　　表 1-10

冻土厚度(cm)	选 用 机 械
<50	铲运机、推土机、挖掘机
50~100	推土机(大功率)、挖掘机、松土机
100~150	重锤

当采用重锤冲击破碎冻土时，重锤可为铸铁楔形或球形，重量宜为 2~3t。

土方开挖过程中应注意以下几点：

（1）必须有周密计划，组织强有力的施工队伍，连续施工，尽可能减少继续加深冻结深度。

（2）挖完一段，覆盖一段，以防已挖完的基土冻结。如果基坑开挖后需要停歇较长时间才能进行基础施工，应注意基坑不要一次挖到设计标高，应在地基上留一层土(约 30cm 厚)暂不铲除。

（3）对各种管道、机械设备等采取保温措施。

（4）如果相邻建筑物与基坑周边距离较近，应对地基土的冻胀性进行准确的评价；如果地基土不具有冻胀性，可按正常基坑进行支护；如果地基土冻胀性较强，且基坑开挖有可能造成相邻建筑物基底土冻结时，应在基坑开挖后采取可靠的保温防冻措施。

（四）土方的回填

由于土冻结后即成为坚硬的土块，在回填过程中不能压实或夯实，土解冻后会造成下沉，所以，土方回填时，应严格按照规范要求施工。

冬期土方回填时，每层铺土厚度应比常温施工时减少 20%~25%、室内的基槽或管沟不得采用含有冻土块的土回填。回填土施工应连续进行并夯实，当采用人工夯实时，每层铺土厚度不得超过 20cm，夯实厚度宜为 10~15cm。

室外的基槽或管沟可采用含有冻土块的土回填，但冻土块粒径不得大于 15cm，含量不得超过 15%，且应分布均匀，管沟底以上 50cm 范围内不得用含有冻土块的土回填。

冬期填方的高度不宜超过表 1-11 的规定。

冬期填方的高度			表 1-11
室外日平均气温（℃）	填方高度（m）	室外日平均气温（℃）	填方高度（m）
−5～−10	4.5	−16～−20	2.5
−12～−15	3.5		

土方回填时，应注意以下问题：

（1）在施工前将未冻的土堆积在一起，覆盖 2～3 层草帘防止受冻，留作回填土用；

（2）土方回填时，要注意施工的连续性，加快回填速度，对已回填的土方采取防冻措施；

（3）土方回填前，应先将基底的冰雪和保温材料打扫干净，方可开始回填；

（4）冬期施工应尽量减少回填土方量，其余的土可待春暖解冻后再回填；

（5）为确保回填土质量，对重大工程项目，必要时可用砂土进行回填（注意：不得将砂土回填在黏土等渗透性小的土层上，以免回填的砂土在一定条件下液化）。

二、土方工程雨期施工

土方工程在雨期施工中一旦遇到大雨，基槽被雨水浸泡，不仅影响地基土质量，而且拖延工期，增加施工费用，还带来了很大的麻烦，因此，土方工程宜避开雨期。如果确实无法避开时，则应采取以下措施：

（一）土方的开挖

（1）基坑开挖前，首先在挖土范围外先挖好挡水沟，沟边做土堤，防止雨水流入坑内，如图 1-38 所示。

（2）为防止基坑被雨水浸泡，开挖后应在坑内做好排水沟、集水井。

（3）土方边坡坡度留设应适当缓一些，如果施工现场无法满足，则可设置支撑或采取边坡加固等措施。在施工中应随时注意边坡稳定，加强对边坡和支撑的检查。

图 1-38 挡水沟

（4）土方工程施工时，工作面不宜过大，宜分段作业。可先预留 20～30cm 不挖，待大部分基槽已挖到距基底 20～30cm 时，再采用人工挖土清槽。

（5）土方施工过程中，应尽可能减小基坑边坡荷载，不得堆积过多的材料、土方，施工机械作业时尽量远离基坑的边缘。

（6）土方开挖完后，应抓紧进行基础垫层的施工，基础施工完后，应立即进行土方回填。

（二）土方的回填

（1）雨期施工中，回填用土应及时采取覆盖措施，保证土方的含水量符合要求。

（2）若采取措施后，土方含水量仍偏大，应晾一段时间待含水量符合要求后再进行回填，严格防止形成橡皮土。若工期很紧，要求必须立即回填，则应由建设单位、监理单位、施工单位共同协商后进一步采取其他措施，如用灰土回填等。土的密实度必须满足要求。

复习思考题

1. 试述土的可松性及其对土方施工的影响。
2. 试述土的基本工程性质、土的工程分类及其对土方施工的影响。
3. 试述基坑及基槽土方量的计算方法。
4. 试述场地平整土方量计算的步骤和方法。
5. 试述土方边坡的表示方法及影响边坡的因素。
6. 分析流砂形成的原因以及防治流砂的途径和方法。
7. 试述人工降低地下水位的方法及适用范围,轻型井点系统的布置方案。
8. 试述推土机、铲运机的工作特点、适用范围及提高生产率的措施。
9. 试述单斗挖土机有哪几种类型?其工作特点和适用范围,正铲、反铲挖土机开挖方式有哪几种?如何选择?
10. 试述选择土方机械的要点。如何确定土方机械和运输工具的数量?
11. 填土压实有哪几种方法?各有什么特点?影响填土压实的主要因素有哪些?怎样检查填土压实的质量?
12. 试述土的最佳含水量的概念,土的含水量和控制干密度对填土质量有何影响?

习　题

某基坑底长 80m,宽 40m,深 2m,四边放坡,边坡坡度 1:0.5。

(1) 试计算土方开挖工程量。

(2) 若混凝土基础和地下室占有体积为 6000m³,则应预留多少回填土(以自然状态土体积计)?

(3) 若多余土方外运,问外运土方(以松散状态的土体积计)为多少?

(4) 如果用 3m³ 的汽车外运,需运多少车?(已知土的最初可松性系数 $K_s=1.14$,最终可松性系数 $K_s'=1.05$)。

第二章　地基与基础工程

第一节　概　　述

俗话说："万丈高楼平地起"。任何建筑物都建造在地球的表层，地球表层构成了一切工程建筑的环境和物质基础。我们把受建筑物荷载影响的那部分地层称为地基。建筑物向地基中传递荷载的建筑物下部结构，称为基础。建筑物的地基、基础如下图 2-1 所示。

图 2-1　地基与基础

基础是保证建筑物安全和正常使用的重要组成部分，通常把埋置深度不大，只需经过挖槽、排水等普通施工措施、无需采用特殊的设备建造起来的基础统称为浅基础，例如条形基础、柱下独立基础、十字交叉基础等；若浅层土质不良，需要把基础埋置于深处的好土层，需要采用特殊的施工工艺建造的基础统称为深基础，例如桩基、沉井和地下连续墙等。选定适宜的基础形式后，地基不加处理就可以满足要求使用的，称为天然地基；不能满足受力和变形要求，需要人工处理加固的地基，称为人工地基，例如采用换土垫层法、预压法、强夯法、深层搅拌法、挤密法等方法处理过的地基。

本章主要简述特殊土地基的处理与加固、浅基础施工及深基础桩基的施工。

第二节　特殊土地基的处理与加固

我国土地辽阔，特殊土地基种类较多，主要有软土地基、湿陷性黄土地基、膨胀土地基、红黏土地基、山区地基、冻土地基及岩溶地基等，本节主要介绍前五类地基。

一、软土地基

（一）软土的特性与分布

工程上将淤泥和淤泥质土称为软土。软土通常是以黏粒为主的细粒土在静水或非常缓慢的流水环境中沉积而成。软土含水量大、透水性低、压缩性高、承载力低，呈软塑、流塑状态，这种土多分布于我国东南沿海地区、沿江和湖泊地区。

（二）软土地基处理及工程措施

由于软土地基具有压缩性高、强度低等特性，因此变形问题是软土地基的一个主要问题，表现为建筑物的沉降速率大以及沉降稳定需要很长时间。

1. 地基处理

软土地基的不均匀沉降，是造成建筑物开裂损坏或严重影响使用等工程事故的主要原因，因此建筑物在设计上除了加强上部结构的刚度外，可对软土地基采取以下一些处理措施：

（1）充分利用软土地基表层的密实土层（称硬壳层，其厚度约为 1～2m）作为天然地基的持力层，基础尽可能浅埋（但需验算下卧层强度）。"轻基浅埋"是对我国软土地区总结出来地好经验。

（2）减少建筑物作用于地基土的压力，如采用架空地面、轻型结构、空心结构、轻质墙体、设置地下室等。

（3）采用换土垫层（砂、石垫层）或桩基，也可在砂垫层内埋设土工织物等方法，提高地基承载力。

（4）采用砂井、砂井预压、使土层排水固结，提高地基承载力。

（5）采用高压喷射、深层搅拌、粉体喷射等方法，将土粒胶结，从而改善土的工程性质。

2. 施工措施

（1）施工时，应保护好软土基坑，减少扰动；

（2）控制施工速度和加载速率不要太快，施工中可采用反压法防止地基土塑流挤出；

（3）条件许可时，大面积填土宜在建筑物或构筑物施工前完成等。

二、湿陷性黄土地基

（一）湿陷性黄土地特性与分布

湿陷性黄土是指非饱和的结构不稳定的黄土，主要是具有大孔结构和湿陷性。湿陷性黄土以粉粒为主，含量一般占 60% 以上，天然含水量接近塑限，含有大量的可溶盐类（碳酸钙盐类），可溶盐类物质遇水浸湿后溶解，土粒结构破坏，迅速产生沉陷，强度降低，这种现象称为湿陷。天然状态时具有较高的强度与较低的压缩性。湿陷性黄土结构示意图，如图 2-2 所示。

我国湿陷性黄土分布范围很广，面积约达 60 万 km²，按工程地质特征和湿陷性强弱程度，主要分为：陇西地区、陇东陕北地区、关中地区、山西地区、河南地区、冀鲁地区及北部边缘地区，其中以陇西地区、陇东陕北地区湿陷性强烈。

图 2-2　黄土结构示意图

1—砂粒；2—粗粉粒；3—胶结物；4—大孔隙

（二）湿陷性黄土的地基处理及工程措施

为了保证湿陷性黄土地基上建筑物的正常使

用，应根据建筑物的重要程度、地基湿陷性的类别及湿陷等级、地下水变化情况与地基受浸水的可能性和施工条件，采取必要的措施。主要措施有：地基处理、防水措施和结构措施。

1. 地基处理措施

地基处理在于全部或部分消除建筑物地基的湿陷性，是防止或减轻湿陷、保证建筑物安全的可靠措施。湿陷性黄土地基经过处理后，其承载能力有所提高。常采用的方法有：

（1）土或灰土垫层法：可处理垫层厚度以内的湿陷性，不能用粗粒土换垫。此法适用于地下水位以上的地基处理。

（2）夯实法：夯实法分为重锤夯实法与强夯法，该法可进行局部或整片处理，但处理的湿陷性黄土饱和度不宜超过 0.6。

（3）土或灰土桩挤密：可处理 5～15m 厚的湿陷性土层。适用于地下水位以上的地基处理，可局部或整片处理。

（4）预浸水：可用于处理湿陷性土层的厚度大于 10m，但地面下 6m 以内的土层因自重力不够，尚应采用垫层法处理。

（5）硅化或碱液加固：多用于加固地下水位以上的已有建筑物地基。

（6）桩基础：适用于下部有可靠的持力层。桩基础不是消除黄土的湿陷性，只是起到传递荷载的作用，因此计算单桩承载力时，应扣除桩侧摩擦力的作用。

2. 防水措施

防水措施是防止或减少建筑物和管道地基受水浸湿而引起的湿陷以保证建筑物和管道安全使用的重要措施。对于厚度大的自重湿陷性黄土场地上的甲类建筑，当消除地基的全部湿陷量确有困难时，防水措施的作用更有重要意义。防水措施主要有：

（1）做好总体建筑的平面和竖向设计，保证整个场地排水畅通；

（2）做好防洪设施；

（3）保证水池类构筑物或管道与建筑物的间距符合防护距离的规定；

（4）保证管网和水池类构筑物的工程质量，防止漏水；

（5）做好屋面排水和房屋内地面防水的措施。

以单体建筑物的防水措施来说，主要包括检漏管沟、防水地坪、排水沟和管道铺设、管道材料和接口等方面，防止雨水或生产及生活水的渗漏。

3. 结构措施

结构措施是从地基、基础和上部结构相互作用的原理出发，采用适当的措施，增强建筑物适应或抵抗不均匀沉降的能力。结构措施主要有：

（1）选择适宜的结构体系和基础形式；

（2）加强上部结构的整体性和空间刚度，如构件要有足够的支承强度、设置钢筋混凝土圈梁、增设横墙等；

（3）预留适宜的沉降净空等。

三、膨胀土地基

（一）膨胀土的特性与分布

膨胀土是一种非饱和的、结构性不稳定的黏性土。膨胀土主要由强亲水性的矿物组成，具有吸水膨胀、失水收缩的特性。

膨胀土在我国分布范围很广，如云南省蒙自和鸡街、广西省宁明、安徽省合肥、四川省成都，以及贵州等其他地区。

（二）膨胀土的危害

膨胀土的膨胀—收缩—再膨胀的往复变形特性非常显著。建造在膨胀土地基上的建筑物，随季节气候变化会反复不断地产生不均匀的抬升和下沉，而使建筑物破坏，如图2-3所示。世界上已有40多个国家发现膨胀土造成的危害，估计每年给工程建设带来的经济损失达数十亿美元。

图 2-3 墙面裂缝

(a)山墙上的对称斜裂缝；(b)外纵墙的水平裂缝；(c)墙面的交叉裂缝

（三）影响膨胀土胀缩变形的主要因素

1. 影响膨胀土产生胀缩变形的内在主要因素有：①土中矿物及其化学成分；②土中黏粒的含量；③土的疏松程度；④土中含水量；⑤土的结构(土的结构强度越大，土体限制胀缩变形的能力就越强)。

2. 影响膨胀土产生胀缩变形的外在主要因素有：①气候条件；②地形地貌；③周围阔叶林的影响；④日照程度。

（四）膨胀土地基处理及工程措施

1. 地基处理措施

膨胀土地基处理方法应根据胀缩等级、当地材料及施工工艺，进行综合技术经济比较后确定。工程中常用下列方法：

（1）采用换土、砂石垫层的土性改良等方法。换土可采用非膨胀性土或灰土，换土厚度可通过变形计算确定。平坦场地上Ⅰ、Ⅱ级膨胀土的地基处理，宜采用砂、碎石垫层，垫层厚度不应小于300mm，并做好防水处理。

（2）膨胀土层较厚时，应采用桩基。桩尖支承在非膨胀土层上，或支承在大气影响层以下的稳定层上。

（3）石灰浆灌入法。此法可处理铁路路基。

（4）基础托换或设置垂直隔墙等。

2. 施工措施

在膨胀土地基施工中，如不采取相应措施，往往会引起土中水分的变化，从而导致土的胀缩变形，因此各种施工工艺应以保证地基土中水分尽量保持不变为原则，既要管理好施工用水，又要防止暴晒。

（1）基础施工前，应先完成土方、挡土墙、护坡、防洪沟及排水沟等工程，使场地内排水畅通、边坡稳定。

（2）临时水池、洗料场、淋灰池、搅拌站等至建筑物外墙的净距应不小于10m，需大量浇水的材料应堆放在距坑(槽)边缘10m以外。

(3)基槽开挖施工宜分段快速作业,施工过程中,基槽不应暴晒或浸泡。雨期施工应有防水措施。当基槽挖土接近基底设计标高时,宜在其上预留150～300mm厚土层,待下一工序开始前挖除。

(4)基槽验槽后,应及时封闭坑底和坑壁,封闭时可喷或抹水泥砂浆5～20mm。

(5)基础施工完毕,应及时分层回填夯实。填料可用非膨胀土、弱膨胀土或掺有石灰等材料的膨胀土。

四、红黏土地基

(一)红黏土的特性与分布

红黏土是指在炎热湿润气候条件下石灰岩等碳酸盐岩系的岩石经风化作用形成的高塑性黏土,通常带红色,故称其为红黏土。红黏土液限一般大于50%,经再搬运后仍保留红黏土基本特征,称为次生红黏土。

红黏土以残积和坡积成因为主,主要分布在洼地和山麓坡地,大多呈棕红、黄褐等色。我国的红黏土主要分布在贵州、广西、云南等地区,在湖南、湖北、安徽、四川等省也有局部分布。

(二)红黏土的地基处理及工程措施

1. 地基处理措施

常用的地基处理方法有换土、土性改良、预浸水等,荷载较大时也可采用桩基,具体选用应根据地基的胀缩等级、地方材料、施工条件、建筑等级、建筑经验等通过综合技术经济比较后确定。

2. 施工措施

(1)在施工场地做好防水、排水措施及地表截流、改道,防止水分渗入地基。

(2)对于天然土坡和人工开挖的边坡和基槽,应时刻注意土体中裂缝发展情况。

(3)组织好生产和生活用水排放,保证土体的稳定性。

(4)基槽开挖后,不得长久暴露,以免地基土干缩开裂或浸水软化,应立即作基础施工并及时回填夯实。

五、山区地基

山区地基由于工程地质条件复杂存在较多的不良物理地质现象,如山区经常遇到的滑坡、崩塌、断层、岩溶、土洞以及泥石流等;山区除岩石外,还可遇见各种成因类型的土层,如山顶的残积层、山谷沟口的洪积和冲积层等,这些岩土的力学性质往往差别很大,软硬不均,分布厚度也不均匀,构成山区不均匀岩土地基;另外,水文地质条件特殊,如南方山区应考虑暴雨形成的洪水的排泄问题,北方山区要注意暴雨携带泥砂形成泥石流的防治问题;还有山区地形高差起伏较大,往往沟谷纵横,陡坡很多等等。

总之,山区地基的特点主要表现为地基的不均匀性和不稳定性两个方面。不均匀地基若不妥善处理,势必引起建筑物不均匀沉降,使建筑物开裂、倾斜甚至倒塌。在山区不良地质现象特别发育地段,一般不容许选作建筑场地,若因特殊需要必须使用这类场地时,应采取可靠的防治措施。

第三节 地基的局部处理与加固

地基的局部处理，常见于在施工验槽时查出或出现的局部与设计要求不符的地基，如槽底倾斜、墓坑、暖气沟或电缆等穿越基槽、古井、大块孤石等。地基处理时应根据不同情况妥善处理。处理的原则是使地基不均匀沉降减少至允许范围之内。下面就常见形式做一简单介绍。

一、局部软土地基处理

（一）墓坑、松土坑的处理

1. 坑的范围较小时：可将坑中虚土全部挖出，直至见到老土为止，然后用与老土压缩性相近的土回填，分层夯实至基底设计标高。若地下水位较高或坑内积水无法夯实时，可用砂、石分层夯实回填。

2. 坑的范围较大时：可将该范围内的基槽适当加宽，再回填土料，方法及要求同上。

3. 坑较深挖除全部虚土有困难时，可部分挖除，挖除深度一般为基槽宽的 2 倍。剩余虚土为软土时，可先用块石夯实挤密后再回填。也可采用加强基础刚度、用梁板形式跨越、改变基础类型或采用桩基进行处理。

（二）"橡皮土"的处理

当地基为含水量很大趋于饱和的黏性土时，反复夯打后使地基变成所谓"橡皮土"。因此，当地基为含水量很大的黏性土时，应先采用晾槽或掺生石灰的办法减小土的含水量，然后再根据具体情况选择施工方法及基础类型。

如果地基已发生了"橡皮土"的现象时，则应采取如下措施：

（1）把"橡皮土"全部挖除清，然后再回填好土至设计标高。

（2）若不能把"橡皮土"完全清除干净，则利用碎石或卵石打入，将泥挤紧，或铺撒吸水材料（如干土、碎砖、生石灰等）。

（3）施工中扰动了基底土：对于湿度不大的土，可作表面夯实处理，对于软黏土需掺入砂、碎石或碎砖才能夯打；或将扰动土全部清除，另填好土夯实。

（三）管道穿越基槽的处理

1. 槽底有管道时，最好是能拆迁管道，或将基础局部加深，使管道从基础之上通过。

2. 如果管道必须埋于基础之下时，则应采取保护措施，避免将管道压坏。

3. 若管道在槽底以上穿过基础或基础墙时，应采取防漏措施，以免漏水浸湿地基造成不均匀下沉。当地基为填土或湿陷性土时，尤其应注意。另外，有管道通过的基础或基础墙，必须在管的周围预留足够尺寸的孔洞。管道上部预留的空隙应大于房屋预估的沉降量，以保证管道的安全。

二、局部坚硬地基处理

（一）砖井、土井的处理

1. 井位于基槽的中部，井口填土较密实时，可将井的砖圈拆去 1m 以上，用 2：8 或 3：7 灰土回填，分层夯实至槽底；若井的直径大于 1.5m 时，可将土井挖至地下水面，每层铺 20cm 粗骨料，分层夯实至槽底平，上做钢筋混凝土梁（板）跨越它们。

2. 井位于基础的转角处，除采用上述的回填办法外，还可视基础压在井口的面积大小，采用从两端墙基中伸出挑梁，或将基础沿墙长方向向外延长出去，跨越井的范围，然后再在基础墙内采用配筋或加钢筋混凝土梁（板）来加强。

（二）基岩、旧墙基、孤石的处理

当基槽下发现有部分比其邻近地基土坚硬得多的土质时（如槽下遇到基岩、旧墙基、大树根和压实的路面、老灰土等），均应尽量挖除，然后填与地基土质相近的较软弱土，挖除厚度视大部分地基土层的性质而定，一般为 1m 左右。

如果局部硬物不易挖除时，应考虑加强建筑上部刚度，如在基础墙内加钢筋或钢筋混凝土梁等，尽量减少可能产生的不均匀沉降对建筑物造成的危害。

（三）防空洞的处理

1. 防空洞砌筑质量较好，有保留价值时，可采用承重法：

（1）如果洞顶施工质量不好，可拆除重做素混凝土拱顶或钢筋混凝土拱顶，也可在原砖砌拱顶上现浇钢筋混凝土拱，使砖、混凝土共同组成复合承重的拱顶；

（2）如果洞顶质量较好，但承重强度不足，可贴洞壁做钢筋混凝土扶壁柱，与拱顶浇为一体。

2. 当防空洞埋置深度不大，靠近建筑物且又无法避开时，可适当加深基础，使基础埋深与防空洞底取平。

3. 如果防空洞较深，其拱顶层距地面深达 6～7m，拱顶距基底也有 4～5m 之多，防空洞本身质量亦较好时，防空洞可以不加处理，但要加强上部结构整体刚度，防止出现裂缝、或因地基承载不均匀，导致产生不均匀沉降。

4. 建筑物所在的位置恰遇防空洞，为避开防空洞时，可作以下处理：

（1）采用建筑物移位法。即首先考虑建筑物适当移位，这样既可保留防空洞，建筑物地基又不须处理。

（2）如果受建筑物条件限制不能移位，就考虑建筑物某道或某几道承重墙是否可错开防空洞，使承重墙不直接压在防空洞上。

（3）建筑物因地制宜、"见缝插针"，根据现有能避开防空洞的场地，将建筑物平面做成点式、"L"形、"U"形等。

三、地基处理的方法

结构物的地基问题，概括有：强度及稳定性问题；压缩及不均匀沉降问题；地下水流失及潜蚀和管涌问题；动力荷载作用下的液化、失稳和震陷问题。当结构物的天然地基可能发生上述情况之一和其中几个时，即须采用适当的地基处理，以保证结构的安全与正常使用。

地基处理的方法很多，按地基处理的原理可将地基处理分为以下几类：排水固结法，振密、挤密法，置换及拌入法，灌浆法，加筋法，冷热处理法。下面介绍几种常用的地基处理方法。

（一）换土垫层法

换土垫层法是先将基础底面以下一定范围内的软弱土层挖去，然后回填强度较高、压缩性较低、并且没有侵蚀性的材料，如中粗砂、碎石或卵石、灰土、素土、石屑、矿渣等，再分层夯实，作为地基的持力层。它的作用在于提高地基的承载力，并通过垫层的应力扩散作用，减少垫层下天然土层所承受的压力，这样就可以减少基础的沉降量。如在软土层上采用透水性较好的垫层（如砂垫层）时，软土中的水分可以通过它较快地排出去，能够有效地缩短沉降稳定时间。实践证明，换土垫层法对于解决荷载较大的中小型建筑物的地基问题是比较有效的。这种方法能就地取材，不需要特殊的机械设备，施工简便，既能缩短工期，又能降低造价，因此得到普遍的应用。

下面以使用较普遍的砂垫层为例，来说明换土垫层法的施工：

1. 材料要求

砂垫层和砂石垫层的材料，宜采用颗粒级配良好、质地坚硬的中砂、粗砂、砾石、碎（卵）石、石屑等。在缺少中、粗砂和砾石地区，也可采用细砂，但宜同时掺入一定数量的碎石或卵石，以保证垫层的密实和稳定，其掺量按设计规定（含石量不应大于50%）。所用砂、石料，不得含有草根、垃圾等有机杂物。兼起排水固结作用时，含泥量不宜超过3%。碎石或卵石的最大粒径不宜大于50mm。

2. 施工要点

施工前应验槽，先将浮土清除，基坑（槽）的边坡必须稳定，防止塌土。槽底和两侧如有孔洞、沟、井和墓穴等，应在未做垫层前加以处理。

人工级配的砂、石材料，应按级配拌合均匀，再行铺填捣实。

软土层上采用砂垫层时，应注意保护好基坑底及侧壁土的原状结构，以免降低软土的强度。在垫层的最下一层，宜先铺设15～20cm厚的粗砂，用木夯夯实，不得使用振捣器。当采用碎石垫层时，也应在软土上先铺一层砂垫底。

砂垫层的施工关键是如何使砂层密实，以达到设计要求。所以在施工时，应使砂密实并分层铺设，分层夯实。捣实砂层应注意不要扰动基坑底部和四侧的土，以免影响和降低地基强度。每铺好一层垫层，经密实度检验合格后方可进行上一层施工。

冬期施工时，不得采用夹有冰块的砂石作垫层，并应采取措施防止砂石内水分结冰。

3. 质量检查

在捣实后的砂垫层中，用容积不小于 200cm³ 的环刀取样，测定其干密度，以不小于通过试验所确定的该砂料在中密状态时的干密度数值为合格。如系砂石垫层，可在垫层中设置纯砂检查点，在同样施工条件下取样检查。

（二）重锤夯实法

重锤夯实法是利用起重机械将重锤提升到一定高度，自由下落，重复夯打击实地基。经过夯打以后，形成了一层比较密实的硬壳层，从而提高了地基强度。

重锤夯实法适用于处理各种黏性土、砂土、湿陷性黄土、杂填土和分层填土地基。拟加固土层必须高出地下水位0.8m以上。因为密实土在瞬间冲击力的作用下，水不易排出，很难夯实。另外，在夯实影响范围内有软土存在，或夯击对建筑物有影响时，不宜采用此法。

重锤夯实用的起重设备采用带有摩擦式卷扬机的起重机。夯锤形状为一截头圆锥体（图2-4），可用 C20 钢筋混凝土制作，其底部可采用 20mm 厚钢板，以使重心降低。锤底直径一般为 0.7～1.5m，锤重不小于 1.5t。锤重与底面积的关系应符合锤重在底面上的

单位静压力为 $1.5\sim2.0\text{N/cm}^2$。

重锤夯实的效果与锤重、锤底直径、落距、夯实遍数和土的含水量有关。重锤夯实的影响深度大致相当于锤底直径。落距一般取 $2.5\sim4.5\text{m}$。夯打遍数一般取 $6\sim8$ 遍。随着夯打遍数的增加，土的每遍夯沉量逐渐减少。

试夯及地基夯实时，必须使土处在最优含水量范围，才能得到最好的夯实效果。基槽（坑）的夯实范围应大于基础底面，每边应比设计宽度加宽 0.3m 以上，以便于底面边角夯打密实。基槽（坑）边坡应适当放缓。夯实前，槽、坑底面应高出设计标高。预留土层的厚度可为试夯时的总夯沉量再加 $50\sim100\text{mm}$。在大面积基坑或条形基槽内夯打时，应一夯挨一夯顺序进行。在一次循环中

图 2-4　1.5t 钢筋混凝土夯锤
1—吊环 $\phi30$；2—钢筋网 $\phi8$ 网格 100×100；
3—锚钉 $\phi10$；4—角钢 $100\times100\times10$

同一夯位应连夯两击，下一循环的夯位，应与前一循环错开 1/2 锤底直径（图 2-5），落锤应平稳，夯位应准确。在独立柱基基坑内夯打时，一般采用先周边后中间或先外后里的跳夯法进行（图 2-6）。夯实完后，应将基槽（坑）表面修整至设计标高。

图 2-5　夯位搭接示意图

图 2-6　夯打顺序
(a)先外后里跳打法；(b)先周边后中间打法

重锤夯实后应检查施工记录，除应符合试夯最后两遍的平均夯沉量的规定外，并应检查基槽（坑）表面的总夯沉量，以不小于试夯总夯沉量的 90% 为合格。

（三）强夯法

强夯法是利用起重设备将 $8\sim40\text{t}$ 重的夯锤吊起，从 $6\sim30\text{m}$ 的高处自由落下，对土体进行强力夯实的地基处理方法。强夯法属高能量夯击，是用巨大的冲击能（一般为 $500\sim800\text{kJ}$），使土中出现冲击波和很大的应力，迫使土颗粒重新排列，排出孔隙中的气和水，从而提高地基强度，降低其压缩性，改善砂性土抵抗振动液化的能力。强夯法适用于碎石土、砂土、非饱和的黏性土、湿陷性黄土及杂填土地基的深层加固。地基经强夯加固后，承载能力可以提高 $2\sim5$ 倍；压缩性可降低 $200\%\sim1000\%$；其影响深度在 10m 以上，国外加固影响深度已达 40m。强夯法是一种效果好、速度快、节省材料、施工简便的地基加固方法。其缺点是施工时噪声和振动很大，离建筑物小于 10m 时，应挖防震沟，沟深要

超过建筑物基础深。

1. 机具设备

强夯法的主要设备包括夯锤、起重设备、脱钩装置等。

夯锤宜用铸钢或铸铁制作，如条件所限，则可用钢饭外壳内浇筑钢筋混凝土(图 2-7)。夯锤底面有圆形或方形，一般采用圆形。锤的底面积大小取决于表面土质，对于砂土一般为 $2\sim4m^2$；黏性土为 $3\sim4m^2$；淤泥质土为 $4\sim6m^2$。夯锤中宜设置若干个上下贯通的气孔，以减少夯击时的空气阻力。

起重设备一般采用自行式起重机，起重能力应大于 1.5 倍锤重，并需设安全装置，防止夯击时臂杆后仰。

吊钩采用自动脱钩装置，如图 2-8 所示。操作时将夯锤挂在脱钩装置上，当起重机将夯锤吊到既定的高度时，利用吊机上副卷扬机的钢丝绳吊起锁卡焊合件，使锤脱落，自由下落进行强夯。

图 2-7 12t 钢筋混凝土夯锤
1—钢底板，厚30mm；2—钢外壳，厚18mm；
3—$\phi159\times5$ 钢管 6 个；4—C30 钢筋混凝土，钢筋用 HPB235

图 2-8 脱钩装置图
1—吊钩；2—锁卡焊合件；3—螺栓
4—开口销；5—架板

2. 强夯法技术参数

夯击点布置，一般按正方形或梅花形网格排列。其间距根据基础布置、加固土层厚度和土质而定，一般为 $5\sim15m$。

夯击遍数应根据地基土的性质确定。一般情况下，可采用 $2\sim5$ 遍，对于粗颗粒土夯击遍数可少些；对于细颗粒土则夯击遍数宜多些。最后一遍以低能量"满夯"，即"锤印"彼此搭接。每个夯击点的夯击数一般为 $3\sim10$ 击，最后一遍只夯 $1\sim2$ 击。

相邻两遍夯击之间间隔时间，取决于土中超静孔隙水压力的消散时间。当缺少实测资料时，可根据地基土的渗透性确定，对于渗透性较差的黏性土地基间隔时间不少于 $3\sim4$ 周；对于渗透性好的地基可连续夯击。

强夯加固范围应大于建筑物基础范围。每边超出基础外缘的宽度宜为设计加固深度的 1/2 至 2/3，并不宜小于 3m。

3. 施工要点

强夯施工前，应查明场地范围内的地下构筑物和各种地下管线的位置及标高，并采取

44

必要的措施，以免因强夯施工而造成损坏。

强夯施工必须按试验确定的技术参数进行。以各个夯击点的夯击数为施工控制依据。

夯击时，夯锤应保持平稳，夯位准确，如错位或坑底倾斜过大，宜用砂土将坑底整平，才能进行下一次夯击。最后一遍的场地平均夯沉量必须符合设计要求。雨天施工时，夯击坑内或夯击过的场地内积水必须及时排除。冬期施工，首先应将冻土击碎，然后按照各点规定的夯击数施工。

4. 质量检验

应检查施工过程中的各项技术参数及施工记录；并应在夯击过的场地选点作检验。检验方法宜根据土性选用原位测试（如标准贯入试验、静力触探或轻便触探等方法）和室内土工试验。检验点数，每个建筑物的地基不少于三处，检验深度和位置按设计要求确定。对于碎石土或砂土地基，应在施工结束后间隔 1～2 周进行检验；对于低饱和度的粉土和黏性土地基间隔 2～4 周后进行检验。

（四）振冲法

利用振动和水冲加固土体的方法称为振冲法。振冲法分为振冲挤密法和振冲置换法两类。用于振密松砂地基时，称为"振冲挤密"。用于黏性土地基，在黏性土中制造一群以碎石、卵石或砂砾材料组成的桩体，从而构成复合地基。这种方法称之为"振冲置换"。

1. 施工机具

主要机具有振冲器、起重机械、水泵及供水管道、加料设备和控制设备等。

2. 施工工艺

施工前应先在现场进行振冲试验，以确定其施工参数，如振冲孔间距、达到土体密实时的密实电流值、成孔速度、留振时间、填料量等。

振冲挤密或振冲制桩的施工过程包括：定位、成孔、清孔和振密等。

定位：振冲前，应按设计图定出冲孔中心位置并编号。

成孔：振冲器用履带式起重机或卷扬机悬吊，对准桩位，打开下喷水口，启动振冲器（图 2-9a）。水压可用 400～600kPa，水量可用 200～400L/min。此时，振冲器以其自身重力和在振动喷水作用下，以 1～2m/min 的速度徐徐沉入土中，每沉入 0.5m～1.0m，宜留振5～10s 进行扩孔。待孔内泥浆溢出时再继续沉入，直达设计深度为止。在黏性土中应重复成孔 1～2 次，使孔内泥浆变稀，然后将振冲器提出孔口，形成 0.8～1.2m 直径的孔洞。

清孔：当下沉达设计深度时，振冲器应在孔底适当留振并关闭下喷口，打开上喷水口，以便排除泥浆进行清孔（图 2-9b）。

振密：振冲器提出孔口，向孔内倒入一批填料，约 1m 桩深（图 2-9c），将振冲器下降至填料中进行振密（图 2-9d），待密实电流达到规定的数值，将振动器提出孔口。如此自下而上反复进行直至孔口，成桩操作即

图 2-9　碎石桩制桩步骤

(a)定位；(b)振冲下沉；(c)加填料；(d)振密；(e)成桩

告完成(图 2-9e)。

振冲施工应事先开设排泥水沟系统,将成桩过程中产生的泥水集中引入沉淀池。

第四节　浅埋式钢筋混凝土基础施工

建筑工程中,基础类型很多、材料很多、分类也较多。通常用钢筋混凝土修建的基础称为扩展基础,即钢筋混凝土基础。基础中配置了钢筋,使基础的强度、耐久性和抗冻性、抗弯性能,都得到了很大的提高;而且基础高度也小了许多,节省了不少费用,这使其总造价并不高。因此目前钢筋混凝土基础应用广泛。

天然地基按基础的埋置深度,可分为浅基础和深基础,实际上浅基础和深基础没有一个很明确的界限。大多数基础埋深较浅,一般可以用比较简单的施工方法来修建的,属于浅基础;反之,属于深基础,如桩基。

本节主要介绍埋深较浅的钢筋混凝土基础的形式及其施工。

一、基础的特点与构造

(一)钢筋混凝土条形基础

钢筋混凝土条形基础有:墙下钢筋混凝土条形基础,如图 2-10 所示;柱下钢筋混凝土条形基础,如图 2-11 所示。

图 2-10　钢筋混凝土墙下条形基础
(a)墙下板式条形基础;(b)带肋板的墙下条形基础

图 2-11　柱下钢筋混凝土条形基础

钢筋混凝土条基截面一般根据基础高度可作成矩形和锥形,锥形基础边缘高度,不宜小于 200mm。

混凝土强度等级不应低于 C20;混凝土垫层强度等级一般为 C10,厚度不宜小于70mm,一般取 100mm。

墙下钢筋混凝土条形基础底板受力钢筋的最小直径不宜小于 10mm,间距不宜大200mm、也不宜小于 100mm;底板纵向分布钢筋的最小直径不宜小于 8mm,间距不宜大于 300mm;当有垫层时,钢筋保护层的厚度不小于 40mm,无垫层时不小于70mm。

钢筋混凝土条形基础底板在 T 形及十字形交接处,底板横向受力钢筋仅沿一个主要受力方向通长布置,另一方向的横向受力钢筋可布置到主要受力方向底板宽度 1/4 处,如图 2-12(a)、(b)所示;在拐角处底板横向受力钢筋应沿两个方向布置。

(a)　　　　　　　　　　(b)

图 2-12　条形基础底板受力钢筋布置示意

（二）柱下钢筋混凝土独立基础

柱下钢筋混凝土独立基础，按施工方法不同分为现浇柱下基础（图 2-13 所示）和预制柱下杯口基础（图 2-14 所示）。

图 2-13　现浇柱下基础

图 2-14　预制柱下单杯口基础

现浇柱下基础的构造形式一般有锥形和阶梯形。锥形基础边缘高度不宜小于 200mm，锥形基础的顶部为安装柱模板，需每边放大 20～50mm，阶梯形基础的每阶高度一般为 300～500mm，阶梯尺寸宜用 50mm 的倍数。

现浇柱下基础施工时，基础与柱的混凝土一般不同时浇筑，在基础内需预留插筋，其直径和根数同柱内纵筋，插筋伸入基础内应有足够的锚固长度，其端部加直钩并伸至基底，应有上下两个箍筋固定。插筋与柱筋的搭接位置一般在基础顶面，如需提前回填土时，搭接位置也可在室内地面处。在搭接长度内的箍筋应加密。板内受力筋的构造要求及混凝土、垫层的要求，都同墙下条形基础。

当柱下钢筋混凝土独立基础的边长和墙下钢筋混凝土条形基础的宽度大于或等于 2.5m 时，基础板底受力筋的长度可取基础边长或宽度的 0.9 倍，并宜交错布置，如图 2-15所示。

图 2-15　基础底板受力钢筋布置示意

预制杯口基础的构造要求：

（1）预制柱下独立基础中柱的插入深度 h_1，可按表 2-1 选用；并应满足锚固长度的要求和吊装时柱的稳定性，即不小于吊装时柱长的 0.05 倍。

柱的插入深度 h_1 (mm)　　　　　　　　　　表 2-1

矩形或工字型柱				双 肢 柱
$h<500$	$500{\leqslant}h<800$	$800{\leqslant}h<1000$	$h>1000$	
$h\sim1.2h$	h	$0.9h$ 且 ${\geqslant}800$	$0.8h$ 且${\geqslant}1000$	$(1/3\sim2/3)h_a$ $(1.5\sim1.8)h_b$

　　注：1. h 为柱截面长边尺寸；h_a 为双肢柱整个截面长边尺寸；h_b 为双肢柱整个截面短边尺寸。

　　　　2. 柱轴心受压或小偏心受压时，h_1 可适当减小，偏心距大于 $2h$（或 $2d$）时，h_1 应适当加大。

　　（2）基础的杯底厚度 a_1 和杯壁厚度 t，以及杯壁配筋可按规范的相关规定选取。

　　（三）十字交叉基础

　　当上部荷载很大，采用柱下条形基础不能满足地基基础设计要求时，可采用双向的柱下钢筋混凝土条形基础即十字交叉基础，如图 2-16 所示。这种基础纵横向均具有一定的刚度，当地基软弱且在两个方向的荷载和土质不均匀时，十字交叉基础对不均匀沉降具有良好的调整能力。目前国内外高层框架结构常采用高度较大的十字交叉条基，以增强整个建筑物的刚度，使各柱间的沉降比较均匀。

图 2-16　十字交叉基础

　　十字交叉基础的其他构造要求同柱下条形基础。

　　（四）筏板基础

　　筏板基础一般为等厚的钢筋混凝土平板。当地基土特别软，上部结构的荷载较大，采用十字交叉基础不能满足要求或相邻基槽距离很近时，可以将基础底板连成整片，成为一个钢筋混凝土的连续整板，即筏板基础。由于筏板基础整体性好，能有效地调整地基的不均匀沉降，较好地适应上部荷载分布的变化。

　　筏板基础有柱下筏板和墙下筏板。当柱间设有梁时则为梁板式筏板基础，形如倒置的肋形楼盖；当柱间不设有梁时则形如倒置的无梁楼盖，称为平板式筏板基础（如图 2-17 所示）。

　　当墙体位于钢筋混凝土平板上时，为墙下筏板基础。墙下筏板基础中有一种不埋式筏板基础（如图 2-18 所示），它适合用于六层及六层以下的横墙较密的建筑使用，我国南方一些城市在多层砌体住宅基础中大量采用，效果良好。

图 2-17　筏板基础

(a)平板式；(b)梁板式

图 2-18　不埋式筏板基础

筏板基础的构造要求：通常筏板基础做成等厚，平面应大致对称，尽量减少基础收缩的偏心力矩；筏板的厚度不得小于 200mm，一般取 200～400mm；梁高出底板的顶面一般不小于 300mm，梁宽不小于 250mm；筏形基础混凝土强度不宜低于 C30，垫层混凝土宜为 C10，厚度为 100mm，每边伸出基础底板不小于 100mm；筏板双向配筋，钢筋宜用 HPB235、HRB335 级，钢筋保护层厚度不宜小于 40mm；筏板悬挂墙外的长度，从轴线起算，横向不宜大于 1500mm，纵向不宜大于 1000mm，边端厚度不小于 200mm。

（五）箱形基础

箱形基础是由钢筋混凝土的底板、顶板和纵横交叉的钢筋混凝土隔墙组成，是能共同工作的箱形地下结构，如图 2-19 所示，它是筏板基础的进一步发展。箱形基础的高度一般为 3～5m，根据情况可以做成多层的，其地下空间可做成库房、设备间、地下室等。

图 2-19　箱形基础

箱形基础的整体性很好、刚度大，调整地基不均匀沉降的能力较强，使上部结构不易开裂。另外，箱形基础的大空壳结构有效地降低了地基附加应力，从而减少了地基的沉降量，也具有较好的抗震性能，是我国高层建筑物常采用的一种主要基础形式。

箱形基础的构造要求：

（1）箱形基础的底面形心应尽可能与上部结构竖向静荷载重心相重合，平面布置尽可能地对称，一般不宜大于 0.1ρ（ρ 为基础底板面积抵抗矩对基底面积之比）；

（2）底板厚一般取隔墙间距的 1/10～1/8，约为 300～1000mm；

（3）顶板厚度一般约取为 200～400mm；

（4）内墙厚度一般不宜小于 200mm，常取为 200～300mm；

（5）外墙厚度不宜小于 250mm，一般为 250～400mm；

（6）混凝土强度等级≥C30，其外围结构的混凝土抗渗等级不宜低于 0.6MPa；

（7）底板、顶板配筋不宜小于 $\phi14@200$；墙体一般采用双面配筋，横、竖向钢筋一般不宜小于 $\phi10@200$，但外墙竖向钢筋不宜小于 $\phi12@200$；除上部为剪力墙外，内、外墙的墙顶宜配置 $2\phi20$ 的通长构造钢筋。

施工时基础长度超过 40m，应设置贯通的后浇施工缝，缝宽不宜小于 800mm；当地下水位较高时，基坑的地下水位应降低至设计底板以下 500mm 以下；挖基坑时要注意保持原状土结构，机械开方应在基坑底面上保留 200～400mm 厚的土层，采取人工修挖。

二、钢筋混凝土基础的施工

钢筋混凝土基础的施工，实际上要点就是现浇混凝土结构工程的施工。钢筋混凝土基础是在施工现场，开挖基槽，然后在基础的设计位置架设模板、绑扎钢筋、浇灌混凝土、振捣成型，经过养护，混凝土达到拆模强度时拆除模板、制成基础构件。现浇混凝土结构整体性好、抗震性好、施工时不需大型起重机械。但是，模板消耗量大、劳动强度高、施工受气候条件影响较大。

钢筋混凝土基础工程主要是由基坑开挖、模板工程、钢筋工程和混凝土工程组成，由于施工过程多，在施工中应加强施工管理，使各工种紧密配合，并且合理组织施工顺序，这样才能有效地保证施工质量、加速施工和降低造价。

放线、基坑开挖后，钢筋混凝土基础工程的施工工艺过程如图 2-20 所示。

图 2-20　钢筋混凝土基础工程的施工工艺

钢筋混凝土基础的具体施工过程如下：

（一）放线、开挖基坑及护坡

这是基础工程施工的第一步、也是至关重要的一步，它决定了基础的位置、底面大小，也就决定了将来地基土受力是否合理、是否能承受上部结构荷载，进而能否保证上部结构的安全。开挖基坑是否需要护坡、采用何种方法、哪种施工工艺都是由基坑开挖深度及土性决定，在这步施工中，不允许有任何的偏差。基坑开挖过程中应注意保持基坑底部土体的原状结构。

（二）验槽

验槽是当施工单位将基槽开挖完毕后，由监理、勘察、设计、建设单位和施工单位的技术负责人，共同到现场进行的。验槽是钢筋混凝土基础工程施工中一个不可缺少的重要环节，有了验槽报告该工程才能进行后续工程的施工。

验槽是对开挖轴线、基坑尺寸和土质是否符合设计规定的检验。发现问题要及时解决，如有地下水应排除，坑内浮土、积水、淤泥、杂物应清除干净；对干燥的黏性土，应用水湿润；局部软弱土层应挖去，用灰土或砂砾回填并夯实至与基底相平等，并应有排水和防水措施。完全合乎要求后，才会拿到几方盖章的合格验槽报告。

（三）垫层施工

钢筋混凝土基础一般都用混凝土做垫层。垫层厚度一般为 100mm，挑出基础边缘 100mm，混凝土强度等级不小于 C10。在基坑验槽后应立即浇灌垫层混凝土，以保护地基，混凝土宜用表面振动器进行振捣，要求表面平整。

（四）模板工程

当垫层混凝土达到一定强度后（一般达到设计强度的 70%），即在垫层上弹线、支模，进入模板工程阶段。

模板是新浇混凝土成型用的模型，主要由模板和支撑两部分组成。模板作为混凝土构件成型的工具，它本身除了应具有与结构构件相同的形状和尺寸外，还要具有足够的强度、刚度和稳定性，以承受新浇混凝土的荷载及施工荷载。支撑是用来保证模板的形状、尺寸及其空间位置正确，承受模板传来的全部荷载。

模板工程作为混凝土基础工程的一个重要环节，从经济和工效上希望模板系统构造简单、装拆方便，从质量和安全上对模板系统有下列要求：

（1）保证基础各部分形状、尺寸和位置的正确，即满足设计尺寸要求、模板安装的尺寸偏差在允许偏差范围内；

（2）有足够承载力、刚度和稳定性，能可靠地承受浇混凝土的自重和侧压力，以及施工荷载；

（3）模板接缝严密，不应漏浆；

（4）模板支撑要求严密牢固；

（5）模板与混凝土接触面应清理干净并涂刷隔离剂。

施工现场使用的模板种类很多，钢筋混凝土基础工程多用现场装拆式钢模或木模，如图2-21所示。

图 2-21　阶梯形基础模板
1—拼板；2—斜撑；3—木桩；4—钢丝

（五）钢筋工程

模板安装好、检验合格后，可以铺设、绑扎钢筋。

钢筋在使用前需要先检查钢筋质量是否合乎设计要求，检查要求如下：

（1）进场钢筋应具有产品合格证、出厂试验报告、每捆（盘）钢筋均应有标牌；

（2）钢筋外观要求应平直、无损伤，表面无裂纹、油污、颗粒状或片状老锈；

（3）抽样检查进场钢筋的力学性能，如屈服点、抗拉强度、伸长率等。

钢筋在施工中的要求如下：

（1）钢筋表面清洁；

（2）钢筋的铺设位置、规格、尺寸、数量、间距、锚固长度、接头位置、形状符合设计和施工规范的要求；

（3）钢筋网片、骨架的绑扎和焊接质量符合施工规范要求；

（4）钢筋弯钩朝向正确，绑扎接头位置及搭接长度符合规范要求；

（5）箍筋的数量、间距、弯钩角度和平直长度符合规范要求；

（6）底部钢筋需用与混凝土保护层同厚度的水泥砂浆垫块垫塞，以保证钢筋保护层的厚度。

（六）混凝土工程

混凝土工程是钢筋混凝土基础工程中的一个重要组成部分。混凝土工程质量的好坏是保证混凝土能否达到设计强度等级的关键，将直接影响钢筋混凝土基础的强度和耐久性。

混凝土工程施工工艺过程包括：混凝土的配料、拌制、运输、浇筑、振捣、养护等。

混凝土工程在施工中应注意：

（1）混凝土所用原材料，即水泥、水、砂子、石子及外掺剂符合设计要求。

（2）混凝土配合比、原材料计量、搅拌合施工缝处理符合施工规范规定。

（3）混凝土强度试块的取样、制作、养护和试验应符合《混凝土强度检验评定标准》的规定。

（4）基础混凝土宜分段、分层连续浇筑。如：

1）对于阶梯形基础，每一个台阶高度内应为一整体浇捣层，每浇筑完一层台阶应稍停 0.5～1.0h，待其初步沉实后，再浇筑上一层台阶，以防止下台阶混凝土溢出，在上一台阶的根部产生"烂脖子"。每一台阶浇完，表面应随即以原浆抹平。

2）对于锥形基础，应注意锥体斜面坡度的正确，斜面部分的模板应随混凝土浇捣分段支设，并应支撑顶紧，以防模板上浮变形；边角处的混凝土必须注意捣实。

3）对于条形基础浇筑，每段长 2～3m，使逐段逐层呈阶梯形推进，并注意先使混凝土充满模板边角，然后浇灌中间部分等。

（5）混凝土应连续浇灌，以保证结构良好的整体性，如必须间歇，间歇时间不应超过施工规范的规定；如时间超过规定，应设置施工缝，并用木板挡住。施工缝处在继续浇筑混凝土前，应将接槎处混凝土表面的水泥薄膜（约 1mm）和松动石子或软弱混凝土清除，并用水冲洗干净，充分湿润，且不得积水，然后铺 15～25mm 厚水泥砂浆或先灌一层减半石子混凝土，或在立面涂刷 1mm 厚水泥浆，再正式继续浇筑混凝土，并仔细捣实，使其紧密结合。

（6）混凝土应振捣密实。混凝土应分层捣实，每层厚度不得超过 30cm。基础上有插筋时，应保证插筋的位置正确。

（7）混凝土浇捣中应防止垫块位移，钢筋紧贴模板，或振捣不实造成露筋。

（8）基础内预留孔洞、预埋螺栓、铁件，应按设计要求设置，不得后凿混凝土。

（9）正确掌握后浇收缩带、后浇温度带灌筑混凝土的时间。如若后浇收缩带单独设置，则灌筑混凝土的时间宜在设带后的两个月之后，这样估计可以完成混凝土收缩的 60％以上，如确有困难时也不宜少于一个月；如果后浇温度带单独设置，则灌筑混凝土的时间宜选择在温度较低时，不要在热天补齐冷天留下来的后浇温度带。

（10）对大体积混凝土，在施工前要经过一定的理论计算，采取有效的技术措施，以防止温差对结构的破坏。比如箱形基础底板混凝土的浇筑，应控制混凝土内外温差在 20℃（重要构件）或 30℃（一般构件）以内；或用中低发热量的矿渣硅酸盐水泥和掺加粉煤灰掺合料，以减小水泥的水化热等。

（11）混凝土的养护。混凝土浇筑完毕，终凝以前，表面应加以覆盖和洒水养护，浇水次数视气温情况而定，保持混凝土具有足够的湿润状态。冬期要保温，防止温差过大出现裂缝，以保证结构的使用性能和防水性能（必要时应采取保温养护措施）。混凝土养护时间，普通水泥和矿渣水泥不得少于 7d（昼夜）。

（七）拆模

在混凝土强度能保证基础表面不变形及棱角完整时，方可拆除基础模板，一般在气温 20℃以上时，两天后即可拆除。

模板的拆除顺序一般是先非承重模板、后承重模板；模板拆除过程中不能损坏混凝土表面。

拆除后经过基础质量检查，确认质量合格后，应尽快进行基础回填土，以免影响场地平整、材料准备和给后续施工工作带来不便，同时又可利用土作基础混凝土的自然养护。

第五节　桩基础施工

随着我国国民经济的发展和城市建设规模的扩大，桩基础成为我国目前常用的一种深基础形式，它由若干根桩和桩顶的承台组成，如图 2-22 所示。

桩基按桩的受力情况，可分为摩擦桩和端承桩两类。前者桩上的荷载由桩侧摩擦力和桩端阻力共同承受；后者桩上的荷载主要由桩端阻力承受。

桩基按成桩时挤土的状况可分为非挤土桩、部分挤土桩和挤土桩。

桩基按桩的施工方法，桩分为预制桩和灌注桩两类。预制桩是在工厂或施工现场制成的各种材料和形式的桩（如木桩、钢筋混凝土方桩、预应力钢筋混凝土管桩、钢管或型钢的钢桩等），而后用沉桩设备将桩打入、压入、旋入、振入（有时还兼用高压水冲）土中。灌注桩是在施工现场的桩位上用机械或人工成孔，然后在孔内灌注混凝土或钢筋混凝土而成。根据成孔方法的不同分为钻孔、挖孔、冲孔灌注桩、沉管灌注桩等。

图 2-22　桩基础
1—承台；2—桩身；3—上部结构

一、混凝土预制桩施工

钢筋混凝土预制桩能承受较大的荷载、施工速度快，可以制作成各种需要的断面及长度，桩的制作及沉桩工艺简单，不受地下水位高低变化的影响，是我国广泛应用的桩型之一。

预制钢筋混凝土桩有实心方桩与离心管桩两种。方桩边长一般为 200～450mm，管桩的直径一般为 ϕ400、ϕ500 等。单节桩的最大长度取决于打桩架的高度，一般在 27m 以内，如在工厂制作，长度不宜超过 12m。

预制钢筋混凝土桩混凝土强度等级不宜低于 C30，采用静压法沉桩时，可适当降低，但不低于 C20。桩身配筋与沉桩方法有关，如采用锤击沉桩时，桩的纵向钢筋配筋率不宜小于 0.8％，压入桩不宜小于 0.4％，桩的纵向钢筋直径不宜小于 14mm；桩顶一定范围内的箍筋应加密，并设钢筋网片；桩尖可将主筋合拢焊在桩尖辅助钢筋上成锥形，以利沉桩，如图 2-23 所示。在密实砂和碎石类土中，可在桩尖处包以钢板桩靴，加强桩尖。

图 2-23　钢筋混凝土预制桩

混凝土管桩是以离心法在工厂生产的，通常都施加了预应力，直径多为 400～600mm，壁厚常为 80～100mm，每节长度 8～10m，用法兰连接，桩的接头不宜超过 4 个。

（一）预制桩的制作、起吊、运输和堆放

钢筋混凝土预制桩一般情况下多在打桩现场附近进行预制；如果条件许可，也可以在打桩现场就地预制。较短的桩（10m以下），多在预制厂预制；预应力管桩则应在工厂生产。

为节省场地，预制桩多采用叠浇法制作。叠浇预制桩的层数一般不宜超过4层，上下层之间、邻桩之间、桩与底模和模板之间应做好隔离层。

预制桩的混凝土浇筑应由桩顶向桩尖连续浇筑，严禁中断。上层桩或邻桩的浇筑，应在下层或临桩的混凝土达到设计强度等级的30％方可进行。

桩在起吊和搬运时，必须平稳，不得损坏。

钢筋混凝土预制桩应在混凝土达到设计强度标准值的75％方可起吊，达到100％方能运输和打桩。如提前起吊，必须作强度和抗裂度验算，并采取必要措施。起吊时，吊点位置应符合设计规定。

桩的运输应根据打桩进度和打桩顺序确定，一般情况采用随打随运的方法以减少二次搬运。长桩运输可采用平板拖车、平台挂车等，短桩运输亦可采用载重汽车，现场运距较近亦可采用轻轨平板车运输。

堆放时场地应平整、坚实、排水良好；桩应按规格、桩号分层叠置，支撑点应设在吊点处；上下垫木应在同一直线上，支撑平稳；堆放层数不宜超过4层。

（二）预制桩的沉桩

钢筋混凝土预制桩的沉桩方法有静力压桩法、锤击法、振动法和水冲法等。

1. 静力压桩

静力压桩是利用静压力将桩压入土中，施工中存在挤土效应，但没有振动、噪声和冲击力，施工应力小，适用于软弱土层和邻近有怕振动的建（构）筑物的情况。

（1）打桩设备

静力压桩机有机械式和液压式两种，目前使用较多的是液压式静力压桩机，压力可达5000kN，如图2-24所示。

图2-24　液压式静力压桩

1—操纵室；2—电气控制台；3—液压系统；4—导向架；5—配重；6—夹持装置；7—吊桩把杆；
8—支腿平台；9—横向行走与回转装置；10—纵向行走装置；11—桩

液压式静力压桩机由压桩机构、行走机构、起吊机构三部分组成。液压式静力压桩机施压部位在桩的侧面，送桩定位方便快速，压桩效率高，移动方便迅速。

（2）压桩施工前准备

压桩前应先清除防碍施工的地上和地下的障碍物；平整施工场地；定位放线；设置供电、供水系统；安装压桩机具；确定打桩顺序。

桩基轴线定位点应设在不受打桩影响的地点，打桩地区附近应设不少于2个水准点。在施工过程中可据此检查桩位的偏差。

打桩顺序直接影响打桩速度和打桩质量。为了减少因桩打入的先后在临桩造成的挤压和变位，防止周围建筑物破坏，在制定打桩顺序时，应研究现场条件和环境、桩区面积和位置、临近建筑物、地下管线的状况、地基土特性、桩型、间距、堆放场地、施工机械在场地内的移动方便程度等，选用下述打桩顺序：

1）由一侧向单一方向进行（图2-25a）。同一排桩，必要时还可采用间隔跳打的方式。

2）由两个方向对称进行（图2-25b）。

3）由中间向四周进行（图2-25c）。

图 2-25 沉桩顺序
（a）由一侧向单一方向进行；（b）由两个方向对称进行；（c）由中间向四周进行

（3）压桩施工

压桩一般是分节压入，逐段接长。当第一节桩压入土中，其上端距地面2m左右时将第二节桩接上，要求接桩的弯曲度不大于1%，然后继续压入。对每一根桩的压入，各工序应连续。

如果初压时桩身发生较大幅度位移、倾斜；压入过程中桩身突然下沉或倾斜；桩顶混凝土破坏或压桩阻力剧变时，应暂停压桩，及时研究处理。

压桩过程中，若桩的贯入阻力太大，使桩不能压至标高时，不能任意增加配重，否则将引起液压元件和构件的损坏。

对桩周土质较差且设计承载力较高的，宜复压1～2次为佳；对长度小于14m的桩，宜连续多次复压，特别对长度小于8m的短桩，连续复压的次数应适当增加。

2. 锤击沉桩

锤击沉桩也称打入桩，是利用桩锤的冲击力克服土对桩的阻力，使桩沉入土中的一种沉桩方法。

锤击打桩时，易引起桩区及附近地区的土体隆起和水平位移，虽然不属单桩本身的质量问题，但由于邻桩相互挤压也会导致桩位偏移，从而影响整个工程质量。如在已有建筑群中施工，打桩还会引起已有地下管线、地面交通道路和建筑物的损坏和不安全，使用时要谨慎。必须使用时，在邻近建筑物(构筑物)打桩，应采取适当的措施，如挖防振沟、砂井排水、预钻孔取土打桩、控制打桩速度等。

打桩机具主要包括桩锤、桩架及动力装置三部分。打桩时，需要根据桩型、土性等选用打桩能量和设备。

锤击法沉桩时，要注意沉桩的垂直度、接桩质量及其桩顶的安全，若桩顶过分破碎或桩身严重裂缝，应立即暂停，采取相应措施后，方可继续施打。

3. 振动沉桩

振动法沉桩是利用振动机，将桩与振动机连接在一起，振动机产生的振动力通过桩身使土体振动，使土体的内摩擦角减小、强度降低而将桩沉入土中。此方法在颗粒较大的土体中施工效率较高，工程中多在砂土地基中使用。

4. 水冲沉桩

水冲法沉桩是锤击沉桩的一种辅助方法。利用高压水流经过桩侧面或空心桩内部的射水管冲击桩尖附近土层，便于锤击。一般是边冲水边打桩，当沉桩至最后1～2m至设计标高时，应停止冲水，用锤击至规定标高。水冲法适用于砂土和碎石土。

二、灌注桩施工

灌注桩是直接在桩位上就地成孔，然后在孔内安放钢筋笼、灌注混凝土而成。根据成孔工艺不同，分为干作业成孔灌注桩、泥浆护壁成孔灌注桩、套管成孔灌注桩等。

灌注桩与预制桩相比，能适应各种地层的变化，无需接桩，施工时无振动、无挤土、噪声小，宜在建筑物密集地区使用。但其操作要求严格，在软弱土层中易产生断桩、缩径，施工后需较长的养护期方可承受荷载，成孔时有大量土渣或泥浆排出。

灌注桩能承受较大的荷载，在高层建筑中应用广泛。其施工工艺近年来发展很快，出现夯扩沉管灌注桩等一些新工艺。

(一)干作业成孔灌注桩

干作业成孔灌注桩主要是用螺旋钻机在桩位钻孔、取土成孔的。适用于地下水位较低、在成孔深度内勿需护壁可直接取土成孔的土质。目前常用螺旋钻机成孔，亦可用洛阳铲人工成孔。

螺旋钻成孔灌注桩是利用动力旋转钻杆，使钻头的螺旋叶片旋转削土，土块沿螺旋叶片上升排出孔外成孔的，如图2-26所示。螺旋钻成孔直径一般为300～600mm，钻孔深度8～20m。

螺旋钻钻孔时，钻杆位置要正确，并且保持垂直稳固，防止因钻杆晃动引起扩大孔径；钻进过程中，应随时清理孔口积土和地面散落土，遇到地下水、塌孔、缩孔等异常情况时，应及时处理；钻杆钻进速度，

图2-26 步履式螺旋钻机

1—上盘；2—下盘；3—回转滚轮；4—行车滚轮；5—钢丝滑轮；6—回转中心轴；7—行车油缸；8—中盘；9—支盘

应根据电流值变化及时调整。

成孔后浇注混凝土前吊放钢筋笼。钢筋笼应按设计要求一次绑扎完成,吊放时要缓慢且保持垂直,放入孔中预定位置,钢筋笼上端应妥善固定。

浇注混凝土前,需检查孔底虚土厚度;如果超标,清孔后方可灌注混凝土。混凝土浇筑时,桩顶以下5m范围内混凝土应随浇随振,并且每次浇注厚度均不得大于1.5m;混凝土浇注需连续,其质量全程满足设计要求。

扩底桩(图2-27)是在钻机成孔后,再通过钻杆底部装置的扩刀,将孔底再扩大,浇注混凝土前孔底虚土厚度需满足规范要求。此桩用于地下水位以上的坚硬、硬塑的黏性土及中密以上的砂土地基。

图 2-27　钻孔扩底灌注桩

(a)钻头;(b)扩底;(c)灌注混凝土

(二)泥浆护壁成孔灌注桩

泥浆护壁成孔是在成孔过程中,用泥浆保护孔壁,排出土后成孔。此法常用于含水量高的软土地区。泥浆一般需专门配置,在黏土中成孔时可利用钻削的黏土与水混合自造。泥浆在成孔过程中可以护壁、携渣、冷却和润滑钻头。

泥浆循环成孔工艺如图2-28所示。在机械成孔前,孔口需埋设钢板护筒。

图 2-28　泥浆循环成孔工艺

(a)正循环;(b)反循环

1—钻头;2—泥浆循环方向;3—沉淀池;4—泥浆池;5—混浆泵;
6—砂石泵;7—水龙头;8—钻杆;9—钻机回转装置

泥浆护壁成孔灌注桩可用多种形式的机械成孔，如回转钻、潜水钻、冲击钻等。

1. 回转钻机成孔

回转钻机是由动力装置带动钻机回转装置转动，由其带动带有钻头的钻杆转动，由钻头切削土。根据泥浆循环方式的不同，分为正循环回转钻机和反循环回转钻机。

2. 潜水钻机成孔

潜水钻机是一种转式钻孔机械，其动力、变速机构和钻头连在一起，加以密封，潜入水下工作，直接带动钻头在泥浆中旋转削土，同时用泥浆泵（或水泵）采取正循环工艺输入泥浆（或清水），进行护壁和将削下的土渣排出孔外成孔；也可用砂石泵或空气吸泥机采用反循环方式排除泥渣成孔。

3. 冲击钻成孔

冲击钻成孔时是利用卷扬机将冲击锤提升到一定高度后，以自由下落的冲击力来破碎岩层，部分碎渣和泥浆挤入孔壁，其余用掏渣筒来掏出成孔。冲击钻主要由桩架、冲击钻头、掏渣筒、转向装置和打捞装置等组成，主要用于在岩土层中成孔，当钻孔达到规定深度后，清除孔底泥渣到规范要求，然后吊放钢筋笼（要求同前），在泥浆下浇筑混凝土。

水下浇筑混凝土多用导管法，如图 2-29 所示。水下混凝土浇筑应连续不断，并且严禁将导管提出混凝土面。浇筑时应有专人测量导管埋深及管内外混凝土面的高差，填写水下混凝土浇筑记录。混凝土浇筑至桩顶时应适当超过桩顶设计标高，以保证在凿除含有泥浆的桩段后，桩顶标高和混凝土质量均符合设计要求。

图 2-29　泥浆护壁灌注桩
(a)钻孔；(b)下导管及钢筋笼；(c)灌注混凝土；(d)成型

（三）套管成孔灌注桩

套管成孔灌注桩，又称沉管灌注桩，是利用锤击打桩法或振动打桩法，将带有钢筋混凝土桩靴（又叫桩尖）或带有活瓣式桩靴的钢管沉入土中，然后边灌注混凝土边拔管而成，如图 2-30 所示。若配有钢筋时，则在规定标高处应吊放钢筋骨架。桩尖、钢筋笼如图 2-31所示。

套管成孔灌注桩按其成孔方法不同，分为振动沉管灌注桩和锤击沉管灌注桩。

1. 振动沉管灌注桩

是用振动沉桩机将带有活瓣式桩靴或钢筋混凝土预制桩靴的桩管，利用振动锤产生的激振力和冲击力，将桩管沉入土中。桩管到达设计标高后，边向桩管内浇筑混凝土，边振

图 2-30　套管成孔灌注桩施工工艺

(a)就位；(b)沉管；(c)下钢筋笼，灌注混凝土；(d)边振边拔；(e)成型

图 2-31　桩尖与钢筋笼

(a)活瓣桩尖；(b)预制桩尖；(c)钢筋笼

边拔出桩管而形成的灌注桩。此法适合于稍密的砂土地基。

振动沉管灌注桩的施工工艺可分为：

(1) 单打法：单打施工，是在套管内灌满混凝土后，开动激振器，先振动 5～10s，再开始拔管，边振边拔。每拔 0.5～1m，停拔振动 5～10s，如此反复，直到套管全部拔出。振动沉管灌注桩常采用此法，能较好地保证施工质量。

(2) 反插法：反插法施工，是在套管内灌满混凝土后，先振动再开始拔管，每次拔管高度 0.5～1.0m，向下反插深度 0.3～0.5m，在拔管过程中分段添加混凝土，保证混凝土的量。如此反复进行并始终保持振动，直至套管全部拔出地面。反插法能使桩的截面增大，提高桩的承载能力，宜在较差的软土地基上应用；但在流动性淤泥中不宜使用此法。

(3) 复打法：复打法施工，是在单打法施工完成后，再把活瓣桩尖闭合起来，在原桩孔位第二次沉下桩管，将未凝结的混凝土向四周挤压，然后进行第二次混凝土灌注和振动拔管。复打法在易出现缩颈、断桩的饱和黏土层最适合应用。

2. 锤击沉管灌注桩

是利用锤击沉桩设备将管桩打入土中成孔。桩尖常用预制混凝土桩尖。此法适用于一般黏性土、淤泥土、砂土和人工填土地基。

锤击灌注桩施工时，先用桩架吊起钢套管，对准预先设在桩位处的预制钢筋混凝土桩靴；然后缓缓放下套管、套入桩靴，套管与桩靴连接紧密后，施加锤击力将桩管打入土中。施工时桩管上部扣上桩帽，并时刻检查、控制桩管的垂直度。

当桩管沉至设计标高后，检查管内无泥浆或渗水，应立即灌注混凝土。浇注时，套管内混凝土应尽量灌满，然后开始拔管。拔管要均匀。第一次拔管高度控制在能容纳第二次所需的混凝土灌量为限，不宜拔管过高。拔管时应保持连续密锤低击不停，并控制拔出速度，对一般土层，以不大于 1m/min 为宜，在软弱土层及软硬土层交界处应控制在 0.8m/min 以内。

当桩身配钢筋笼时，第一次浇混凝土应先灌至笼底标高，然后放置钢筋笼，再浇混凝土至桩顶标高。

施工完毕后，为了提高桩的质量或使桩颈增大，提高桩的承载力；发现混凝土的充盈系数小于 1.0；怀疑或发现缩颈、断桩等缺陷的桩时作为补救措施，可以局部复打或全长复打。

复打是在第一次灌注桩施工完毕后，立即在原桩位再埋预制桩靴或合好活瓣第二次锤击沉入套管，使未凝固的混凝土向四周挤压扩大桩径，然后再灌注第二次混凝土。复打施工必须在第一次灌注的混凝土初凝之前进行。

复习思考题

1. 我国区域性特殊土有哪些？主要分布在什么地方？
2. 湿陷性黄土的特点？施工时可以采用哪些加固方法？
3. 红黏土的特点？施工时可以采用哪些加固方法？
4. 膨胀土有什么的特点？为减少其危害可以采用哪些工程措施？
5. 山区地基有什么特点？
6. 什么是岩溶？可以采取哪些方法进行处理？
7. 地基的局部处理有哪些情况？
8. 何谓"橡皮土"？可采取哪些处理方法？
9. 施工中遇到防空洞该如何处理？
10. 什么是钢筋混凝土浅基础？有哪些基础形式？
11. 筏板基础的施工工艺及其要点？
12. 条基的受力筋在十字交叉、墙角、丁字头处如何布置？
13. 钢筋混凝土浅基础在什么情况下可以采用 $0.9L$ 的钢筋长度，进行错位布置？
14. 箱形基础的特点及施工要求？
15. 桩基如何分类？有哪些形式？
16. 预制桩的制作方法及要求怎样？在现场如何堆放？
17. 预制桩的施工过程？施工质量如何保证？
18. 打桩顺序有几种？与哪些因素有关？
19. 打桩过程中应注意哪些事项？
20. 试述静力压桩的优点及适用情况。
21. 灌注桩与预制桩相比有何优缺点？
22. 灌注桩成孔方法有哪些方法？各适用于什么情况？
23. 试述泥浆护壁灌注桩的施工过程及施工要点。
24. 泥浆护壁灌注桩中泥浆循环有哪些方式？有什么异同？
25. 怎样控制沉管灌注的施工质量？
26. 什么是复打？什么情况下采用？
27. 干作业成孔灌注桩有什么特点？施工过程及其施工要点是什么？
28. 沉管灌注桩与干作业成孔灌注桩相比，哪一种施工顺序对桩的质量影响不大？为什么？

第三章 砌 体 工 程

砌体工程是指砖砌体、石砌体、配筋砌体和各类砌块砌体。

砖、石砌体工程取材易、造价低、施工简便，是我国的传统建筑，有着悠久的历史。目前仍为建筑施工中主要工种工程之一，其缺点是自重大，用小块体组砌，手工操作劳动强度大，劳动生产效率低，且烧砖占用农田，目前许多地区采用工业废料和天然材料制作中、小型砌块代替普通砖，变废为利，少占农田，又可提高机械化程度。与此同时，不少地区正在研究、推广和应用空心砖，以减轻砌体的自重，节约土地，降低能耗。这些都是墙体改革的重要途径。

砌体工程是一个综合性的施工过程，它包括材料准备，材料运输，脚手架搭设，砌体砌筑和勾缝。

第一节 砌 体 材 料

砌体工程所用的主要材料有砖、石、各种砌块和砂浆。

（一）砌筑砂浆

砌筑砂浆一般采用水泥混合砂浆或水泥砂浆。由胶凝材料（水泥）、细骨料（砂）、掺合料（或外加剂）和水按适当比例配制而成。在砌体中起着粘结块材、传递荷载的作用。

砂浆的种类、强度等级应符合设计要求。为便于操作，提高劳动生产率和砌体质量，砂浆应有适宜的稠度和良好的保水性。

1. 对原材料的要求

水泥品种和强度等级应符合设计要求。水泥砂浆采用的水泥，其强度等级不宜大于32.5级；水泥混合砂浆采用的水泥，其强度等级不宜大于42.5级。水泥进场使用前，应分批对其强度、安定性进行复验。当在使用中对水泥质量有怀疑或出厂日期超过三个月等情况，应经试验鉴定后方可使用。不同品种的水泥不得混合使用。

由于砌筑砂浆层较薄，对砂子最大粒径有所限制。对于砖砌体以使用中砂为宜，粒径不得大于 2.5mm，并应过筛，不得含有草根等杂物。粗砂拌制的砂浆和易性差，不便于砌筑；细砂拌制的砂浆强度较低，一般用于勾缝。由于砂的含泥量对砂浆强度、变形、稠度及耐久性影响较大，对水泥砂浆和强度等级大于等于 M5 的水泥混合砂浆，砂中含泥量不应大于 5%；对强度等级小于 M5 的水泥混合砂浆，砂中含泥量不得超过 10%。

为改善砌筑砂浆的和易性，常加入无机的细分散掺合料，如石灰膏、黏土膏、电石膏、粉煤灰等。掺入的生石灰应熟化成石灰膏，并用孔径不大于 3mm×3mm 滤网过滤，使其充分熟化，熟化时间不得少于 7d。沉淀池中贮存的石灰膏应防止干燥、冻结和污染，严禁使用脱水硬化的石灰膏。除上述掺合料外，目前还采用有机的微沫剂（如松香热聚物）来改善砂浆的和易性。微沫剂的掺量应通过试验确定，一般为水泥用量的 0.5/10000～1.0/10000（微沫剂按 100％纯度计）。水泥石灰砂浆中掺入微沫剂时，石灰用量最多减少一半。

2. 砂浆的制备与使用

砂浆的配合比应经试验确定，试配砂浆时，应按设计强度等级提高 15％。施工中如用水泥砂浆代替同强度等级的水泥混合砂浆砌筑砌体时，因水泥砂浆和易性差，砌体强度有所下降（一般考虑下降 15％），因此，应提高水泥砂浆的配制强度（一般提高一级），方可满足设计要求。水泥砂浆中掺入微沫剂（简称微沫砂浆）时，砌体抗压强度较水泥混合砂浆砌体降低 10％，故用微沫砂浆代替水泥混合砂浆使用时，微沫砂浆的配制强度也应提高一级。

砂浆配料应采用质量比，配料要准确。水泥、微沫剂的配料精度应控制在±2％以内；砂、石灰膏、黏土膏、电石膏、粉煤灰的配料精度应控制在±5％以内。外加剂由于总掺入量很少更要按说明或技术交底严格计量加料，不能多加或少加。掺用外加剂时，应先将外加剂按规定浓度溶于水中，再将外加剂溶液与拌合水一起投入拌合，不得将外加剂直接投入拌制的砂浆中。

砂浆应采用机械搅拌，自投料完算起，拌合时间应符合下列规定：水泥砂浆和水泥混合砂浆不得少于 2min；水泥粉煤灰砂浆和掺用外加剂的砂浆不得少于 3min；掺用有机塑化剂的砂浆，应为 3～5min。拌合后的砂浆盛入贮灰器内。

砂浆应具有良好的保水性，砂浆的保水性是用分层度来衡量的。水泥砂浆分层度不应大于 30mm，水泥混合砂浆分层度不应大于 20mm。如砂浆出现泌水现象，应在砌筑前再次拌合。

砂浆应具有一定的流动性，流动性也叫稠度。砂浆的稠度是用沉入度来衡量的。对烧结普通砖砌体宜控制在 70～90mm，烧结多孔砖、空心砖砌体宜控制在 60～80mm，轻骨料混凝土小型空心砌块砌体宜控制在 60～90mm，普通混凝土小型空心砌块、加气混凝土砌块砌体宜控制在 50～70mm，对石砌体宜控制在 30～50mm。

砂浆应随拌随用。水泥砂浆和水泥混合砂浆必须分别在拌成后 3h 和 4h 内使用完毕；当施工期间最高气温超过 30℃时，必须分别在拌成后 2h 和 3h 内使用完毕。

3. 砂浆的强度等级

砂浆强度等级是用边长 70.7mm 的立方体试块，在 20±3℃及正常湿度条件下，置于室内不通风处养护 28d 的平均抗压极限强度确定的，其强度等级有 M20、M15、M10、M7.5、M5、M2.5 六种。

砂浆试块的制作。每一楼层或每 250m³ 砌体中各种设计强度等级的砂浆，每台搅拌机至少检查一次；每次至少应制作一组试块（每组 6 块）。如砂浆强度等级或配合比变更时，还应制作试块。

（二）砖

砖有实心砖、多孔砖和空心砖，按其生产方式不同又分为烧结砖和蒸压（或蒸养）砖两大类。

烧结砖有烧结普通砖（为实心砖）、烧结多孔砖和空心砖，它们是以黏土、页岩、煤矸石、粉煤灰为主要原料，经压制成型、烧制而成。烧结普通砖按所用原料不同，分为黏土砖、页岩砖、煤矸石砖和粉煤灰砖。

烧结普通砖的外形为直角六面体，其规格为 240mm×115mm×53mm（长×宽×高），即 4 块砖长加 4 个灰缝、8 块砖宽加 8 个灰缝、16 块砖厚加 16 个灰缝（简称 4 顺、8 丁、16 线）均为 1m。根据抗压强度分为 MU30、MU25、MU20、MU15、MU10 五个强度等级。

烧结多孔砖是以黏土、页岩、煤矸石等为主要原料，经压制成型、烧制而成的多孔砖。烧结多孔砖和空心砖的规格有 190mm×190mm×90mm、240mm×115mm×90mm、240mm×180mm×115mm 等多种。承重多孔砖的强度等级与烧结普通砖相同，非承重空心砖的强度等级为 MU5、MU3、MU2。

蒸压砖有煤渣砖和灰砂空心砖。

蒸压煤渣砖是以煤渣为主要原料，掺入适量的石灰、石膏，经混合、压制成型、通过蒸压（或蒸养）而成的实心砖；其规格同烧结普通砖，强度等级由抗压、抗折强度而定，有 MU20、MU15、MU10、MU7.5 四个强度等级。

蒸压灰砂空心砖以石灰、砂为主要原料，经配料制备、压制成型、蒸压养护成型而制成的孔洞率大于 15% 的空心砖。

蒸压灰砂空心砖的尺寸：长为 240mm，宽均为 115mm，高有 53mm、90mm、115mm、175mm 四种，强度等级有 MU25、MU20、MU15、MU10、MU7.5 五个强度等级。

砖的品种、强度等级必须符合设计要求，并应规格一致。用于清水墙、柱表面的砖，尚应边角整齐，色泽均匀。无出厂证明的砖要送试验室鉴定。在砌筑前 1～2 天（视天气情况而定）应将砖堆浇水润湿，以免在砌筑时因干砖吸收砂浆中大量的水分，使砂浆流动性降低，造成砌筑困难，并影响砂浆的粘结力和强度。但也要注意不能将砖浇得过湿而使砖不能吸收砂浆中的多余水分，影响砂浆的密实性、强度和粘结力，而且还会产生堕灰和砖块滑动现象，使墙面不洁净，灰缝不平整，墙面不平直。要求普通黏土砖、空心砖含水率为 10%～15%。施工中可将砖砍断，看其断面四周的吸水深度达 10～20mm 即认为合格。灰砂砖、粉煤灰砖含水率宜为 5%～8%。

砖应尽量不在脚手架上浇水，如砌筑时砖块干燥，操作困难时，可用喷壶适当补充浇水。

（三）石

砌筑用的石料分为毛石、料石两类。

毛石又分为乱毛石和平毛石。乱毛石指形状不规则的石块；平毛石指形状不规则，但有两个平面大致平行的石块。毛石的中部厚度不宜小于 150mm。

料石按其加工面的平整程度分为细料石、粗料石和毛料石三种。料石的宽度、厚度均不宜小于 200mm，长度不宜大于厚度的 4 倍。石材的强度等级分为 MU100、MU80、MU60、MU50、MU40、MU30、MU20、MU15 和 MU10。

石砌体一般用于两层以下的居住房屋及挡土墙等，一般采用水泥砂浆或混合砂浆砌筑，砂浆稠度 30～50mm，二层以上石墙的砂浆强度等级不小于 M2.5。

（四）砌块

砌块按形状分有实心砌块和空心砌块两种。按材料分为粉煤灰砌块、加气混凝土砌块、混凝土砌块、硅酸盐砌块等。按规格分为小型砌块、中型砌块和大型砌块。砌块高度在 115～380mm 称小型砌块；高度在 380～980mm 称中型砌块；高度大于 980mm 称大型砌块。

第二节　砌体材料的运输

一、施工机械

砂浆搅拌机

砌筑用的砂浆，一般采用机械拌制。砂浆搅拌机是砌筑工程中的常用机械。常用的砂浆搅拌机是强制式搅拌机，其容量有 100L、200L、325L 等规格。搅拌时拌筒一般固定不动。卸料时，一种是倾翻筒口朝下出料（如倾翻出料式的 HJ—200 型、HJ₁—200B 型）；另一种是打开筒底侧的活门出料（如活门式的 HJ—325 型），如图 3-1 所示。

图 3-1　砂浆搅拌机
(a)倾翻卸料式；(b)活门卸料式

二、运输机具

砌筑工程施工中的各种材料(砂浆、块体)、工具(脚手杆、脚手板、灰槽等)均需运送到各楼层的施工面上去，运输量很大。运输过程中除了要保证安全外，还要防止砌筑块体的破损和砌筑砂浆的分层离析。在水平运输和垂直运输过程中，如发现砂浆有泌水和分层现象时，在使用前应重新拌和。因此合理地选择运输机具是砌筑工程中最先需要解决的问题之一。

（一）水平运输机具

施工现场内的水平运输机具是指用于楼层面和地面的运输机具，常用的有机动翻斗车和人力两轮手推车两种，如图 3-2 所示。

（二）垂直运输机具

垂直运输设施是指在建筑施工中担负垂直运送材料和施工人员上下的机械设备和设施。砌筑工程中常用的垂直运输设施有塔式起重机、井字架、龙门架、施工电梯等。垂直运输设施可分为两类：一类既能进行垂直运输又能进行水平运输，主要有塔式起重机。另

图 3-2　各种运输小车

(a)砂浆运输车;(b)、(c)运砖小车

一类只能进行垂直运输,主要有井字架、龙门架、施工电梯。目前在中小型民用建筑施工中,广泛采用井字架、龙门架。在井字架和龙门架内设置吊盘,施工用料放在吊盘上,利用卷扬机进行提升。

1. 井字架

井字架是施工中最常用的、亦为最简便的垂直运输设施,它稳定性好,运输量大。除用型钢或钢管加工的定型井字架之外,还可以用许多种脚手架材料现场搭设而成。井架内设有吊篮,一般的井架多为单孔井架,但也可构成双孔或多孔井架,以满足同时运输多种材料的需要。上部还可设小型拔杆,供吊运长度较大的构件,其起重量一般为 0.5～1.5t,回转半径可达 10m。井字架起重能力一般为 1～3t,提升高度一般在 60m 以内,在采取措施后,亦可搭设得更高。如图 3-3、图 3-4 所示。为保证井架的稳定性,必须设置缆风绳或附墙拉结。

图 3-3　井架

图 3-4　型钢井架

1—天轮;2—缆风绳;3—立柱;4—平撑;5—斜撑;
6—钢丝绳;7—吊盘;8—地轮;9—垫木;10—导轨

2. 龙门架

龙门架是由两根立柱及天轮梁（横梁）构成的门式架。在龙门架上设滑轮、导轨、吊盘、安全装置以及起重索、缆风绳等，即构成一个完整的垂直运输体系。如图3-5所示。龙门架构造简单，制作容易，用材少，装拆方便，起重能力一般在1.2t以内，提升高度一般在30m以内，适用于中小型工程。

图 3-5 龙门架的基本构造形式

1、16—提升钢丝绳；2—地轮；3—底盘；4—立柱节；5—连墙杆；6—吊笼；7—承重架；
8—安全装置；9—天轮；10—导向轮；11—横梁；12—缆风绳；13—钢丝绳；14—立柱；15—导轨

立柱是采用型钢或钢管焊接而成的格构柱，其截面形式有三角形和正方形两种。每个格构柱长3m，上下两端设有连接板，板上留有螺栓孔，节与节之间用螺栓连接。

吊盘的平面尺寸以考虑能运送最大尺寸构件为宜，构造形式依具体情况而定，可采用角钢、铺板（钢脚手板、木脚手板）做成。

龙门架的安装可采用预先拼装，整体起吊的方法；也可采用分节安装，即先安装第一节立柱，固定好地脚螺栓，然后用杆件绑在已立好的第一节立柱上，杆件顶部系上滑轮，吊起第二节立柱，就位后用螺栓固定，每安装一节立柱后，应系好缆风绳或加临时支撑固定，然后依次吊装，直至全部就位，安上横梁。

龙门架一般单独设置。有外脚手架时，可设在脚手架的外侧或转角部位，其稳定靠拉设缆风绳解决；亦可设在外脚手架的中间，用拉杆将龙门架的立柱与脚手架拉结起来，以确保龙门架和脚手架的稳定，但在垂直于脚手架的方向仍需设置缆风绳并设置附墙拉结。与龙门架相接的脚手架应加设必要的剪刀撑予以加强。

3. 卷扬机

卷扬机是一种牵引机械，分为手动卷扬机和电动卷扬机。龙门架、井字架一般都用卷扬机牵引钢丝绳来提升吊盘。常用的电动卷扬机按其速度可分为快速、慢速两种。

4. 井字架、龙门架安装和使用注意事项

井字架、龙门架必须立于可靠的地基和基座上，选择排水畅通之处。如地基土质不好，要加碎砖和碎石夯实，并做150mm厚C15混凝土垫层，立柱底部应设底座和50mm×200mm的垫木。井字架、龙门架高度在12～15m以下时设一道缆风绳，15m以上每增加5～6m增设一道。井字架每道不少于4根，龙门架每道不少于6根。缆风绳宜用6～8mm的钢丝绳，与地面成45°夹角。井字架安装要准确，结合要牢固，30m以下的井字架安装垂直度偏差不得超过总高度的1/400；30m以上的井字架安装垂直度偏差不得超过总高度的1/600。导轨垂直度及间距尺寸的偏差，不得大于±10mm。正式使用前应进行试运转。

在雷雨季节，井字架、龙门架架高超过30m时，应装设避雷电装置。井字架、龙门架自地面5m以上的四周（出料口除外），应使用安全网或其他遮挡材料进行封闭，避免吊盘上材料坠落伤人。卷扬机司机操作观察吊盘升降的一面只能使用安全网。必须采用限位自停措施，以防止吊盘上升的时候"冒顶"。吊盘应有可靠的安全装置，防止吊盘在运行中和停车装卸料时发生卷扬机制动失灵而跌落等事故。吊盘不得长时间悬于架中，应及时落至地面。吊盘内不要装长杆件材料和零乱堆放的材料，以免材料坠落或长杆材料卡住井架酿成事故。

安装卷扬机的位置应选择地势稍高，地基坚实的地方，距离起吊处15m以外，以利排水与观测构件的起吊。卷扬机必须固定，以防止工作时产生滑动或倾覆。卷扬机卷筒中心应与前面第一导向滑轮中心线垂直，当绳索绕到卷筒两边时，倾斜角不得超过1.5°。如图3-6所示。钢丝绳绕入卷筒的方向应与卷筒轴线垂直，这样能使钢丝绳圈排列整齐，不致斜绕和互相错叠挤压。卷扬机使用的钢丝绳应与卷筒牢固地卡好，在放松钢丝绳时卷筒上至少应保留四圈。

图3-6　卷扬机平面位置

卷扬机设备、轨道、锚碇、钢丝绳和安全装置等应经常检查保养，发现问题及时加以解决，不得在有问题的情况下继续使用。

应经常检查井架的杆件是否发生变形和连接松动情况。经常观察有否发生地基不均匀沉降情况，并及时解决。

5. 施工电梯

目前在高层建筑施工中采用人货两用的建筑施工电梯，主要用于施工人员上下楼层。除运送人员外，还可以运送材料和小型机具。其吊笼装在机架外侧，沿齿条式轨道升降，附着在外墙或建筑物其他结构上,可载重货物1.0~1.2t,亦可乘12~15人。其高度随着建筑物主体结构施工而接高,可达200m以上(国外的最高提升高度已达645m)。如图3-7所示。它特别适用于高层建筑,也可用于高大建筑物。

图 3-7 建筑施工电梯

1—吊笼;2—小吊杆;3—架设安装杆;4—平衡箱;5—导轨架;6—底笼;7—混凝土基础

目前我国使用的施工电梯按其驱动方式分为齿轮齿条驱动方式和绳轮驱动方式。两者都由吊箱和塔架组成。吊箱用于载人载货,塔架用于悬挂吊箱和作为吊箱升降的导轨。塔架由标准节用螺栓连接而成,利用吊箱顶部的专用吊杆提升塔架标准节,塔架可以自升接高。塔架通过附墙装置与建筑物相连。为了使用的安全,施工电梯设有各种安全保险装置。

齿轮齿条驱动式是利用安装在吊箱框架上的齿轮与安装在立杆上的齿条相啮合,当电动机经过变速机构带动齿轮转动时,吊箱即沿塔架升降。这种形式的施工电梯有单吊箱和双吊箱及带平衡重和不带平衡重之分。其载重量为1000kg或载12人。提升高度理论上不受限制,国产电梯实际最大提升高度可达200m。

绳轮驱动式是利用卷扬机、滑轮组,通过钢丝绳悬吊吊箱升降的,是近年新开发的一种形式。它制造、安装简单，用钢量少，费用低，其载重量为 1000kg 或载 8～10 人。适用于 20 层以下的建筑使用。

在确定施工电梯的平面位置时，应结合流水施工段的划分，充分考虑人员及货物的流向，使由施工电梯到作业点的平均距离最短，同时还应考虑现场供电、排水条件及与建筑结构相连是否方便、有无良好的夜间照明等因素。

建筑施工电梯安装前先做好混凝土基础，混凝土基础预埋锚固螺栓或者预留固定螺栓孔以固定底笼。其安装过程大致为：将部件运至安装地点→装底笼和二层标准节→装梯笼→接高标准节并随设附墙支撑→安平衡箱。

施工电梯应由专职司机操作，按时保养，定期维修。

第三节 脚 手 架

脚手架是建筑施工中堆放材料、工人进行操作及进行材料短距离水平运送的一种临时设施。在造价工程中，属于直接费中的措施费，因此本节只作为一般了解内容。

当砌筑到一定高度后，不搭设脚手架就无法进行正常的施工操作。为此，考虑到工作效率和施工组织等因素，每层脚手架的搭设高度以 1.2m 为宜，称为"一步架高"，又叫砌体的可砌高度。

一、脚手架种类和基本要求

按搭设位置可分为外脚手架和里脚手架。按脚手架的设置形式分为：单排脚手架、双排脚手架、满堂脚手架等；按构造形式可分为：杆件组合式脚手架（也称多立杆式脚手架）、框架组合式脚手架（如门型脚手架）、吊挂式、悬挑式、工具式等多种；按支固方式分为：落地式脚手架、悬挑脚手架、附墙悬挂脚手架、悬吊脚手架；按其所用材料可分为木脚手架、竹脚手架、金属脚手架；按搭拆和移动方式划分为：人工装拆脚手架、附着升降脚手架、整体提升脚手架、水平移动脚手架和升降桥架。

对脚手架的基本要求：宽度应满足工人操作、材料堆置和运输的需要，脚手架的宽度一般为 1.5～2.0m；并保证有足够的强度、刚度和稳定性；构造简单；装拆方便并能多次周转使用。

二、外脚手架

（一）扣件式钢管脚手架

扣件式钢管脚手架目前应用广泛，虽然其一次性投资较大，但其周转次数多，摊销费低，装拆方便，搭设高度大，能适应建筑物平立面的变化。

1. 扣件式钢管脚手架的构造要求

扣件式钢管脚手架由钢管、扣件、脚手板和底座等组成，如图 3-8 所示。钢管一般用 ϕ48mm、厚 3.5mm 的焊接钢管。用于立柱、纵向水平杆和支撑杆（包括剪刀撑、横向外撑、水平斜撑等）的钢管长宜为 4～6.5m；用于横向水平杆的钢管长度为 1.8～2.2m。扣件用于钢管之间的连接，其基本形式有三种，如图 3-9 所示：①直角扣件（十字扣），用于两根钢管呈垂直交叉连接；②旋转扣件（回转扣），用于两根钢管呈任意角度交叉连接；

③对接扣件(一字扣)，用于两根钢管的对接连接。立柱底端立于底座上，以传递荷载到地面上，底座如图 3-10 所示。脚手板可采用冲压钢脚手板、钢木脚手板、竹脚手板等。每块脚手板的重量不宜大于 30kg。扣件式钢管脚手架的基本形式有双排、单排两种。单排和双排一般用于外墙砌筑与装饰。

图 3-8 扣件式钢管脚手架
1—栏杆；2—作业层；3—剪刀撑；4—大横杆；5—立杆；6—附墙拉杆；7—小横杆

图 3-9 扣件形式
(a)直角扣件；(b)旋转扣件；(c)对接扣件

图 3-10 底座

纵向水平杆应水平设置，宜设置在立杆内侧，其长度不应小于 3 跨，两根纵向水平杆的对接接头必须采用对接扣件连接。该扣件距立柱轴心线的距离不宜大于跨度的 1/3；同一步架中，内外两根纵向水平杆的接头应尽量错开一跨；上下两根相邻的纵向水平杆的对接接头也应尽量错开一跨，错开的水平距离不应小于 500mm；凡与立柱相交处均必须用直角扣件与立柱固定。

凡立柱与纵向水平杆的相交处均必须设置一根横向水平杆，严禁任意拆除。该杆距立柱轴心线的距离不应大于 150mm；跨度中间的横向水平杆宜根据支承脚手板的需要等间距设置；双排脚手架的横向水平杆，其两端均应用直角扣件固定在纵向水平杆上；单排脚手架的横向水平杆一端应用直角扣件固定在纵向水平杆上，另一端插入墙内长度不应小于 180mm。

脚手板一般均应采用三点支承。当脚手板长度小于 2m 时，可采用两点支承，但应将两端固定，以防倾翻；脚手板宜采用对接平铺，其外伸长度应为 130~150mm；当采用搭接铺设时，其搭接长度应不得小于200mm。如图3-11所示。

图 3-11　脚手架对接、搭接构造

(a)对接；(b)搭接

每根立柱均应设置标准底座。由标准底座下皮向上200mm处，必须设置纵、横向扫地杆，用直角扣件与立柱固定。立柱接头除顶层可以采用搭接外，其余各接头均必须采用对接扣件连接。立柱的搭接、对接应符合下列要求：

① 搭接长度不应小于1m，不少于2个旋转扣件固定；

② 立柱上的对接扣件应交错布置，两根相邻立柱的对接扣件应尽量错开一步，其错开的垂直距离不应小于500mm；

③ 对接扣件应尽量靠近中心节点（指立柱、纵向水平杆、横向水平杆三杆的交点），靠近固定件节点，其偏离中心节点的距离宜小于步距的1/3。

为保证立柱的稳定性，立柱必须用刚性固定件与建筑物可靠连接。固定件布置间距宜按表3-1采用。固定件可以采用菱形、方形、矩形布置。无论采用何种布置形式，其固定件均必须从第一步纵向水平杆处开始设置。

固定件布置间距（m）　　　　　　　　　　　　　　　　　　　　表 3-1

脚手架类型	脚手架高度 H	垂直间距	水平间距
双排	≤50	≤6(3步)	≤6(3跨)
	>50	≤4(2步)	≤6(3跨)
单排	≤24	≤6(3步)	≤6(3跨)

为防止脚手架内外倾覆，必须设置能承受压力和拉力的固定件。24m以下的单、双排脚手架，一般应采用刚性固定件与建筑物可靠连接。当采用柔性固定件（如钢丝或1φ6钢筋）拉结时，必须配用顶撑（顶到建筑物墙面的横向水平杆）顶在混凝土圈梁、柱等结构部位，以防止向内倾覆，拉结钢丝应采用两根8号钢丝拧成一根使用。24m以上的双排脚手架均应采用刚性固定件连接。

为保证脚手架的整体稳定性必须设置支撑体系。双排脚手架的支撑体系由剪刀撑、横向斜撑组成。单排脚手架的支撑体系由剪刀撑组成。

剪刀撑设置要求：①24m以下的单、双排脚手架宜每隔6跨设置一道剪刀撑，从两端转角处起由底至顶连续布置；②24m以上的双排脚手架应在外立面整个长度和高度上连续设剪刀撑；③每副剪刀撑跨越立柱的根数不应超过7根，与地面成45°～60°；④顶层以下的剪刀撑中斜杆接长应采用对接扣件连接，采用旋转扣件固定在立柱上或横向水平杆的伸出端上，固定位置与中心节点的距离不大于150mm；⑤顶部剪刀撑可用搭接，搭接长度不应小于1m，不少于2个旋转扣件。

横向斜撑设置要求：横向斜撑的每一斜杆只占一步，由底至顶呈之字形布置，两端用旋转扣件固定在立柱上或纵向水平杆上;一字形、开口形双排脚手架的两端头均必须设置横向斜撑,中间每隔6跨应设置一道;24m以下的封闭型双排脚手架可不设横向斜撑;24m以上的除两端应设置横向斜撑外,中间每隔6跨设置一道。

2. 扣件式钢管脚手架的搭设

脚手架搭设范围的地基表面应平整,排水畅通,如表层土质松软,应加150mm厚碎石或碎砖夯实,对高层建筑脚手架基础应进行验算。垫板、底座均应准确地放在定位线上。竖立第一节立柱时,每6跨应暂设置一根抛撑(垂直于纵向水平杆,一端支承在地面上),直至固定件架设好后方可根据情况拆除。架设至有固定件的构造层时,应立即设置固定件。固定件至操作层的距离不应大于2步。当超过时,应在操作层下采取临时稳定措施,直到固定件架设完后方可拆除。双排脚手架的横向水平杆靠墙的一端至墙装饰面的距离不应小于100mm,杆端伸出扣件的长度不应小于100mm。安装扣件时,螺栓拧紧;扭力矩不应小于40N·m,不大于70N·m。除操作层的脚手板外,宜每隔12m高满铺一层脚手板。

3. 扣件式钢管脚手架的拆除要求

脚手架的拆除按由上而下,逐层向下的顺序进行。严禁上下同时作业,所有固定件应随脚手架逐层拆除。严禁先将固定件整层或数层拆除后再拆除脚手架。分段拆除高度差不应大于2步。如高差大于2步,应按开口脚手架进行加固。当拆至脚手架下部最后一节立柱时,应先架临时抛撑加固后拆固定件。卸下的材料应集中堆放,严禁抛扔。

(二) 碗扣式钢管脚手架

1. 组成与杆配件

碗扣式钢管脚手架或称多功能碗扣型脚手架。这种新型脚手架的核心部件是碗扣接头,由上下碗扣、横杆接头和上碗扣的限位销等组成,如图3-12所示。它具有结构简单,杆件全部轴向连接,力学性能好,接头构造合理,工作安全可靠,拆装方便,操作容易,零部件损耗率低等特点。

上、下碗扣和限位销按600mm间距设置在钢管立柱上,其中下碗扣和限位销直接焊在立柱上。将上碗扣的缺口对准限位销后,即可将上碗扣向上拉起(沿立柱向上滑动),把横杆接头插入下碗扣圆槽内,随后

图3-12 碗扣接头构造

(a)连接前;(b)连接后

1—立柱;2—上碗扣;3—限位销;4—横杆;
5—横杆接头;6—下碗扣;7—焊缝;8—流水槽

将上碗扣沿限位销滑下,并顺时针旋转以扣紧横杆接头(用锤敲击几下即可达到扣紧要求),碗扣式接头可同时连接4根横杆,横杆可相互垂直或偏转一定角度。正是由于这一点,碗扣式钢管脚手架的部件可用以搭设多种形式脚手架,特别适合于搭设扇形表面及高层建筑施工和装饰作业两用外脚手架,还可作为模板的支撑。

碗扣式钢管脚手架的设计杆配件,按其用途可分为主构件、辅助构件、专用构件三类。主构件用以构成脚手架主体的杆部件,如图3-13所示,有以下五种:

立杆:是主要受力杆件,由一定长度的$\phi48\times3.5$,Q235钢管上每隔0.60m套一碗扣接头,并在其顶端焊接立杆连接管制成。立杆有3.0m和1.8m长两种规格。

图 3-13　碗扣式钢管脚手架的主构配件

(a)立杆；(b)顶杆；(c)横杆；(d)斜杆；(e)底座

顶杆：即顶部立杆，其顶端设有立杆连接管，便于在顶端插入托撑或可调托撑，有2.10、1.50、0.90m长三种规格。主要用于支撑架、支撑柱、物料提升架等的顶部。顶杆与立杆配合可以构成任意高度的支撑架。

横杆：组成框架的横向连接杆件，由一定长度的$\phi 48\times 3.5$，Q235钢管两端焊接横杆接头制成，有2.4、1.8、1.5、1.2、0.9、0.6、0.3m长等七种规格。

斜杆：是为增强脚手架稳定强度而设计的系列构件，在$\phi 48\times 2.2$，Q235钢管两端铆接斜杆接头制成，斜杆接头可转动，同横杆接头一样可装在下碗扣内，形成节点斜杆。有1.697、2.160、2.343、2.546、3.0m长等五种规格。分别适用于1.2m×1.2m、1.2m×1.8m、1.5m×1.8m、1.8m×1.8m、1.8m×2.4m五种框架平面。

底座：是安装在立杆根部，防止其下沉，并将上部荷载分散传递给地基基础的构件，有垫座、可调座两种形式。

2. 搭设要求

碗扣式脚手架用于构件双排外脚手架时，一般立杆横向间距取1.2m，横杆步距取1.8m，立杆纵向间距根据建筑物结构、脚手架搭设高度及作业荷载等具体要求确定，可选用0.9、1.2、1.5、1.8、2.4m等多种尺寸，并选用相应的横杆。双排脚手架的一般构造如图3-14所示。

斜杆设置：斜杆可增强脚手架的稳定性，斜杆与横杆同立杆的连接相同。对于不同尺寸的框架应配备相应长度斜杆。斜杆可装成节点

图 3-14　双排脚手架的一般构造

1—垫座；2—横杆；3—立杆；4—安全网支架；
5—斜杆；6—斜脚手板；7—梯子

斜杆（即斜杆接头同横杆接头装在同一碗扣接头内），或装成非节点斜杆（即斜杆接头同横杆接头不装在同一碗扣接头内）。

斜杆应尽量布置在框架节点上，对于高度在30m以上的脚手架，可根据荷载情况，设置斜杆的面积为整架立面面积的1/5～1/2；对于高度超过30m的高层脚手架，设置斜杆的框架面积不小于整架面积的1/2。在拐角边缘及端部必须设置斜杆，中间可均匀间隔布置。

横向框架内设置斜杆即廊道斜杆，对于提高脚手架的稳定强度尤为重要。对于一字形及开口形脚手架，应在两端横向框架内设沿全高连续设置节点斜杆；对于30m以下的脚手架，中间可不设廊道斜杆；对于30m以上的脚手架，中间应每隔5～6跨设置一道沿全高连续搭设的廊道斜杆；对于高层和重载脚手架，除按上述构造要求设置廊道斜杆外，当横向平面框架所承受的总荷载达到或超过25kN时，该框架应增设廊道斜杆。

当设置高层卸荷拉结杆时，须在拉结点以上第一层加设廊道水平斜杆，以防止卸荷时水平框架变形。斜杆既可用碗扣脚手架系列斜杆，也可用钢管和扣件代替。

剪刀撑：竖向剪刀撑的设置应与碗扣式斜杆的设置相配合，一般高度在30m以下的脚手架，可每隔4～6跨设置一组沿全高连续搭设的剪刀撑，每道剪刀撑跨越5～7根立杆，设剪刀撑的跨内不再设碗扣式斜杆；对于高度在30m以上的高层脚手架，应沿脚手架外侧的全高方向连续设置，两组剪刀撑之间用碗扣式斜杆。纵向水平剪刀撑对于增强水平框架的整体性，均匀传递连墙撑的作用具有重要意义。对于30m以上的高层脚手架，应每隔3～5步架设置一层连续的闭合的纵向水平剪刀撑。

连墙撑：是脚手架与建筑物之间的连接件，对提高脚手架的横向稳定性，承受偏心荷载和水平荷载等具有重要作用。一般情况下，对于高度在30m以下的脚手架，可四跨三步设置一个（约40m²）；对于高层及重载脚手架，则要适当加密，50m以下的脚手架至少应三跨三步布置一个（约25m²）；50m以上的脚手架至少应三跨二步布置一个（约20m²）。连墙杆设置应尽量采用梅花形布置方式。另外，当设置宽挑架、提升滑轮、安全网支架、高层卸荷拉结杆等构件时，应增设连墙撑，对于物料提升架也是相应地增设连墙撑数目。

连墙撑应尽量连接在横杆层碗扣接头内，同脚手架、墙体保持垂直，并随建筑物及架子的升高及时设置。其他搭设要求同扣件式钢管脚手架。

高层卸荷拉结杆主要是为减轻脚手架荷载而设计的一种构件。高层卸荷拉结杆的设置要根据脚手架的高度和作业荷载而定，一般每30m高卸荷一次，但总高度在50m以下的脚手架可不用卸荷。卸荷层应将拉结杆同每一根立杆连接卸荷，设置时，将拉结杆一端用预埋件固定在墙体上，另一端固定在脚手架横杆层下碗扣底下，中间用索具螺旋调节拉杆，以达到悬吊卸荷目的。卸荷层要设置水平廊道斜杆，以增强水平框架刚度。另外，要用横托撑同建筑物顶紧，以平衡水平力。上、下两层增设连墙撑。

对一般方形建筑物的外脚手架，在拐角处两直角交叉的排架要连在一起，以增强脚手架的整体稳定性。连接形式可以采用直接拼接法和直角撑搭接法两种，直角撑搭接可实现任意部位直角交叉。

碗扣式脚手架还可搭设为单排脚手架、满堂脚手架、支撑架、移动式脚手架、提升井架和悬挑脚手架等。

3. 拆除

当脚手架使用完成后，制定拆除方案，拆除前应对脚手架做一次全面检查，清除所有多余物件，并设立拆除区，严禁人员进入。

拆除顺序自上而下逐层拆除，不容许上、下两层同时拆除。连墙撑只能在拆到该层时才许拆除，严禁在拆架前先拆连墙撑。

拆除的构件应用吊具吊下，或人工递下，严禁抛掷。拆除的构件应及时分类堆放，以便运输、保管。

（三）门式脚手架

1. 基本结构和主要构件

门式脚手架又称多功能门式脚手架，是目前国际上应用最普遍的脚手架之一。是由门式框架、剪刀撑和水平梁或脚手板构成基本单元，如图 3-15 所示。将基本单元连接起来（或增加梯子、栏杆等部件）即构成整片脚手架，如图 3-16 所示。

图 3-15　门式脚手架的主要部件
(a)门式框架；(b)平架；(c)剪刀撑；
(d)门式脚手架组装

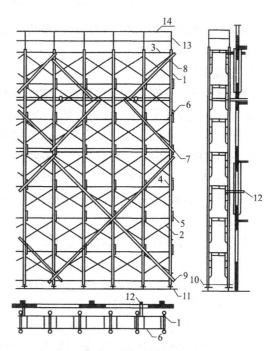

图 3-16　整片脚手架

1—门架；2—交叉支撑；3—脚手板；4—连接棒；5—锁臂；
6—水平架；7—水平加固件；8—剪刀撑；9—扫地杆；
10—封口杆；11—底座；12—连墙杆；13—栏杆；14—扶手

门形脚手架部件之间的连接是采用方便可靠的自锚结构，如图 3-17 所示，常用形式为：

（1）制动片式

如图 3-17(a)，在挂扣的固定片上，铆有主制动片和被制动片，安装前二者脱开，开口尺寸大于门架横梁直径，就位后，将被动片逆时针方向转动卡住横梁，主制动片即自行落下将被动片卡住，使脚手板（或水平梁架）自锚于门架横梁上。

（2）偏重片式

如图 3-17(b)，用于门架与剪刀撑的偏重片式连接。它是在门架竖管上焊一段端头开柄的 $\phi12$ 圆钢，槽呈坡形，上口长 23mm，下口长 20mm，槽内设一偏重片（用 $\phi10$ 圆钢制成，厚 2mm，一端保持原直径），在其近端处开一椭圆形孔，安装时置于虚线位置，其端

图 3-17　门形脚手架连接形式
(a)制动片式挂扣；(b)偏重片式锚扣
1—固定片；2—主制动片；3—被制动片；4—φ10 圆钢偏重片；5—铆钉

部斜面与槽内斜面相合，不会转动，而后装入剪刀撑，就位后将偏重片稍向外拉，自然旋转到实线位置，达到自锁。

2. 搭设与拆除要求

门式脚手架一般按以下程序搭设：铺放垫木(板)→拉线、放底座→自一端起立门架并随即装剪刀撑→装水平梁架(或脚手板)→装梯子→(需要时，装设通长的纵向水平杆)→装设连墙杆→照上述步骤，逐层向上安装→装加强整体刚度的长剪刀撑→装设顶部栏杆。

搭设门式脚手架时，基底必须严格夯实抄平，并铺可调底座，以免发生塌陷和不均匀沉降。首层门式脚手架垂直度(门架竖管轴线的偏移)偏差不大于 2mm；水平度(门架平面方向和水平方向)偏差不大于 5mm。门架的顶部和底部用纵向水平杆和扫地杆固定。门架之间必须设置剪刀撑和水平梁架(或脚手板)，其间连接应可靠，以确保脚手架的整体刚度。因进行作业需要临时拆除脚手架内侧剪刀撑时，应先在该层里侧上部加设纵向水平杆，之后再拆除剪刀撑。作业完毕后立即将剪刀撑重新装上，并将纵向水平杆移到下或上一作业层上。整片脚手架必须适量放置水平加固杆(纵向水平杆)，前三层要每层设置，三层以上则每隔三层设一道。在架子外侧面设置长剪刀撑(φ48 脚手钢管，长 6~8m)，其高度和宽度为3~4 个步距和柱距，与地面夹角为 45°~60°，相邻长剪刀撑之间相隔 3~5 个柱距，沿全高设置。使用连墙管或连墙器将脚手架和建筑结构紧密连接，连墙点的最大间距，在垂直方向为 6m，在水平方向为 8m。高层脚手架应增加连墙点布设密度。脚手架在转角处必须做好连接和与墙拉结，并利用钢管和回转扣件把处于相交方向的门架连接起来。

拆除架子时应自上而下进行，部件拆除顺序与安装顺序相反。不允许将拆除的部件直接从高空掷下。应将拆下的部件分品种捆绑后，使用垂直吊运设备将其运至地面，集中堆放保管。

(四)　附着升降脚手架

附着升降脚手架(亦称爬架)是指采用各种形式的架体结构及附着支承结构、依靠设置于架体上或工程结构上的专用升降设备实现升降的施工脚手架。附着升降脚手架适用于高层、超高层建筑物或高耸构筑物，同时，还可以携带施工外模板。但使用时必须进行专门设计。

附着升降脚手架的分类有多种，按附着支承形式可分为悬挑式、吊拉式、导轨式、导座式等；按升降动力类型可分为电动、手拉葫芦、液压等；按升降方式可分为单片式、分段式、整体式等；按控制方式可分为人工控制、自动控制等；按爬升方式可分为套管式、挑梁式、互爬式、导轨式等，如图 3-18 所示。

滑动前　　　　　　　滑动后　　　　　　　固定框提升

图 3-18　套管式附着升降脚手架

（五）悬挑式脚手架

悬挑式脚手架是利用建筑结构边缘向外伸出的悬挑结构来支承外脚手架，将脚手架的荷载全部或部分传递给建筑结构。悬挑脚手架的关键悬挑支承结构必须有足够的强度、稳定性和刚度，并能将脚手架的荷载传递给建筑结构。架体可用扣件式钢管脚手架、碗扣式钢管脚手架和门式脚手架等搭设。一般为双排脚手架，架体高度可依据施工要求、结构承载力和塔吊的提升能力（当采取塔吊分段整体提升时）确定，最高可搭设至 12 步架，约 20m 高，可同时进行 2～3 层作业，如图 3-19 所示。

(a)　　　　　　　(b)　　　　　　　(c)

图 3-19　两种不同悬挑支撑结构的悬挑式脚手架

（a）、（b）斜拉式悬挑外脚手架；（c）下撑式悬挑外脚手架

（六）悬吊式脚手架

悬吊式脚手架是通过特设的支承点，利用吊索悬吊吊架或吊篮进行砌筑或装修工程操作的一种脚手架。其主要组成部分为：吊架（包括桁架式工作台）或吊篮、支承设施（包括支承挑架和挑梁）、吊索（包括钢丝绳、铁链、钢筋）及升降装置等。对于高层建筑的外装修作业和平时的维修保养，都是一种极为方便、经济的脚手架形式，如图 3-20 所示。

图 3-20　手动提升式吊篮示意图

悬吊脚手架的悬吊结构应根据工程结构情况和脚手架的用途而定。普遍采用的是在屋顶上设置挑梁（架）；用于高大厂房的内部施工时，则可悬吊在屋架或大梁之下；亦可搭设专门的构架来悬挂吊篮。

一般要求在屋顶上设置挑梁或挑架必须保证其抵抗力矩大于倾覆力矩的三倍。

在屋顶上设置的电动升降车采用动力驱动时，其抵抗力矩应大于倾覆力矩的四倍。

吊架的升降方法是悬吊脚手架使用中最重要的环节。选择采用任何升降方法，都必须注意以下事项：①具有足够的提升能力，能确保吊篮（架）平稳地升降；②要有可靠的保险措施，确保使用安全；③提升设备易于操作，并可靠；④提升设备便于装拆和运输。根据吊索及使用机械工具的不同，常用的升降方法有如表 3-2 所列的几种。

悬吊脚手架常用的升降方法　　　　　　　　　　　　　　　表 3-2

升降方法	吊索	升降机具
手扳葫芦连续升降	钢丝绳	0.8~0.3 手扳葫芦
电动机升降	钢丝绳	电动卷扬机
液压提升	φ25 钢筋爬杆	液压千斤顶
手动工具分节提升	钢筋吊钩、铁链	倒链、手摇提升器、滑轮

三、里脚手架

里脚手架用于在楼层上砌墙、装饰和砌筑围墙等。常用的里脚手架有:

(1) 角钢(钢盘、钢管)折叠式里脚手架:如图 3-21(a)所示,其架设间距:砌墙时宜为 1.0～2.0m;粉刷时宜为 2.2～2.5m。

(2) 支柱式里脚手架:如图 3-21(b)所示,由若干支柱和横杆组成,上铺脚手板,搭设间距:砌墙时宜为 2.0m;粉刷时不超过 2.5m。

图 3-21　里脚手架

(a)角钢折叠式里脚手架;(b)支柱式里脚手架;(c)马凳式里脚手架

(3) 木、竹、钢制马凳式里脚手架：如图 3-21(c)所示，间距不大于 1.5m，上铺脚手板。

第四节 砌体工程的施工

一、砖砌体

(一)砖砌体的组砌形式

砖砌体的组砌要求：上下错缝，内外搭接，以保证砌体的整体性；同时组砌要有规律，少砍砖，以提高砌筑效率，节约材料。

1. 砖墙的组砌形式

(1) 一顺一丁式(又称为满丁满条)：是一皮顺砖与一皮丁砖相互间隔砌筑而成，上下皮间的竖缝相互错开 1/4 砖长，如图 3-22(a)所示。这种砌法效率较高，但当砖的规格不一致时，竖缝就难以整齐。

(2) 三顺一丁式：是三皮中全部顺砖与一皮中全部丁砖间隔砌成。上下皮顺砖间竖缝错开 1/2 砖长；上下皮顺砖与丁砖间竖缝错开 1/4 砖长，如图 3-22(b)所示。这种砌筑方法，由于顺砖较多，砌筑效率较高，适用于砌一砖和一砖以上的墙厚。

(3) 梅花丁砌法(又称沙包式、十字式)：是每皮中丁砖与顺砖相间隔，上下皮竖缝相互错开 1/4 砖长，如图 3-22(c)所示。这种砌法内外竖缝每皮都能错开，故整体性较好，灰缝整齐，比较美观，但砌筑效率较低。砌筑清水墙或当砖规格不一致时，采用这种砌法较好。

(4) 二平一侧砌法。二平一侧又称 18 墙，是采用二皮砖平砌与一皮侧砌的顺砖相隔砌成。此种砌法比较费工，效率低，但节省砖块，可以作为层数较少的建筑物的承重墙，如图 3-22(d)所示。

(5) 全顺砌法。全部采用顺砖砌筑，上下皮间竖缝错开 1/2 砖长，此法仅用于砌半砖厚墙，如图 3-23(a)所示。

图 3-22 砖墙的组砌形式

(a)一顺一丁；(b)三顺一丁；(c)梅花丁；(d)、(e)二平一侧

（6）全丁砌法。全部采用丁砖砌筑，上下皮间竖缝错开 1/4 砖长，此种砌法仅用于砌筑圆弧形砌体。如烟囱、窨井等，如图 3-23(b)所示。

图 3-23　全顺和全丁砌法

(a)全顺；(b)全丁

上述各种砌法中，每层墙的最下一皮和最上一皮，在梁和梁垫的下面，墙的阶台水平面上，窗台最上一皮，钢筋砖过梁最下一皮均应丁砖砌筑。

2. 砖柱组砌

砖柱组砌，应使柱面上下皮的竖缝相互错开 1/2 砖长或 1/4 砖长，在柱心无通天缝，少砍砖，并尽量利用二分头砖体（即 1/4 砖）。严禁包心砌法（先砌四周后填心的组砌法）。如图 3-24 所示。

图 3-24　砖柱组砌

(a)矩形柱正确砌法；(b)矩形柱的错误砌法（包心组砌）

3. 多孔砖和空心砖墙组砌

规格 190mm×190mm×90mm 的承重多孔砖一般是整砖顺砌,上下皮竖缝相互错开1/2 砖长(100mm),如有半砖规格的,也可采用每皮中整砖与半砖相隔的梅花丁砌筑形式。如图 3-25 所示。

规格 240mm×115mm×90mm 的承重多孔砖一般采用一顺一丁或梅花丁砌筑形式。如图 3-26 所示。

图 3-25 190×190×90 多空砖组砌形式
(a)整砖顺砌;(b)梅花丁砌筑

图 3-26 240×115×90 多空砖组砌形式
(a)一顺一丁;(b)梅花丁

规格为 240mm×180mm×115mm 的承重多孔砖一般采用全顺或全丁砌筑形式。

非承重空心砖一般是侧砌的,上下皮竖缝相互错开 1/2 砖长。如图 3-27 所示。

多孔砖墙的转角及丁字交接处,应加砌半砖,使灰缝错开。转角处半砖砌在外角上,丁字交接处半砖砌在横墙端头,如图 3-28 所示。

图 3-27 空心砖墙组砌形式

图 3-28 多孔砖墙的转角及丁字交接处
(a)转角;(b)丁字墙
1—半砖;2—整砖

(二)砖砌体的砌筑方法

目前,工地上应用的砌筑方法有"三一"砌筑法、挤浆法、满口灰法。其中,"三一"砌筑法和挤浆法最为常用。

(1)"三一"砌筑法:即一块砖、一铲灰、一挤揉并随手将挤出的砂浆刮去的砌筑方法。这种方法的优点是灰缝容易饱满；粘结力好；保证质量；墙面整洁。

（2）挤浆法：用灰勺、大铲或铺灰器在墙顶面上铺一段砂浆，然后双手拿砖或单手拿砖，用砖挤入砂浆中一定厚度之后把砖放平，达到下齐边上齐线，挤砌一段后，用稀浆灌缝，这种砌砖方法的优点是：可以连续挤砌几块砖，减少繁琐的动作，平堆平挤可使灰缝饱满，效率高，保证砌筑质量。

（3）满口灰法又叫瓦刀披灰法或带刀灰法，用瓦刀将砂浆刮满在砖面或砖棱上，随即砌上。是一种常见的砌筑方法，特别是在砌空斗墙时都采用此种方法。这种方法砌筑质量好，但是效率较低，此法仅适用于砌筑砖墙的特殊部位（如暖墙、烟囱等）。

（4）二三八一砌筑法是把砌筑工砌砖的动作过程归纳为二种步法、三种弯腰姿势、八种铺灰手法、一种挤浆动作，叫作"二三八一砌筑动作规范"，简称"二三八一"砌筑法。二种步法即丁字步和并列步。三种弯腰姿势即侧身姿势、丁字步正弯腰和并列步正弯腰。八种铺灰手法：砌条砖时的三种手法即甩、扣、泼；砌丁砖时的三种手法即砌里丁砖的溜法、砌丁砖的扣法、砌外丁砖的泼法；砌角砖时的溜法；一带二铺灰法。

（三）砖砌体砌筑工艺

1. 砖基础的砌筑

（1）基础弹线

垫层施工完毕后，即可进行基础的弹线工作。弹线之前应先将表面清扫干净，并进行一次抄平，检查垫层顶面是否与设计标高相符。如符合要求，即可按下列步骤进行弹线：

1）在基槽四角各相对龙门板（也可是轴线控制桩）的轴线标钉处拉线，如图 3-29；

图 3-29　基础弹线示意图
1—坠球；2—线绳；3—龙门板；4—轴线钉；5—墙轴线；6—大放脚边线

2）沿线绳挂线坠，找出线坠在垫层上的投影点（数量根据需要选定）；

3）用墨斗弹出这些投影点的连线，即外墙基中心轴线；

4）根据基础平面尺寸，用钢尺量出各内墙基中心轴线的位置，并用墨斗弹出，即内墙基中心轴线；

5）根据基础剖面图，量出基础大放脚的外边沿线，并用墨斗弹出（根据需要可弹出一边或两边）；

6）按图纸和设计的要求进行复核，核查无误后即可进行砖基础的砌筑。容许偏差见表3-3。

放线尺寸的容许偏差   表 3-3

长度 L、宽度 B 的尺寸(m)	容许偏差(mm)	长度 L、宽度 B 的尺寸(m)	容许偏差(mm)
$L(B) \leqslant 30$	±5	$60 < L(B) \leqslant 90$	±15
$30 < L(B) \leqslant 60$	±10	$L(B) > 90$	±20

（2）砖基础砌筑

砖基础是由垫层、大放脚和基础墙身三部分组成（如图 3-30）。一般使用于土质较好、地下水位较低（在基础底面以下）的地基上。

基础大放脚有两皮一收的等高式（图 3-30a）和一皮一收与两皮一收相间的不等高式（图 3-30b）两种砌法。每次收进 1/4 砖长（约 60mm）。

施工时先在垫层上找出墙的轴线和基础大放脚的外边线，然后在转角处、丁字交接处、十字交接处及高低踏步处立基础皮数杆（皮数杆上画出砖的皮数、大放脚退台情况及防潮层位置等）。基础皮数杆应立在规定的标高处，因此立基础皮数杆时要利用水准仪进行抄平。

图 3-30　砖基础
（a）等高式；（b）不等高式（间隔式）

砌筑前，应先用干砖试摆，以确定排砖方法和错缝的位置。砖砌体的水平灰缝厚度和竖向灰缝宽度一般控制在 8~12mm。

砌筑时，砖基础的砌筑高度是用皮数杆来控制的。如发现垫层表面水平标高有高低偏差时，可用砂浆或 C10 细石混凝土找平后再开始砌筑。如果偏差不大，也可在砌筑过程中逐步调整。砌大放脚时，先砌好转角端头，然后以两端为标准拉好线绳进行砌筑。砌筑不同深度的基础时，应先砌深处，后砌浅处，在基础高低处要砌成踏步式。踏步长度不小于 1m，高度不大于 0.5m。基础中若有洞口、管道等，砌筑时应及时正确按设计要求留出或预埋，并留出一定的沉降空间。砌完砖基础，应立即进行回填，回填土要在基础两侧同时进行，并分层夯实。

（3）砖基础施工的质量要求：

1）砌体砂浆必须密实饱满，水平灰缝的砂浆饱满度不得低于 80%；

2）砂浆试块的平均强度不得低于设计的强度等级，任意一组试块的最低值不得低于设计强度等级的 75%；

3）组砌方法应正确，不应有通缝，转角处和交接处的斜槎和直槎应通顺密实。直槎应按规定加拉结条；

4）预埋件、预留洞应按设计要求留置；

5）砖基础的容许偏差见表 3-4。

砖基础尺寸和位置的容许偏差   表 3-4

序号	项　　目	容许偏差(mm)	序号	项　　目	容许偏差(mm)
1	基础顶面标高	±15	3	表面平整(2m)	8
2	轴线位移	10	4	水平灰缝平直(10m)	10

2. 砖墙的砌筑

在基础完成后，即可进行砖墙的砌筑。

（1）砖墙的砌筑工艺一般为：抄平→放（弹）线→立皮数杆→摆砖样（排脚、铺底）→盘角（砌头角）→挂线→砌筑→勾缝→楼层轴线标高引测及检查等。

1）抄平、放线。为了保证建筑物平面尺寸和各层标高的正确，砌筑前，必须准确地定出各层楼面的标高和墙柱的轴线位置，以作为砌筑时的控制依据，如图 3-31 所示。

图 3-31　放线示意图

砌墙前应在基础防潮层或楼层上定出各层标高，并用 M7.5 水泥砂浆或 C10 细石混凝土找平，使各段砖墙底部标高符合设计要求。找平时，需使上下两层外墙之间不致出现明显的接缝。

根据龙门板上给定的轴线及图纸上标注的墙体尺寸，在基础顶面上用墨线弹出墙的轴线和墙的宽度线，并分出门洞口位置线。二楼以上墙的轴线可以用经纬仪或垂球将轴线引上，并弹出各墙的宽度线，划出门洞口位置线。

2）摆砖样。摆砖样是指在基础墙顶面上，按墙身长度和组砌方式先用砖块试摆。摆砖的目的是使每层砖的砖块排列和灰缝均匀，并尽可能减少砍砖，组砌得当。在砌清水墙时尤其重要。

3）立皮数杆。皮数杆是一种方木标志杆。皮数杆是指在其上划有每皮砖和砖缝厚度，以及门窗洞口、过梁、楼板、梁底、预埋件等标高位置的一种木制标杆，如图 3-32 所示。它是砌筑时控制砌体竖向尺寸的标志。

图 3-32　基础皮数杆和墙身皮数杆
1—一层楼标高；2—钢筋混凝土过梁；
3—窗上框；4—窗下框

4）盘角（砌头角）、挂线。皮数杆立好后，通常是先按皮数杆砌墙角（盘角），每次盘角不得超过五皮砖，在砌筑过程中应勤靠勤吊，一般三皮一吊，五皮一靠，把砌筑误差消灭在操作过程中，以保证墙面垂直、平整。砌一砖半厚以上的砖墙必须双面挂线，然后将准线挂在墙角上，拉线砌中间墙身。一般三七厚以下的墙身砌筑单面挂线即可，更厚的墙身砌筑则应双面挂线。墙角是确定墙身的主要依据，其砌筑的好坏，对整个建筑物的砌筑质量有很大影响。

5）墙体砌筑、勾缝。砖砌体的砌筑方法有"三一砌法"、挤浆法、刮浆法和满口灰法等。一般采用一块砖、一铲灰、一挤揉的"三一砌法"。清水墙砌完后，应进行勾缝，勾缝是砌清水墙的最后一道工序。勾缝的方法有两种，一种是原浆勾缝，即利用砌墙的砂浆随砌随勾，多用于内墙面；另一种是加浆勾缝，即待墙体砌筑完毕后，利用 1:1 的水泥砂浆或加色砂浆进行勾缝。勾缝要求横平竖直，深浅一致，搭接平整并压实抹光。勾缝完毕后应清扫墙面。

6）为了保证各层墙身轴线的重合和施工方便，在弹墙身轴线时，应根据龙门板上的轴线位置将轴线引测到房屋的墙基上。二层以上各层的轴线，可用经纬仪或线坠引测到楼层上去，同时还应根据图纸上的轴线尺寸用钢尺进行校核。各楼层外墙窗口位置亦用线坠吊线校核，检查是否在同一铅垂线上。

（2）砖砌体的技术要求

砖砌体砌筑时砖和砂浆的强度等级必须符合设计要求。

砌筑时水平灰缝的厚度一般为 8～12mm，竖缝宽一般为 10mm。为了保证砌筑质量，墙体在砌筑过程中应随时检查垂直度、一般要求做到三皮一吊线，五皮一靠尺。为减少灰缝变形引起砌体沉降，一般每日砌筑高度以不超过 1.8m 为宜，雨天施工时，每日砌筑高度不宜超过 1.2m。当施工过程中可能遇到大风时，应遵守规范所允许自由高度的限制。

砖砌体相邻工作段的高度差，不得超过一个楼层的高度，也不宜大于 4m。工作段的分段位置宜设在伸缩缝、沉降缝、防震缝或门窗洞口处。砌体临时间断处的高度差不得超过一步架高。

砌砖工程当采用铺浆法砌筑时，铺浆长度不得超过 750mm；施工期间气温超过 30℃时，铺浆长度不得超过 500mm。

墙体的接槎，接槎是指先砌砌体和后砌砌体之间的接合方式。砖墙转角处和交接处应同时砌筑，严禁无可靠措施的内外墙分砌施工。对不能同时砌筑而又必须留置的临时间断处，应砌成斜槎，斜槎水平投影长度不应小于高度的 2/3（如图 3-33 所示）。若临时间断处留斜槎确有困难时，除转角处外，可留直槎，但直槎必须做成阳槎。并应加设拉结钢筋，拉结钢筋的数量为每 120mm 墙厚放置 1φ6 拉结钢筋（240mm 厚墙放置 2φ6 拉结钢筋），间距沿墙高不应超过 500mm，埋入长度从留槎处算起每边均不应小于 500mm，对抗震设防烈度 6 度、7 度地区，不应小于 1000mm；末端应有 90°弯钩，如图 3-34 所示。

图 3-33　斜槎　　　　　　　　　　图 3-34　直槎

隔墙与墙或柱如不同时砌筑而又不留成斜槎时，可于墙或柱中引出阳槎，并于墙的立缝处预埋拉结筋，其构造要求同上，但每道不少于2根钢筋。

施工时需在砖墙中留置的临时孔洞，其侧边离交接处的墙面不应小于500mm；洞口净宽度不应超过1m，且顶部应设置过梁。抗震烈度为9度的建筑物，临时孔洞的留置应会同设计单位研究决定。

不得在下列墙体或部位中留设脚手眼：①空斗墙、半砖墙和砖柱；②砖过梁上与过梁成60°角的三角形范围及过梁净跨度1/2的高度范围内；③宽度小于1m的窗间墙；④梁或梁垫下及其左右各500mm的范围内；⑤砖砌体门窗洞口两侧200mm和转角450mm的范围内；石砌体门窗洞口两侧300mm和转角600mm的范围内；⑥设计不允许设置脚手眼的部位。不大于80mm×140mm，可不受③④⑤规定的限制。

混凝土构造柱的施工。设混凝土构造柱的墙体，混凝土构造柱的截面一般为240mm×240mm，钢筋采用Ⅰ级钢筋，竖向受力钢筋一般采用4根，直径为12mm。箍筋采用直径为6mm，其间距为200mm，楼层上下500mm范围内应适当的加密箍筋，其间距为100mm。构造柱的竖向受力钢筋应在基础梁和楼层圈梁中锚固，并应符合受拉钢筋的锚固长度要求。砖墙与构造柱应沿墙高每隔500mm设置2根直径6mm的水平拉结筋，拉结筋每边伸入墙内不应少于1m。当墙上门窗洞边到构造柱边的长度小于1m时，水平拉结筋伸到洞口边为止。图3-35是一砖墙转角及T字交接处水平拉结筋的布置。

砖墙与构造柱相接处，应砌成马牙槎，每个马牙槎高度方向的尺寸不宜超过300mm（或五皮砖砖高）；每个马牙槎应退进60mm。每个楼层面开始应先退槎后进槎。如图3-36所示。

图3-35　一砖墙转角及T字交接处水平拉结筋的布置

图3-36　砖墙马牙槎的布置

3. 砖柱、砖拱、钢筋砖过梁

（1）砖柱。砖柱分独立柱与带壁柱（砖垛）两种。

独立砖柱组砌时，不得采用先砌四周后填心的包心方法。成排砖柱应拉通线进行砌筑。砖柱上不得留脚手眼，每日砌筑高度不宜超过1.8m。

带壁柱（砖垛）应与墙身同时砌筑，轴线应准确，成排带壁柱应在外边缘拉通线砌筑。

（2）砖拱的砌法。常用的砖拱过梁有平拱式过梁和弧拱式过梁两种。

1）砖平拱。砖平拱是用普通砖整砖侧砌而成。拱的高度有240mm、300mm、365mm，拱的厚度等于墙厚。

砖平拱应用不低于 MU7.5 的砖与不低于 M5 的水泥砂浆砌筑。砌筑时，在拱脚下面应伸入墙内不小于 20mm，并砌成斜面，斜面的斜度为 1/6～1/4。在拱底处支设模板，模板中部有 1‰ 的起拱。竖向灰缝应砌成上宽下窄的楔形缝。在拱底的灰缝宽度不应小于 5mm，拱顶灰缝宽度不宜大于 15mm。

砖平拱又称平拱式过梁，一般用于门窗洞口宽度不大于 1.2m 处，如图 3-37(a)所示。

(a)   (b)

图 3-37 砖平拱式过梁和弧拱式过梁

(a)平拱式过梁；(b)弧拱式过梁

2）砖弧拱。砖弧拱的构造与砖平拱基本相同，只是外形呈弧形，如图 3-37(b)所示。

砌筑砖弧拱时模板应支设成设计所要求的圆弧形，拱的高度一般为 240mm，拱的厚度等于墙厚。在拱底的灰缝宽度不应小于 5mm，拱顶灰缝宽度不宜大于 25mm。砌筑方法与砖平拱基本相同。

砖平拱和砖弧拱过梁底部的模板，应在灰缝砂浆强度不低于设计强度的 50% 时，方可拆除。

（3）钢筋砖过梁。钢筋砖过梁（又称为平砌砖过梁）是用普通黏土砖和水泥砂浆砌成，底部配有钢筋的砌体，一般用于门窗宽度不大于 1.5m 的情况下。在过梁的作用范围内（不少于 7 皮砖的高度或过梁宽度的 1/4 高度范围内），砖的强度等级不低于 MU7.5，砂浆的强度等级不低于 M5。

钢筋的设置应符合设计及规范要求，其直径不小于 5mm。钢筋水平间距不大于 120mm，埋钢筋的砂浆层厚度不宜小于 30mm，钢筋两端应弯成直角弯钩，且弯钩朝上，伸入墙内的长度不小于 250mm。砌第一皮砖时应砌成丁砖，并且两端的第一块砖应紧贴钢筋弯钩，使钢筋达到钩牢的效果，如图 3-38 所示。砂浆强度达到设计强度的 50% 以上时，方可拆模。

图 3-38 钢筋砖过梁

1—30mm 厚的砂浆；2—钢筋

4. 砖挑檐和窗台板的砌法

砖挑檐有一皮一挑、二皮一挑和二皮与一皮间隔挑等，挑层的下面一皮砖应为丁砖。挑出宽度每次不大于 60mm，总的挑出宽度应小于墙厚。砌筑时应靠挑檐外边每一挑层底角处拉线，依线砌筑，以使挑头齐平。水平灰缝宜使挑檐外侧稍厚，内侧稍薄。挑层中竖向灰缝必须饱满，如图 3-39 所示。

图 3-39　砖挑檐形式

(a)一皮一挑；(b)二皮一挑；(c)间隔挑

砖砌窗台分不抹面的清水窗台和抹面的混水窗台两种，如图 3-40 所示。

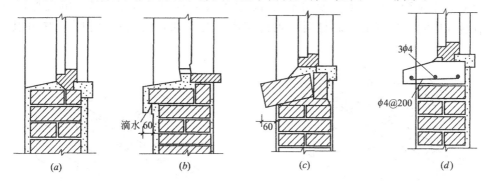

图 3-40　窗台的形式

(a)不挑窗台；(b)平砌挑砖抹灰窗台；(c)清水侧砌砖窗台；(d)预制钢筋混凝土窗台

二、混凝土小型空心砌块砌体施工

普通混凝土小型空心砌块主要规格尺寸为 390mm×190mm×190mm，有两个方形孔，强度等级为 MU3.5、MU5、MU7.5、MU10、MU15、MU20(见图 3-41)。墙厚等于砌块的宽度，其立面砌筑形式只有全顺一种，即各皮砌块均为顺砌，上下皮竖缝相互错开1/2 砌块长，上下皮砌块空洞相互对准，参见图 3-42。

图 3-41　混凝土小型空心砌块

图 3-42　空心砌块转角处砌法

砌块应从外墙转角处或定位砌块开始砌筑。砌块应将底面朝上砌筑，即砌块孔洞上小下大"反砌"(生产小型空心砌块时，因孔洞抽芯脱模需要，孔洞模芯有一定锥度，形成上大下小孔洞)。砌块应逐块铺砌，全部灰缝均应填铺砂浆，水平灰缝宜用坐浆法铺浆。

小砌块应对孔错缝搭砌，上下皮小砌块竖向灰缝相互错开 190mm。个别情况当无法对孔砌筑时，错缝长度不应小于 90mm，轻骨料混凝土小砌块错缝长度不应小于 120mm；当不能保证此规定时，应在水平灰缝中设置 2φ4 的钢筋网片，钢筋网片每端均应超过该垂直灰缝，其长度不得小于 300mm。

砌块从转角或定位处开始，内外墙同时砌筑，纵横墙交错搭接。小型空心砌块墙的转角处，应隔皮纵、横墙砌块相互搭砌，即隔皮纵、横墙砌块端面露头(图 3-42)；T 字交接处，应隔皮使横墙砌块端面露头。当该处无芯柱时，应在纵墙上交接处砌两块一孔半的辅助规格砌块，隔皮砌在横墙露头砌块下，其半孔座位于中间(图 3-43)。当该处有芯柱时，应在纵墙上交接处砌一块三孔大规格砌块，砌块的中间孔正对横墙露头砌块靠外的孔洞(图 3-44)；十字交接处，当该处无芯柱时、在交接处应砌一孔半砌块，隔皮垂直相交，其半孔应在中间。当该处有芯柱时，则仍应砌三孔砌块，隔皮垂直相交，中间孔相互对正。

图 3-43　混凝土空心砌块 T 字交接处砌法(无芯柱)　图 3-44　混凝土空心砌块 T 字交接处砌法(有芯柱)

小型空心砌块墙的转角处和交接处应同时砌筑，如不能同时砌筑，则应留置斜槎，斜槎的长度应等于或大于斜槎高度(一般按一步脚手架高度控制)。如留斜槎有困难，除外墙转角处及抗震设防地区，砌体临时间断处不应留直槎外，空心砌块墙的临时间断处可从墙面伸出 200mm 砌成直槎，并每隔三皮砌块高在水平灰缝设两根直径 6mm 的拉结筋或钢筋网片；拉结筋埋入长度，从留槎处算起，每边均不应小于 600mm，钢筋外露部分不得任意弯折。如作为后砌隔墙或填充墙时，沿墙高每隔 600mm 应与承重墙或柱内预留的钢筋网片或两根直径 6mm 的钢筋拉结，钢筋伸入墙内的长度不应小于 600mm，如图 3-45所示。

承重砌体严禁使用断裂小砌块或壁肋中有竖向凹形裂缝的小砌块砌筑，也不得采用小砌块与烧结普通砖等其他块体材料混合砌筑。

常温条件下，普通混凝土小砌块的日砌筑高度在 1.4m 或一步脚手架高度内。对砌体表面的平整度和垂直度，灰缝的厚度和砂浆饱满度应随时检查，校正偏差。在砌完每一楼层后，应校核砌体的轴线尺寸和标高，允许范围内的轴线及标高的偏差可在楼板面上予以校正。

斜槎

钢筋

阴阳槎

图 3-45　小型空心砌块墙直槎、斜槎

在墙体的下列部位，应用 C20 混凝土灌实砌块的孔洞(先灌后砌)：①底层室内地面以下或防潮层以下的砌体；②无圈梁的楼板支承面下的一皮砌块；③没有设置混凝土垫块的屋架、梁支承处，灌实高度不应小于 600mm，长度不应小于 600mm 的砌体；④挑梁的悬挑长度不小于 1.2m 时，其支承部位的内外墙交接处，纵横各灌实高度不小于三皮砌块。

空心砌块墙表面不得预留或凿打水平沟槽，对设计规定的洞口、管道、沟槽和预埋件，应在砌筑墙体时的单孔砌块侧砌，利用其空洞做脚手眼，墙体完工后用不低于 C15 的混凝土填实。墙体中作为施工通道的临时洞口，其侧边离交接处的墙面不应小于 600mm，并在顶部设过梁。填砌临时洞口的砌筑砂浆强度等级应提高一级。每天砌筑高度宜控制在 1.5m(或一步脚手架高度)内。

混凝土芯柱是设置在混凝土小型空心砌块墙的转角处和交接处，在这些部位的砌块孔洞中插入钢筋，并浇筑混凝土。

对于抗震设防 6～8 度的混凝土小型空心砌块房屋，应按表 3-5 的要求设置钢筋混凝土芯柱；对医院、教学楼等横墙较少的房屋，应根据房屋增加一层后的层数，按表 3-5 的要求设置芯柱。除此之外，根据计算需要设置其他芯柱时，芯柱宜均匀布置，8 度设防的五层房屋，芯柱的最大间距不应大于 2.4m。

混凝土小型砌块房屋芯柱设置要求　　　　　　　　　　　　　　表 3-5

房屋层数			设置部位	设置数量
6 度	7 度	8 度		
四、五	三、四	二、三	外墙转角，楼梯间四角，大房间内外墙交接处；隔 15m 或单元横墙与外纵墙交接处	外墙转角，灌实 3 个孔；内外墙交接处，灌实 4 个孔
六	五	四	外墙转角，楼梯间四角，大房间内外墙交接处，山墙与内纵墙交接处，隔开间横墙(轴线)与外纵墙交接处	
七	六	五	外墙转角，楼梯间四角，各内墙(轴线)与外纵墙交接处；8、9 度时，内纵墙与横墙(轴线)交接处和洞口两侧	外墙转角，灌实 5 个孔；内外墙交接处，灌实 4 个孔；内墙交接处，灌实 4～5 个孔；洞口两侧各灌实 1 个孔

房屋层数			设置部位	设置数量
6 度	7 度	8 度		
	七	六	外墙转角，楼梯间四角；各内墙（轴线）与外纵墙交接处；8、9 度时，内纵墙与横墙（轴线）交接处和洞口两侧横墙内芯柱间距不宜大于 2m	外墙转角，灌实 7 个孔；内外墙交接处，灌实 5 个孔；内墙交接处，灌实 4~5 个孔；洞口两侧各灌实 1 个孔

对于抗震不设防的混凝土小型空心砌块房屋应在外墙转角和楼梯间的纵横墙交接处的 3 个孔洞设置素混凝土芯柱；5 层及 5 层以上的房屋应在上述部位设置钢筋混凝土芯柱。芯柱所用混凝土强度等级不应低于 C15。所用插筋不应小于 1 根直径 12mm 的 I 级钢筋。插筋应贯通墙身且与圈梁连接。芯柱应伸入室外地坪以下 500mm 或锚入浅于 500mm 基础圈梁内。芯柱与墙体连接处，应设置拉结钢筋网片，网片可用直径 4mm 的钢筋焊成，置于砌块的水平灰缝内，每边伸入墙内不宜小于 1m，且沿墙高每隔 600mm 设置一道（图 3-46）。芯柱插筋应与基础或基础圈梁中的预埋钢筋绑扎或焊接连接；上下楼层的插筋可在楼板面上搭接，搭接长度不小于 40d（d 为插筋直径）。

图 3-46 芯柱拉结钢筋网片设置

对于不抗震设防地区的混凝土小型空心砌块房屋，芯柱中的插筋不应小于 1 根直径 10mm 的钢筋；芯柱应沿房屋全高贯通，并与各层圈梁整体现浇，水平灰缝中钢筋网片每边伸入墙体不少于 600mm。

对于地面砌筑第一皮砌块时，应采用开口小砌块或 U 形小砌块。以形成清理口。浇筑混凝土前，从清理口中掏出落在砌块孔洞中的杂物，并用水冲洗孔洞内壁，将积水排出，用混凝土预制块封闭清理口。芯柱混凝土应在砌完一个楼层高度后连续浇筑。为保证芯柱混凝土柱密实，混凝土内宜掺入增加流动性的外加剂，混凝土坍落度不应小于 70mm。每层芯柱混凝土浇筑时，先注入适量的水泥浆，再分层浇筑并捣实，每层浇筑高度为 400~500mm，亦可边浇筑边捣实。严禁在浇筑满一个楼层高度后再捣实。振捣混凝土宜用软轴插入式振动器。应事先计算每个芯柱的混凝土用量，按计量浇筑混凝土。浇筑混凝土时，砌块砌筑砂浆的强度应达到 1MPa 以上。

三、石砌体的施工

砌筑用的石料分为毛石、料石两类。

毛石又分为乱毛石和平毛石。乱毛石指形状不规则的石块；平毛石指形状不规则，但有两个平面大致平行的石块。毛石的中部厚度不应小于150mm。

料石按其加工面的平整程度分为细料石、粗料石和毛料石三种。料石的宽度、厚度均不宜小于200mm，长度不宜大于厚度的4倍。石材的强度等级分为MU100、MU80、MU60、MU50、MU40、MU30、MU20、MU15和MU10。

石砌体一般用于两层以下的居住房屋及挡土墙等，一般采用水泥砂浆或混合砂浆砌筑，砂浆稠度30～50mm，二层以上石墙的砂浆强度等级不小于M2.5。

（一）料石砌体施工

1. 料石砌体砌筑要点

料石砌体应采用铺浆法砌筑，砌筑料石砌体时，料石应放置平稳，砂浆必须饱满。砂浆铺设厚度应略高于规定灰缝厚度，其高出厚度为：细料石宜为3～5mm；粗料石、毛料石宜为6～8mm。料石砌体的灰缝厚度：细料石砌体不宜大于5mm；粗料石和毛料石砌体不宜大于20mm。料石砌体的水平灰缝和竖向灰缝的砂浆饱满度均应大于80%。料石砌体上下皮料石的竖向灰缝应相互错开，错开长度应不小于料石宽度的1/2。

2. 料石基础

料石基础的第一皮料石应坐浆丁砌，以上各层料石可按一顺一丁进行砌筑，阶梯形料石基础，上级阶梯的料石至少压砌下级阶梯料石的1/3，如图3-47所示。

3. 料石墙

料石墙厚度等于一块料石宽度时，可采用全顺砌筑形式。料石墙厚度等于两块料石宽度时，可采用两顺一丁或丁顺组砌的砌筑形式。两顺一丁是两皮顺石与一皮丁石相间。丁顺组砌是同皮内侧顺石与丁石相间，可一块顺石与顶石相间或两块顺石与一块丁石相间，丁石应交错设置，其中距不应大于2.0m，如图3-48所示。

图3-47　阶梯形料石基础

图3-48　料石墙组砌形式
（a）两顺一丁；（b）丁顺组砌

（二）毛石砌体施工

1. 毛石砌体砌筑要点

毛石砌体应采用铺浆法砌筑。砂浆必须饱满，砂浆饱满度应大于80%。

毛石砌体应分皮卧砌，上下错缝，内外搭砌，不得采用外面侧立毛石中间填心的砌筑方法；中间不得有铲口石（尖石倾斜向外的石块）、斧刃石（尖石向下的石块）和过桥石（仅在两端搭砌的石块），如图3-49所示。

毛石砌体的灰缝厚度宜为20～30mm，石块间不得有相互接触现象。石块间较大的空隙应填塞砂浆后用碎石块嵌实，不得采用先放碎石后填塞砂浆或干填碎石块的方法。

图 3-49 铲口石、斧刃石、过桥石

2. 毛石基础施工

砌筑毛石基础所用的毛石应质地坚硬、无裂纹，尺寸在 200～400mm，质量约为 20～30kg 左右，强度等级一般为 MU20 以上，采用 M2.5 或 M5.0 水泥砂浆砌筑，灰缝厚度一般为 20～30mm，稠度为 5～7cm，但不宜采用混合砂浆。

砌筑毛石基础的第一皮石块应坐浆，选大石块并将大面向下，转角处、交接处用较大的平毛石砌筑，然后分皮卧砌，上下错缝，内外搭砌；每皮高度为 300mm，搭接不小于 80mm；毛石基础扩大部分，如做成阶梯形，上级阶梯的石块应至少压砌下级阶梯的 1/2，每阶内至少砌两皮，扩大部分每边比墙宽出 100mm，二层以上应采用铺浆砌法；毛石每日可砌高为 1.2m，为增加整体性和稳定性，应大、中、小毛石搭配使用，并按规定设置拉结石，拉结石应分布均匀，毛石基础同皮内每隔 2m 左右设置一块。拉结石长度应超过基础宽度的 2/3，毛石砌到室内地坪以下 5cm，应设置防潮层，一般用 1：2.5 的水泥砂浆加适量防水剂铺设，厚度为 20mm，如图 3-50 所示。

图 3-50 阶梯形
毛石基础

3. 毛石墙

毛石墙是用乱毛石或平毛石与水泥砂浆或混合砂浆砌筑而成。毛石墙的转角可用平毛石或料石砌筑。毛石墙的厚度不应小于 350mm。

施工时根据轴线放出墙身里外两边线，挂线每皮（层）卧砌，每层高度为 200～300mm。砌筑时应采用铺浆法，先铺灰后摆石。毛石墙的第一皮、每一楼层最上一皮、转角处、交接处及门窗洞口处用较大的平毛石砌筑，转角处最好应用加工过的方整石。毛石墙砌筑时应先砌筑转角处和交接处，再砌中间墙身，石砌体的转角处和交接处应同时砌筑。对不能同时砌筑而又必须留置的临时间断处，应砌成斜槎。砌筑时石料大小搭配，大面朝下，外面平齐，上下错缝，内外交错搭砌，逐块卧砌坐浆。灰缝厚度不宜大于 20mm，保证砂浆饱满，不得有干接现象。石块间较大的空隙应先堵塞砂浆，后用碎石块嵌实。为增加砌体的整体性，石墙面每 0.7m² 内，应设置一块拉结石，同皮的水平中距不得大于 2.0m，拉结长度为墙厚。

石墙砌体每日砌筑高度不应超过 1.2m，但室外温度在 20℃ 以上时停歇 4h 后可继续砌筑。石墙砌至楼板底时要用水泥砂浆找平。门窗洞口可用黏土砖作砖砌平拱或放置钢筋混凝土过梁。

石墙与实心砖的组合墙中，石与砖应同时砌筑，并每隔 4～6 皮砖用 2～3 皮砖与石砌体拉结砌合，石墙与砖墙相接的转角处和交接处应同时砌筑，如图 3-51。

砖纵墙　　　　毛石横墙　　　　毛石纵墙　　　　砖横墙

(a)

砖墙　　　　毛石墙　　　　毛石墙　　　　砖墙

≥120　　　　≥120

(b)

图 3-51　石墙和砖墙相接的转角处和交接处同时砌筑

(a)转角处毛石墙和砖墙相接；(b)交接处毛石墙和砖墙相接

4. 毛石挡土墙

毛石挡土墙是用平毛石或乱毛石与水泥砂浆砌成。毛石挡土墙的砌筑要点与毛石基础基本相同。石砌挡土墙除按石墙规定砌筑外还需满足下列要求：

(1) 毛石挡土墙的砌筑，要求毛石的中部厚度不宜小于 20cm。

(2) 每砌 3～4 皮毛石为一个分层高度，每个分层高度应找平一次。

(3) 外露面的灰缝宽度不得大于 40mm，上下皮毛石的竖向灰缝应相互错开 80mm 以上。

(4) 应按照设计要求收坡或退台，并设置泄水孔。泄水孔当设计无规定时，施工中应符合下列规定：①泄水孔应均匀布置，在每米高度上间隔 2m 左右设置一个泄水孔；②泄水孔与土体间铺设长宽各为 300mm、厚 200mm 的卵石或碎石作疏水层。

(5) 在砌筑挡土墙时，还应按规定留设伸缩缝。

(6) 料石挡土墙宜采用同皮内丁顺相间的砌筑形式。

当中间部分用毛石填砌时，丁砌料石伸入毛石部分的长度不应小于 200mm，如图 3-52 所示。

错缝不小于80mm

伸缩缝

3～4皮毛石为一分层高度

图 3-52　毛石挡土墙立面图

四、配筋砌体施工

(一) 网状配筋砖砌体

网状配筋砖砌体有配筋砖柱、砖墙，即在烧结普通砖砌体的水平灰缝中配置钢筋网。

钢筋网在砖砌体中的竖向间距不应大于五皮砖，并不应大于 400mm。设置钢筋网片的水平灰缝厚度，应保证钢筋上下至少各有 2mm 厚的砂浆层。在配置中，应先铺一半厚的砂浆层，放入钢筋网后再铺，使钢筋网片位于砂浆层中间。钢筋网四周应有砂浆保护层。

配置钢筋网水平灰缝厚度：当用方格网时，水平灰缝厚度为 2 倍的钢筋直径加 4mm；当用连弯网时，水平灰缝厚度为钢筋直径加 4mm。

(二) 配筋砌块砌体

配筋砌块砌体有配筋砌块剪力墙、配筋砌块柱。

砌块的砌筑应与钢筋设置互相配合。砌块的砌筑应采用专用的小砌块砌筑砂浆和专用的小砌块灌孔混凝土。

钢筋的设置应满足以下几点：

1. 钢筋的接头

钢筋直径大于 22mm 时应采用机械连接，其他直径的钢筋可采用搭接接头，并符合下列规定：

(1) 钢筋的接头位置宜设置在受力较小处；

(2) 受拉钢筋的搭接长度不应小于 $1.1L_a$，受压钢筋的搭接长度不应小于 $0.7L_a$，但不应小于 300mm；

(3) 当相邻搭接头钢筋的间距不大于 75mm 时，其搭接长度应为 $1.2L_a$。当钢筋间的接头错开 20mm，搭接长度不增加。

2. 水平受力钢筋（网片）的锚固和搭接长度

(1) 在凹槽砌块混凝土中钢筋的锚固长度不宜小于 300，且其水平或竖直弯折段的长度不宜小于 150 和 200；钢筋搭接长度不宜小于 350；

(2) 砌体水平灰缝中，钢筋的锚固长度不宜小于 $50d$，且其水平或竖直弯折段的长度不宜小于 $20d$ 和 150mm；钢筋搭接长度不宜小于 $55d$；

(3) 在隔皮或错缝搭接的灰缝中为 $50d+2h$（d 为灰缝受力筋直径，h 为水平灰缝的间距）。

3. 钢筋的最小保护层厚度

(1) 灰缝中钢筋保护层不宜小于 15mm；

(2) 位于砌块孔槽中的钢筋保护层，在室内正常环境不宜小于 20mm；在室外或潮湿环境不宜小于 30mm；

(3) 对安全等级为一级或设计使用年限大于 50 年的配筋砌体，钢筋保护层厚度应比上述规定至少增加 5mm。

4. 钢筋的弯钩

钢筋骨架中的受力光圆钢筋，应在钢筋末端做 180°弯钩，在焊接骨架、焊接网以及受压构件中，可不做弯钩；绑扎骨架中的受力变形钢筋，在钢筋末端可不做弯钩。

5. 钢筋的间距

(1) 两平行钢筋间的净距不宜小于 25mm；

(2) 柱和壁柱中的竖向钢筋间的净距不宜小于 40mm。

五、填充墙砌体施工

砌块代替黏土砖做墙体材料是墙体改革的一个重要途径。砌块是以天然材料或工业废料为原料制作的，按其材料不同分为：普通混凝土小型空心砌块砌体、加气混凝土砌块砌体、粉煤灰砌块砌体。砌块的种类较多，一般常用的有混凝土空心砌块、加气混凝土砌块及粉煤灰砌块。通常把高度为 180～380mm 的称为小型砌块，380～900mm 的称为中型砌块。砌块的类型不同，其强度等级各异。砌块砌筑前，应绘制砌块排列图。其排列原则如下：

(1) 尽量使用主规格砌块；

(2) 内外墙应同时砌筑，纵横墙交错搭砌；

(3) 中型砌块应错缝搭砌，搭砌长度不得小于砌块高的 1/3，且不应小于 150mm。

（一）加气混凝土砌块砌体施工

承重加气混凝土砌块砌体所用砌块强度等级应不低于 MU7.5，砂浆强度不低于 M5。

加气混凝土砌块砌筑前，应根据建筑物的平面、立面图绘制砌块排列图。在墙体转角处设置皮数杆，皮数杆上画出砌块皮数及砌块高度，并在相对砌块上边线间拉准线，依准线砌筑。

加气混凝土砌块出厂后要经充分干燥才能上墙，砌筑时要适量浇水，每一层楼内的墙体应连续砌完，不留接槎，不得留设脚手眼。

砌块墙的上下皮砌块的竖向灰缝应相互错开，相互错开长度宜为 300mm，并不小于 150mm。如不能满足时，应在水平灰缝中放置 $2\phi6$ 的拉结钢筋或 $\phi4$ 钢筋网片，拉结钢筋或钢筋网片的长度应不少于 700mm。

加气混凝土砌块墙的灰缝应横平竖直，砂浆饱满。水平灰缝砂浆饱满度不应小于 90%，竖向灰缝砂浆饱满度不应小于 80%。水平灰缝厚度宜为 15mm，竖向灰缝宽度宜为 20mm。

在墙的转角处，应使纵横墙的砌块相互搭砌，隔皮砌块露端面，在墙的 T 字交接处，应使横墙砌块隔皮露端面，并坐中于纵墙砌块，如图 3-53 所示。

转角处　　　　　交接处

图 3-53 加气混凝土砌块墙的组砌形式转角处、交接处砌法

承重加气混凝土砌块墙的转角处、墙体交接处，均应沿墙高1m左右，在水平灰缝中放置拉结钢筋，拉结钢筋为3φ6，钢筋伸入墙内不少于1000mm。如图3-54所示。

图 3-54　承重加气混凝土砌块墙的拉结钢筋

非承重加气混凝土砌块墙的转角处、与承重墙体交接处，均应沿墙高1m左右，在水平灰缝中放置拉结钢筋，拉结钢筋为2φ6，钢筋伸入墙内不少于700mm，如图3-55所示。

图 3-55　与承重墙交接处拉结钢筋

加气混凝土砌块外墙的窗口下一皮砌块下的水平灰缝中应设置拉结钢筋，拉结钢筋为3φ6，钢筋伸过窗口侧边应不少于500mm。

（二）粉煤灰砌块砌体

粉煤灰砌块是以粉煤灰、石灰、石膏和轻骨料为原料，加水搅拌，振动成型、蒸汽养护而成的密实砌块。其主要规格尺寸为880mm×380mm×240mm，180mm×430mm×240mm；其强度等级为MU10和MU13两个等级。

粉煤灰砌块适用于砌筑墙体，墙厚为240，所用砌筑砂浆强度等级应不低于M2.5。

粉煤灰砌块墙砌筑前，应根据建筑物的平面、立面图绘制砌块排列图。在墙体转角处设置皮数杆，皮数杆上画出砌块皮数及砌块高度，并在相对砌块上边线间拉准线，依准线砌筑。

粉煤灰砌块砌筑时要适量浇水，砌筑方法可采用铺灰灌浆法。先在墙顶上摊铺砂浆，然后将砌块按砌筑位置摆放到砂浆层上，并与前一块砌块靠拢，留出不大于20的空隙。待砌完一皮砌块后，在空隙两旁装上夹板或塞上泡沫塑料条，在砌块的灌浆槽内灌砂浆，直至灌满。等到砂浆开始硬化不流淌时，即可卸掉夹板或取出泡沫塑料条，如图3-56所示。

砌块墙的上下皮砌块的竖向灰缝应相互错开，错开长度应不小于 1/3 的砌块长度。灰缝应横平竖直，砂浆饱满。水平灰缝砂浆饱满度不应小于 90%，竖向灰缝砂浆饱满度不应小于 80%。水平灰缝厚度不得大于 15mm，竖向灰缝宽度不得大于 20mm。

在墙的转角处，应使纵横墙的砌块相互搭砌，隔皮砌块露端面，应锯平灌浆槽。在墙的 T 字交接处，应使横墙砌块隔皮露端面，并坐中于纵墙砌块，露端面应锯平灌浆槽，如图 3-57 所示。

图 3-56　粉煤灰砌块砌筑图　　　　　图 3-57　粉煤灰砌块转角处、交接处砌筑

砌块墙的上下皮砌块的竖向灰缝应相互错开，相互错开长度宜为 300mm，并不小于 150mm。如不能满足时，应在水平灰缝中放置 φ6 钢筋网片，钢筋网片的长度应不少于 700mm，如图 3-58 所示。

图 3-58　粉煤灰砌块墙组砌形式

粉煤灰砌块墙砌到接近上层楼板底时，因最上一皮不能灌浆，可改用烧结普通砖或炉渣砖斜砌挤紧。

砌筑粉煤灰砌块外墙时，不得留脚手眼。每一楼层内的砌块墙应连续砌完，尽量不留接槎。如必须留槎应留成斜槎。

粉煤灰砌块砌体一般尺寸的允许偏差应符合表 3-6 的要求。

粉煤灰砌块砌体一般尺寸的允许偏差　　　　　　　　　　　　　　表 3-6

项次	项目	允许偏差（mm）	检验方法
1	轴线位置	10	用经纬仪、水准仪复查施工记录
2	基础或楼面标高	±15	用经纬仪、水准仪复查施工记录

项次	项目		允许偏差(mm)	检验方法
3	垂直度	每层楼	5	用吊线法检查 用经纬仪或吊线尺检查
		全高 10m以下	10	
		10m以上	20	
4	表面平整度		10	用2m直尺和塞尺检查
5	水平灰缝平直度	清水墙	7	用10m长的线和钢尺检查
		混水墙	10	
6	水平灰缝厚度		−5、+10	与皮数杆比较用钢尺检查
7	竖向灰缝宽度		−5、+10 >30用细石混凝土	钢尺检查
8	门窗洞口宽度(后塞口)		−5、+10	钢尺检查
9	清水墙面游丁走缝		20	用吊线钢尺检查

六、砌筑工程施工顺序

砌筑工程的施工程序一般为：土方开挖、砖基础的施工、构造柱钢筋的绑扎、砖墙的砌筑、支构造柱的模板、浇构造柱混凝土、绑扎圈梁的钢筋、支圈梁的模板、浇圈梁混凝土、楼板坐浆、预制构件的安装。

在混合结构房屋中所采用的预制构件，主要是一些中小型构件，如空心板、过梁等。现简要介绍这些构件的安装方法。

(1) 构件的堆放

构件从预制场运到施工现场后，应按不影响后续工作的原则进行堆放，构件尽可能地靠近垂直运输机械，以便缩短二次搬运的距离。堆放场地应平整夯实，有一定的坡度，以利排水。在堆放构件时应注意以下几点：

1) 构件应按规格、型号分别堆放，以便于寻找。尤其要注意那些断面相同、级别不同的板(承载力不同)，切勿搞混。

2) 构件堆放时应注意安装的先后次序，先安装的构件堆放在上面和外侧，后安装的构件堆放在下面和内侧。

3) 构件之间应放垫木，垫木的位置应在吊点处，上下垫木应在同一垂直线上。

4) 重叠堆放的构件，应吊环向上，标志(板在生产时作的记号)向外。空心板一般堆放高度不超过6~8块。空心板也可侧立并排堆放，但应注意不能翻倒。

5) 构件的堆放位置应离开建筑物2.5~3m，构件之间应有200mm以上的间距。

(2) 构件的安装

目前在混合结构房屋的施工中，中小型构件的安装，除一些设备条件较好的施工单位采用起重机进行安装外，大多采用井架、拔杆和小车进行安装。

1) 空心楼板的安装。空心楼板安装前应检查楼板标高和平整度，必要时还应检查开间尺寸，板的类型及质量。空心楼板安装前要将空心楼板的两端的空心孔用混凝土堵塞。空心楼板安装时，墙顶必须用水泥砂浆找平(超过20mm以上的找平宜用细石混凝土)，随抹随安装，以保证空心楼板安装后平整、稳定。板就位以后不能随意撬动，并应检查板的砂浆是否铺满，有无松动情况，板缝是否平直、均匀。

每层楼板安装完毕后，即可用 C20 的细石混凝土灌缝。灌缝前，应将板缝打扫干净，撒水润湿。细石混凝土灌缝时，板下用吊板承托，在混凝土初凝前，捣实混凝土。这一工序很重要，处理不好，会造成楼层板面渗漏水。

空心楼板的安装应避免三边支撑，以免楼板出现裂缝。空心楼板的搁置长度，搁置于墙上不应小于 100mm，搁置于梁上不应小于 80mm。

2) 过梁的安装。安装过梁前应对砖墙的标高、平整度、轴线、平面位置、构件型号及质量进行检查与核对。安装过梁时，支座面应打扫干净，撒水润湿，墙顶必须用水泥砂浆找平（超过 20mm 以上的宜用细石混凝土找平），随抹随安装，以保证过梁安装后平整、稳定。过梁就位以后不能随意撬动。

第五节　砌体工程冬期施工

当预计连续 10 天内的平均气温低于 +5℃时，砌体工程的施工，应按照冬期施工技术规定施工。日最低温底低于 −20℃时，砌体工程不宜施工。

冬期施工所用的材料，应符合下列要求：

(1) 砖、石、砌块在砌筑前，应清除冰霜。

(2) 砂浆宜用普通硅酸盐水泥拌制，因为这种水泥的早期强度发展较其他水泥快，有利于砌体在冻结前具有一定的强度。

(3) 石灰膏、黏土膏和电石膏等应防止受冻。如遭冻结，应经融化后方可使用。

(4) 拌制砂浆所用的砂，不得含有冰块和直径大于 100mm 的冻结块。

(5) 拌合砂浆时，水的温度不得超过 80℃，以免遇水泥发生"假凝"现象；砂的温度不得超过 40℃。

砖石工程冬期施工中应以掺盐砂浆法为主，只有对保温、绝缘、装饰方面有特殊要求的工程，才可用冻结法施工。

一、掺盐砂浆法

掺盐砂浆法是在砂浆中掺入一定量氯化物（氯化钠或氯化钙），由于此盐类具有一定的抗冻早强作用，可使砂浆在一定的负温下不致冻结，使水泥的水化作用继续进行。这种方法成本较低，使用方便，故在砖石工程冬期施工中应用广泛。

氯化钠的掺量为：当气温等于和高于 −10℃时，为用水量的 3%；−11℃～−15℃时，为 5%；−16～20℃时，为 7%。当温度较低时（如低于 −20℃时），应用 7% 的氯化钠和 3% 的氯化钙。

如设计无要求时，当日最低气温低于 −15℃时，对承重砌体的砂浆应按常温施工提高1 级，以弥补砂浆冻结后其后期强度降低的影响。

掺盐砂浆使用时的温度不应低于 +5℃。

掺盐砂浆会使砌体析盐、吸湿，并对钢筋有锈蚀作用，故这时应再加亚硝酸钠以阻之。对下列工程不容许采用掺盐砂浆：发电站、变电所等工程；装饰艺术要求较高的工程；房屋使用时湿度大于 60% 的工程；经常受 40℃ 以上高温影响的工程；经常处于水位变化的工程。

二、冻结法

冻结法是在室外用热砂浆进行砌筑，砂浆不掺外加剂，砂浆有一定强度后砌体很快冻结，融化后的砂浆强度接近于零，当气温升高转入正温后砂浆的强度继续增长。由于砂浆经冻结、融化、再硬化的三个阶段，其强度会降低，也减弱了砂浆与砖石砌体的粘结力，结构在砂浆融化阶段的变形也较大，会严重地影响砌体的稳定性。故下列工程不允许采用冻结法施工：毛石砌体或乱毛石砌体；在解冻过程中遭受相当大的动力作用和震动作用的砖、石、砌块结构；空斗墙；在解冻期间不允许沉降的砌体（如筒拱支座）。

冻结施工时，当室外温度为 -10℃ 以上时，砂浆温度应不低于 +10℃；气温为 -10~ -20℃ 时，砂浆温度应不低于 +15℃；气温为 -20℃ 以下时，则砂浆温度应不低于 +20℃ 且强度提高 2 级；当气温为 -20℃ 以上时，砂浆强度提高 1 级。上述要求，用以弥补冻结对砌体的影响。

冻结法施工时应用三顺一丁法组砌，对于外墙转角和内外墙交接处灰缝必须饱满，并用一顺一丁法组砌。一般应连续砌完一个施工层高度，不得间断。每天砌筑高度和临时间断处的高差不得超过 1.2m。间断处砌体应留踏步槎，每八皮砖间距应设置 $\phi 6$ 的拉结钢筋。在施工期间和解冻期内必须对结构进行加固，以增强其稳定性。

复习思考题

1. 脚手架的作用、要求、类型、适用范围？
2. 脚手架为什么要设置横向斜撑和剪刀撑？如何设置？
3. 单排和双排的扣件式钢管脚手架在构造上有什么区别？
4. 多立杆式和门式脚手架为什么要设置固定件？如何设置？
5. 安全网的搭设应遵循什么原则？
6. 如何保证井字架和龙门架的稳定安全？
7. 井字架和龙门架的构造有哪些？试述搭设要点和运用范围？
8. 为什么水泥砂浆和水泥混合砂浆的使用时间规定不同？
9. 什么叫皮数杆？皮数杆如何布置？如何划线？
10. 砖墙在转角处和交接处留设临时间断处时有什么构造要求？
11. 试说明砖体留脚手眼的规定。
12. 普通黏土砖砌筑前为什么要浇水？浇湿到什么程度？
13. 为什么要规定砖墙的每日砌筑高度？
14. 何谓包心组砌？为什么砖柱不能采用包心组砌？
15. 试述毛石砌体的施工要点。
16. 砌筑用砖有哪些？有何要求？
17. 墙体接槎形式有几种？有何规定？
18. 试述砖砌体的施工工艺。
19. 试述钢筋砖过梁的施工工艺。
20. 砖砌体的组砌方式有哪些？各有何特点？
21. 砌筑砂浆有哪些？各有何要求？

第四章 钢筋混凝土工程

随着我国国民经济的迅速发展，多高层建筑越来越多，其中大多数采用钢筋混凝土结构。因此，钢筋混凝土工程已成为建筑施工中主要工种工程之一。混凝土结构工程按施工方法可分为现浇混凝土结构工程和预制装配式混凝土结构工程，前者整体性好，抗震能力强，节约钢材，而且不需大型的起重机械，但工期较长，成本较高，易受气候条件影响；后者构件可在加工厂批量生产，它具有降低成本，现场拼装，减轻劳动强度和缩短工期的优点，但其耗钢量较大，而且施工时需要大型的起重设备。为了兼顾这两者的优点，在施工中这两种方式往往兼而有之。

钢筋混凝土构件由混凝土和钢筋两种材料组成。混凝土是由水泥、粗细骨料和水经搅拌而成的混合物，以模板作为成型的工具，经过养护，混凝土达到规定的强度，拆除模板，成为钢筋混凝土结构构件。钢筋混凝土工程由模板工程、钢筋工程和混凝土工程所组成，在施工中三者之间要紧密配合，才能保证质量，缩短工期，降低成本。

钢筋混凝土的施工工艺流程如图 4-1 所示。

图 4-1 混凝土结构工程施工工艺图

第一节 模 板 工 程

模板工程的施工工艺包括：模板的选材、选型、设计、制作、安装、拆除和周转等过程。模板工程是钢筋混凝土工程的重要组成部分，特别是在现浇钢筋混凝土结构施工中占主导地位，决定着施工方法和施工机械的选择，直接影响工期和造价。一般情况下，模板工程费用占结构工程费用的 30％左右，劳动量占 50％左右。

一、模板的作用、组成及基本要求

（一）作用

模板是使钢筋混凝土结构或构件按所要求的形状和尺寸成型的模型板。

（二）组成

模板系统由模板、支架和紧固件三部分组成。

（三）基本要求

在现浇钢筋混凝土结构施工中，对模板系统的基本要求是：

（1）要保证结构和构件各部分的形状、尺寸及相互位置的正确性；

（2）具有足够的强度、刚度和稳定性；

（3）构造简单，装拆方便，能多次周转使用；

（4）接缝严密，不漏浆。

二、模板的分类

1. 模板按其所用的材料不同，可分为木模板、钢模板、钢木模板、胶合板模板、塑料模板、玻璃钢模板等。组合钢模板如图 4-2 所示。

图 4-2 组合钢模板常用构件

(a)平板模板；(b)阳角模板；(c)阴角模板；(d)连接角模

2. 模板按其施工方法不同，可分为固定式、移动式和装拆式。固定式模板多用于制作预制构件，是按构件的形状、尺寸在现场或预制厂制作，待所浇筑的混凝土达到规定的强度后，方可脱模。移动式是指模板和支撑安装完毕后，随混凝土浇筑而移动，直到混凝土结构全部浇筑结束才一次拆除，如滑升模板、隧道模板。装拆式是指按设计要求的构件形状、尺寸及空间位置在现场组装，当混凝土达到拆模强度后即拆除。

3. 模板按规格形式可分为定型模板(如钢模板)和非定型模板(如木模板、胶合板模板等散装模板)。

4. 模板按结构类型可分为基础模板、柱模板、墙模板、梁和楼板模板、楼梯模板等。

三、模板的构造与安装

（一）木模板

木模板一般是在木工车间或木工棚加工成基本元件(拼板)，然后在现场进行拼装。拼板由一些板条用拼条钉拼而成,如图 4-3 所示。板条厚度一般为 25～50mm,宽度不宜超过 200mm。拼条间距取决于混凝土的侧压力和板条厚度,一般为 400～500mm。

图 4-3　拼板的构造
(a)—一般拼板;(b)—梁侧板的拼板
1—板条;2—拼条

1. 基础模板

基础的特点是高度较小而体积较大,基础模板一般利用地基或基槽(基坑)进行支撑。安装阶梯形基础模板时要保证上下模板不发生相对位移。如土质良好,基础也可进行原槽浇筑。基础支模方法和构造如图 4-4、图 4-5 所示。

图 4-4　组合条形基础模板常用构件
1—上阶侧板;2—上阶吊木;3—上阶斜撑;
4—轿杠;5—下阶斜撑;6—水平撑;7—垫木;8—木桩

图 4-5　阶形基础模板
1—中线;2—侧板;3—木档;4—木桩;5—斜撑;6—平撑

2. 柱模板

柱子的特点是断面尺寸不大,但比较高。因此,柱模板的构造和安装主要考虑保证垂直度及抵抗新浇混凝土的侧压力,与此同时,也要便于浇筑混凝土、清理垃圾与钢筋绑扎等。图 4-6 为矩形柱模板,由内、外拼板和柱箍组成。柱模板顶部开有与梁模板连接的梁缺口，底部开有清理孔。高度超过 3m 时，应沿高度方向每隔 2m 左右开设混凝土浇筑孔，以防混凝土产生分层离析。安装时应校正其相邻两个侧面的垂直度，检查无误后，即用斜撑支牢固定。

图 4-6　柱模板
(a)矩形柱模板；(b)方形柱模板
1—内拼板；2—外拼板；3—柱箍；4—梁缺口；5—清理孔；6—木框；
7—盖板；8—拉紧螺栓；9—拼条；10—三角木条

3. 梁模板

梁的特点是跨度较大而宽度不大。梁模板主要由底模、侧模、夹木及其支架系统组成，如图 4-7 所示。为承受垂直荷载，在梁底模板下每隔一定间距(800～1200mm)用顶撑顶住。为使顶撑传下来的集中荷载均匀地传给地面，在顶撑底加铺垫板。多层建筑施工中，应使上、下层的顶撑在同一条竖向直线上。侧模板用长板条加拼条制成，以承受混凝土的侧压力，底部用夹木固定，上部由斜撑和水平拉条固定。

单梁的侧模板一般拆除得较早，因此，侧模板包在底模板的外面。柱的模板与梁的侧模板一样，较早拆除，梁的模板也不应伸到柱模板的开口内，如图 4-8 所示，同样次梁模板也不应伸到主梁侧板的开口内。

梁跨度等于或大于 4m 时，模板应起拱，如设计无要求时，钢模的起拱高度为全跨长度的 1‰～2‰，木模的起拱高度为 2‰～3‰。

4. 楼板模板

楼板的特点是面积大而厚度不大，侧压力较小，楼板模板及支撑系统主要是承受混凝土的垂直荷载和施工荷载，保证模板不变形下垂；楼板模板是由底模和横楞组成，横楞下方由支柱承担上部荷载，如图 4-9 所示。

梁与楼板支模，一般先支梁模板后支楼板的横楞，再依次支设下面的横杠和支柱，楼板底模板铺在横楞上。

图 4-7 单梁模板

1—侧模板；2—底模板；3—侧模拼条；

4—夹木；5—水平拉条；6—顶撑；

7—斜撑；8—木楔；9—木垫板

图 4-8 梁模板连接

1—柱模板；2—梁侧板；

3、4—衬口档；5—斜口小木条

图 4-9 有梁楼板模板

1—楼板模板；2—梁侧模板；3—搁栅；

4—横档支撑；5—支撑；6—夹条；7—斜撑

5. 墙体模板

墙体具有高度大而厚度小的特点，其模板主要承受混凝土的侧压力，因此，必须加强面板刚度并设置足够的支撑，以确保模板不变形和不发生位移，如图 4-10 所示。

6. 楼梯模板

图 4-11 是一种楼梯模板，它由平台梁、平台板、梯段板的模板组成。梯段板的模板由底模板、踏步侧板、边板、横档板和反三角板等组成，在斜楞上面铺钉楼梯底模。

图 4-10　墙模板

1—钢管围檩；2—螺栓拉杆；3—定位配件；

4—墙模板；5—木搁栅

图 4-11　楼梯模板

1—支柱；2—木楔；3—垫板；4—平台梁底板；5—梁侧板；6—夹板；7—托木；

8—杠木；9—木楞；10—平台底板；11—梯基侧板；12—斜木楞；13—楼梯

底板；14—斜向顶撑；15—边板；16—横档板；17—反三角板；

18—踏步侧板；19—拉杆；20—木桩；21—平台梁模

　　在浇筑混凝土前，应对模板工程进行验收。现浇结构模板安装的允许偏差及检验方法
见表4-1。

现浇结构模板安装的允许偏差及检验方法 表 4-1

项 目		允许偏差(mm)	检 验 方 法
轴线位置		5	钢尺检查
底模上表面标高		±5	水准仪或拉线、钢尺检查
截面内部尺寸	基础	±10	钢尺检查
	柱、墙、梁	+4,-5	钢尺检查
层高垂直度	不大于 5m	6	经纬仪或吊线、钢尺检查
	大于 5m	8	经纬仪或吊线、钢尺检查
相邻两板表面高低差		2	钢尺检查
表面平整度		5	2m 靠尺和塞尺检查

注：检查轴线位置时，应沿纵、横两个方向量测，并取其中的较大值。

（二）定型组合钢模板

定型组合钢模板是一种工具式定型模板，钢模板通过各种连接件和支承件可组合成多种尺寸和几何形状，以适应各种类型建筑物的梁、柱、板、墙、基础等施工的需要。

1. 定型组合钢模板的组成

定型组合钢模板由模板、连接件和支承件组成。

模板包括平面模板(P)、阴角模板（E）、阳角模板（Y）、连接角模板（J）等，如图 4-2 所示。钢模板的规格见表 4-2。

定型组合钢模板的连接件包括 U 形卡、L 形插销、钩头螺栓、紧固螺栓、对拉螺栓和扣件等，如图 4-12 所示。连接件应符合配套使用、装拆方便、操作安全的要求。定型组合钢模板的支承件包括钢楞、柱箍、钢支柱、早拆柱头、斜撑、组合支架、扣件式钢管支架、门式支架、碗扣式支架、方塔式支架、梁卡具、圈梁卡和桁架等。

钢模板规格(mm) 表 4-2

名 称	宽 度	长 度	肋高
平面模板	600、550、500、450、400、350、300、250、200、150、100	1800、1500、1200、900、750、600、450	55
阴角模板	150×150、100×150		
阳角模板	100×100、50×50		
连接角模	50×50		

2. 钢模板的配板设计

由于同一构件的模板可以有不同的配板方案，所以配板设计时要从中找出最佳配板方案，方案的优劣直接影响到工程速度、质量和成本。配板原则如下：尽量采用大规格模板，减少木模嵌补量；合理排列，以提高模板的整体性；模板的长边宜与结构的长边平行布置，以采用错缝拼接为宜(图 4-13b)，也可齐缝拼接(如图 4-13a)。但应使每块钢模板下最少有两道钢楞支承，以免在齐缝处出现弯折。使用 U 形卡或 L 形插销，要保证连接孔对齐。两侧模板对拉螺栓的孔洞要保证对正。配板方案选定之后，应绘制模板配板图，图 4-14 为某梁配板图。

图 4-12　钢模板连接件

(a)U 形卡连接；(b)L 形插销连接；(c)钩头螺栓连接；(d)紧固螺栓连接；(e)对拉螺栓连接

1—钢管；2—3 形扣件；3—钩头螺栓；4—槽钢；5—蝶形扣件；

6—紧固螺栓；7—对拉螺栓；8—塑料套管；9—螺帽

图 4-13　钢模板的拼接

(a)齐缝拼接；(b)错缝拼接

P2015	P2015	P2015	P2015
P3015	P3015	P3015	P3015
P3015	P3015	P3015	P3015

800

6000

(a)

J0015	J0015	J0015	J0015
P2015	P2015	P2015	P2015
P1515	P1515	P1515	P1515
J0015	J0015	J0015	J0015

350

6000

(b)

1900　　　2200　　　1900

25　100　1500　150　75　1500　75　150　1500　25

E1515　250 150 E1515　150 250 20 E1515　100

E1504　E1504

P3015	P3015	P3015
P2515	P2515	P2515

550 205 10 720

150

(c)

图 4-14　某梁配板

(a)外侧模板；(b)底模板；(c)内侧模板

110

（三）胶合板模板

胶合板模板有木胶合板和竹胶合板，还有钢框或铝框胶合板。木胶合板的特点是重量轻，面积大，加工容易，周转次数多，模板强度高，刚度好，表面平整度高，在板面涂覆热压一层酚醛树脂或其他耐磨防水材料后，可以提高使用寿命和表面平整度。由于我国木材资源贫乏，而竹材资源丰富，木胶合模板正在被竹胶合板代替。竹胶合板在强度、刚度、硬度和耐冲击性能方面比木材好，价格也比较低廉，且受潮后不变形，模板拼缝严密，加工方便，可锯刨、打钉，适应性强，应用日益广泛。

1. 梁板组装式胶合板模板

梁板组装式胶合板模板是目前模板工程中常用的一种形式。它是由胶合板与大梁、小梁组合而构成，如图4-15所示。小梁构件排列间距一般为300mm，可采用木工字梁和铝木组合梁等形式；大梁与小梁垂直布置，其间距一般为1.0m，多用双槽钢形式，也有用铝合金轻型组合式大梁。梁卡是一种连接固定配件。在现场组装时，根据组装设计图，先在地上划线摆放大梁，然后，再将小梁依次摆放在大梁上，并用梁卡固定，形成一个井字形框架，最后再铺设胶合板，并用自攻螺钉或铁钉固定，从而安装成一组梁板组装式胶合板模板。

2. 钢框胶合板模板

钢框胶合板模板是以钢材或铝材为框架，胶合板为面板构成的组合式模板，亦称板块组合式模板。钢框架一般为矩形，框架的边框起大梁的作用；内框即横肋或竖肋，则相当于小梁。面板镶嵌在框架上便形成了一个板块式模板单元，它可以在工厂铆焊定型，到施工现场只需将各单元按设计要求进行组合成型。

根据模板单元面积和重量的大小，可分为轻型板块组合式模板和重型板块组合式模板两种，如图4-16所示。

图4-15　胶合板模板组装图
1—胶合板；2—小梁；3—大梁；
4—梁卡；5—吊钩孔

图4-16　板块组合式模板单元
（a）重型；（b）轻型
1—横肋；2—边框；3—板面；4—竖肋

3. 胶合板模板支撑构件

胶合板模板常用的支撑构件有套管式、扣接式和门架式三种，并可与脚手架、木模、组合钢模的支撑通用。

四、模板的拆除

模板的拆除日期取决于混凝土的强度、模板的用途、结构的性质及混凝土硬化时的气温。及时拆模，可提高模板的周转率，也可为其他工作创造条件。但过早拆模，混凝土会因强度不足以承担本身自重，或受到外力作用而变形甚至断裂，造成重大的质量事故。

1. 拆除日期

（1）非承重的侧模板拆除日期，应在混凝土强度能保证其表面及棱角不因拆除模板而受损坏时，方可拆除。一般当混凝土强度达到 2.5MPa 后，即可拆除。

（2）承重模板的拆除日期，在混凝土强度达到表 4-3 规定的强度后方能拆除。拆模时间参考表 4-4。

底模拆除时的混凝土强度要求   表 4-3

构件类型	构件跨度（m）	按设计的混凝土强度标准值的百分率（%）
板	≤2 >2，≤8 >8	≥50 ≥75 ≥100
梁、拱、壳	≤8 >8	≥75 ≥100
悬臂构件		≥100

拆除底模板的时间参考表（d）   表 4-4

水泥的强度等级及品种	混凝土达到设计强度标准值的百分率（%）	硬化时昼夜平均温度					
		5℃	10℃	15℃	20℃	25℃	30℃
42.5 级普通水泥	50	10	7	6	5	4	3
	75	20	14	11	8	7	6
	100	50	40	30	28	20	18
32.5 级矿渣或火山灰质水泥	50	18	12	10	8	7	6
	75	32	25	17	14	12	10
	100	60	50	40	28	24	20
42.5 级矿渣或火山灰质水泥	50	16	11	9	8	7	6
	75	30	20	15	13	12	10
	100	60	50	40	28	21	20

对后张法预应力混凝土结构构件，侧模宜在预应力张拉前拆除；底模支架的拆除应按施工技术方案执行，当无具体要求时，不应在结构构件建立预应力前拆除。

2. 拆除顺序

一般是先支的后拆，后支的先拆，先拆除非承重部分，后拆除承重部分。重大复杂模板的拆除，事先应制定拆模方案。对于框架结构模板的拆除顺序，首先是柱模板，然后是楼板底模板、梁侧模板，最后是梁底模板。

多层楼板模板支架的拆除，应按下列要求进行：上层楼板正在浇筑混凝土时，下一层楼板的模板支架不得拆除，再下一层的楼板模板的支架，仅可拆除一部分。跨度 4m 及 4m 以下的梁下均应保留支架，其间距不得大于 3m。

第二节 钢 筋 工 程

在钢筋混凝土结构中钢筋起着关键性的骨架作用。它对于工程造价、工程质量、工期、劳动量的消耗影响很大，特别对工程造价的影响最大，因此，在工程中必须熟练掌握钢筋工程的基本理论，了解钢筋工程的施工工艺。

一、钢筋的分类

按钢筋的直径大小分为：钢丝（直径 3～5mm）、细钢筋（直径 6～10mm）、中粗钢筋（直径 12～20mm）和粗钢筋（直径大于 20mm）。

钢筋按生产工艺分为：热轧钢筋、余热处理钢筋、冷轧带肋钢筋、冷轧扭钢筋、冷拔螺旋钢筋、碳素钢丝、刻痕钢丝和钢绞线。

热轧钢筋按轧制的外形分为：光圆钢筋和变形钢筋（月牙纹、螺旋纹、人字纹）；按力学性能分为：HPB235、HRB335、HRB400、RRB400、HRB500。

热轧钢筋是经热轧成型并自然冷却的成品钢筋；余热处理钢筋是经热轧后立即穿水，进行表面控制冷却，然后利用芯部余热自身完成回火处理所得的成品钢筋；冷轧带肋钢筋是热轧圆盘条经冷轧或冷拔减径后在其表面冷轧成三面或两面有肋的钢筋，牌号分为 CRB550、CRB650、CRB800、CRB970、CRB1170 五个。冷轧带肋钢筋的外形见图 4-17，这种新型钢筋具有调直除锈、提高强度、节省钢材、提高质量等优点，并具有良好的冷弯性能和粘结锚固性能。

冷轧扭钢筋是用低碳钢钢筋经冷轧扭工艺制成，其表面呈连续螺旋形，这种钢筋具有较高的强度和足够的塑性，与混凝土粘结性能优异，代替 HPB235 级钢筋可节约钢材30％；冷拔螺旋钢筋是热轧圆盘条经冷拔后在其表面形成连续螺旋槽的钢筋。冷拔螺旋钢筋的外形见图 4-18。

图 4-17 冷轧带肋钢筋表面及截面形状　　　　图 4-18 冷拔螺旋钢筋

二、钢筋的进场验收和存放

（一）钢筋的进场验收

钢筋是否符合质量标准，直接影响结构的使用安全。在施工中必须加强对钢筋进场验收和质量检查工作。

钢筋进场应持有出厂质量证明书或实验报告单，每捆（盘）钢筋均应有标牌。钢筋进场后应按品种、批号与直径分批验收，并分别堆放不得混杂。验收的内容包括查对标牌、外观检查，并按规定抽取试样进行机械性能试验，检查合格后方可使用。

钢筋的外观检查：钢筋表面不得有裂缝、结疤和折叠；钢筋表面的凸块不得超过螺纹的高度；钢筋的外形尺寸应符合技术标准规定。

钢筋抽样检验：热轧钢筋检验以 60t 为一批，不足 60t 也按一批计，每批钢筋中任意抽取两根，每根取两个试件分别进行拉伸试验（测定其屈服点、抗拉强度和伸长率）和冷弯试验。如有一项结果不符合规定，则从同一批钢筋中另取双倍试件重做试验。如仍有一个试件不合格，则该批钢筋为不合格品。余热处理钢筋同热轧钢筋。冷轧带肋钢筋以 50t 为一批，不足 50t 也按一批计，每批抽取 5%（不少于 5 盘或 5 捆）进行外观检验，力学性能应逐盘、逐捆进行检验。冷轧扭钢筋以 10t 为一批，不足 10t 也按一批计，每批抽取 5% 进行外观检验，力学性能检验是从每批中抽取 3 根钢筋，各取一个试件。其中，两个试件做拉力试验，一个试件做冷弯试验。

在钢筋加工过程中，如发现脆断、焊接性能不良或机械性能显著不正常等现象时，应对该批钢筋进行化学成分检验或其他专项检验。

（二）钢筋的存放

当钢筋运进施工现场后，必须严格按批分等级、牌号、直径、长度挂牌分别存放，并注明数量，不得混淆。钢筋应尽量堆入仓库或料棚内。条件不具备时，应选择地势较高，土质坚实，较为平坦的露天场地存放。在仓库或场地周围挖排水沟，以利泄水。堆放时钢筋下面要加垫木，离地不宜少于 200mm，以防钢筋锈蚀和污染。钢筋成品要分工程名称和构件名称，按号码顺序存放。同一项工程与同一构件的钢筋要存放在一起，按号挂牌排列，牌上注明构件名称、部位、钢筋类型、尺寸、钢号、直径、根数，不能将几项工程的钢筋混放在一起。同时不要和产生有害气体的车间靠近，以免污染和腐蚀钢筋。

三、钢筋的连接

钢筋接头连接方法有：绑扎连接、焊接连接和机械连接。绑扎连接浪费钢筋，且连接不可靠，故宜限制使用。焊接连接的方法较多，成本较低，质量可靠，宜优先选用。机械连接，设备简单，节约能源，不受气候影响可全天候施工，连接可靠，技术易于掌握，适用范围广，尤其适用于焊接有困难的现场，但费用较高。

（一）绑扎连接

钢筋搭接处，应在中心及两端用 20～22 号铁丝扎牢。《混凝土结构工程施工质量验收规范》GB 50204—2002 规定，位于同一连接区段内的受拉钢筋搭接接头面积百分率应符合设计要求；当设计无具体要求时，应符合下列规定：

（1）对梁、板类及墙类构件，不宜大于 25%；

（2）对柱类构件，不宜大于50%；

（3）当工程中确有必要增大时，对于梁类构件也不应大于50%，对板类、墙类及柱类构件，可根据实际情况放宽。纵向受压钢筋搭接接头面积百分率，不宜大于50%。

纵向受拉钢筋绑扎搭接的搭接长度按下式计算，且在任何情况下不应小于300mm：

$$l_l = \zeta l_a \tag{4-1}$$

式中 l_l——纵向受拉钢筋的搭接长度；

l_a——纵向受拉钢筋的基本锚固长度；

ζ——纵向受拉钢筋搭接长度修正系数，按表4-5采用。

纵向受拉钢筋搭接长度修正系数 ζ 表 4-5

纵向钢筋搭接接头面积百分率(%)	≤25	50	100
ζ	1.2	1.4	1.6

钢筋搭接位置应设置在受力较小处，且同一根钢筋上宜少设置连接。同一构件中相邻纵向受力钢筋搭接位置宜相互错开。《规范》规定，两搭接接头的中心距应大于$1.3l_l$，否则，则认为两搭接接头属于同一搭接范围，见图4-19。

图 4-19 钢筋绑扎搭接接头

对于纵向受压钢筋，其搭接长度不应少于$0.7l_l$，且在任何情况下不应小于200mm。

由于搭接接头仅靠粘结力传递钢筋内力，可靠性较差，《规范》规定以下情况不得采用绑扎搭接接头：

（1）轴心受拉及小偏心受拉杆件（如桁架和拱的拉杆）；

（2）受拉钢筋直径大于28mm及受压钢筋直径大于32mm；

（3）需要进行疲劳验算构件中的受拉钢筋。

在梁、柱类构件的纵向受力钢筋搭接长度范围内，应按设计要求配置箍筋。当设计无具体要求时，应符合下列规定：

（1）箍筋直径不应小于搭接钢筋较大直径的0.25倍；

（2）当钢筋受拉时，箍筋间距不应大于搭接钢筋较小直径的5倍，且不应大于100mm；

（3）当钢筋受压时，箍筋间距不应大于搭接钢筋较小直径的10倍，且不应大于200mm；

（4）当受压钢筋直径$d>25$mm时，尚应在搭接接头两个端面外100mm范围内各设置两个箍筋。

（二）焊接连接

采用焊接代替绑扎，可改善结构受力性能，提高工效，节约钢筋，降低成本。钢筋常用的焊接方法有闪光对焊、电弧焊、电渣压力焊、电阻点焊、埋弧压力焊以及气压焊等。

受力钢筋采用焊接接头时，设置在同一构件内的焊接接头应相互错开。在任一焊接接头中心至中心长度为钢筋直径 d 的 35 倍，且不小于 500mm 的区段，同一根钢筋不得有两个接头；在该区段内有接头的受力钢筋的接头面积百分率应符合设计要求；当设计无具体要求时，应符合下列规定：

（1）受拉区不宜超过 50%，受压区和装配式构件连接处不限制；

（2）预应力筋受拉区不宜超过 25%，当有可靠的保证措施时，可放宽到 50%；受压区和后张法的螺丝端杆不限制。

1. 闪光对焊

钢筋闪光对焊的原理如图 4-20 所示，是利用对焊机使两段钢筋接触，通过低压的强电流，待钢筋被加热到一定温度变软后，进行轴向加压顶锻，形成对焊接头。

闪光对焊广泛用于钢筋接长以及预应力钢筋与螺丝端杆的焊接。热轧钢筋的接长宜优先用闪光对焊，不可能时才用电弧焊。

闪光对焊按工艺可分为：连续闪光焊、预热闪光焊、闪光—预热—闪光焊三种。连续闪光焊一般用于焊接直径 22mm 以内的 HPB235、HRB335、HRB400 或 RRB400 级钢筋及直径在 16mm 以内的 HRB500 级钢筋。对 HRB500 级钢筋在焊接后应进行通电热处理，以改善对焊接头的塑性；预热闪光焊一般用于焊接直径 25mm 以上的粗钢筋。

图 4-20　钢筋闪光对焊原理

1—焊接的钢筋；2—固定电极；3—可动电极；
4—基座；5—变压器；6—平动顶压机构；
7—固定支座；8—滑动机构

对焊接头的质量检验包括外观检查和机械性能检验。外观检查取样数量每批抽查 10% 的接头，并不少于 10 个；机械性能检验应按钢筋品种和直径分批进行，每 300 个接头为一批，每批切取 6 个试件，其中 3 个做拉力试验，3 个做冷弯试验。试验结果应符合热轧钢筋的机械性能指标或符合冷拉钢筋的机械性能指标。做破坏性试验时亦不应在焊缝处或热影响区内断裂。

2. 电弧焊

电弧焊是利用弧焊机使焊条与焊件之间产生高温电弧，使焊条和电弧燃烧范围内的焊件熔化，待其凝固后便形成焊缝或接头。电弧焊广泛用于钢筋接头、钢筋骨架焊接、装配式结构接头的焊接、钢筋与钢板的焊接及各种钢结构焊接。

钢筋电弧焊的接头形式有：搭接焊（单面焊缝或双面焊缝）接头、帮条焊接头（单面焊缝或双面焊缝）、坡口焊接头（平焊或立焊）、熔槽帮条焊接头等，如图 4-21 所示。

（1）搭接焊接头：适用于焊接 10～40mm 的 HPB235、HRB335、HRB400 级钢筋。焊接时宜采用双面焊，不能进行双面焊时，也可采用单面焊。搭接长度见表 4-6。

图 4-21　电弧焊接头形式

(a)搭接焊；(b)帮条焊；(c)坡口焊；(d)熔槽帮条焊

1—定位焊缝；2—弧坑拉出方位

钢 筋 搭 接 长 度　　　　　　　　　　表 4-6

项次	钢筋级别	焊缝形式	搭接长度
1	HPB235	单面焊	≥8d
		双面焊	≥4d
2	HRB335	单面焊	≥10d
		双面焊	≥5d

（2）帮条焊接头：适用于焊接 10～40mm 的 HPB235、HRB335、HRB400 级钢筋。焊接时宜采用双面焊，不能进行双面焊时，也可采用单面焊。帮条宜采用与主筋同级别、同直径的钢筋，其帮条长度见表 4-6。

（3）坡口焊接头：有平焊和立焊两种。这种接头比上两种接头节约钢筋，使用于在现场焊接装配整体式构件接头中直径 18～40mm 的 HPB235、HRB335、HRB400 级钢筋。

采用帮条焊或搭接焊时，焊缝的长度不应小于帮条或搭接长度，焊缝高度 $h \geqslant 0.3d$，并不得小于 4mm；焊缝宽度 $b \geqslant 0.7d$，并不得小于 10mm。电弧焊一般要求焊缝表面平整，无裂纹，无较大凹陷、焊瘤，无明显咬边、气孔、夹渣等缺陷。在现场安装条件下，每一层楼以 300 个同类型接头为一批，每一批选取三个接头进行拉伸试验。如有一个不合格，取双倍试件复验，再有一个不合格，则该批接头不合格。如对焊接质量有怀疑或发现异常情况，还可以进行非破损方式(X 射线、γ 射线、超声波探伤等)检验。

3. 电渣压力焊

电渣压力焊是利用电流通过电渣池产生的电阻热将钢筋端部熔化，然后施加压力使钢筋焊合，多用于现浇混凝土结构构件内竖向或斜向(倾斜度在 4∶1 的范围内)钢筋的接长。

电渣压力焊焊接夹具和焊接示意如图 4-22 所示。电渣压力焊的接头不得有裂纹和明显的烧伤；轴线偏移不得大于 0.1d，且不得超过 2mm；接头弯折不得超过 4°。每 300 个接头为一批，截取 3 个试件做拉伸试验，如有一个不合格，取双倍试件复验，再有一个不合格，则该批接头不合格。

图 4-22　钢筋电渣焊示意图
1、2—钢筋；3—固定夹具；4—活动夹具；
5—焊剂盒；6—导电剂；7—焊药；8—滑动架；
9—操作手柄；10—支架；11—固定架

4. 电阻点焊

电阻点焊的工作原理是：将钢筋的交叉点放在点焊机的两个电极间，电极通过钢筋闭合电路通电，点接触处电阻较大，在接触的瞬间，电流产生的全部电流都集中在一点上，因而使金属受热熔化，同时在电极加压下使焊点金属得到焊合。

电阻点焊主要用于钢筋的交叉连接，如焊接钢筋网片、钢筋骨架等。采用点焊代替绑扎，可提高工效，节约劳动力，成品刚性好，便于运输，并可节约钢材。

常用的电焊机有单点点焊机和钢筋焊接网成型机。单点电焊机用于较粗钢筋的焊接，钢筋焊接网成型机使用于焊接钢筋网片。此外，现场还可采用手提式点焊机。

焊点应进行外观检查和强度试验。热轧钢筋的焊点应进行抗剪强度的试验。冷加工钢筋除进行抗剪试验外，还应进行拉伸试验。取样数量为外观检查应按同一类型制品分批抽检(每 200 件为一批)。一般制品每批抽查 5%；梁、柱、桁架等重要制品每批抽查 10%，均不得少于 3 件。强度检验时，试件应从每批成品中切取。

5. 气压焊

钢筋气压焊是用氧—乙炔火焰使焊接接头加热至塑性状态，加压形成接头。这种方法具有设备简单、工效高、成本低等优点，适用于 HPB235、HRB335、HRB400 级热轧钢筋。直径相差不大于 7mm 的不同直径钢筋及各种位置钢筋的现场焊接。

钢筋气压焊设备由氧气瓶、乙炔瓶、烤枪、钢筋卡具、油缸及油泵等组成，如图 4-23 所示。

(三) 钢筋机械连接

钢筋机械连接是指通过连接件的机械咬合作用或钢筋端面的承压作用，将一根钢筋中的力传递至另一根钢筋的连接方法。钢筋机械连接包括套筒挤压连接和锥螺纹套筒连接、镦粗直螺纹套筒连接、滚压直螺纹套筒连接。其中，镦粗直螺纹套筒连接、滚压直螺纹套筒连接是近年来大直径钢筋现场连接的主要方法。

图 4-23 气压焊设备

(a)竖向焊接；(b)横向焊接

1—压接器；2—顶压油缸；3—加热器；4—钢筋；

5—加压器(手动)；6—氧气；7—乙炔

当采用机械连接时，应符合专门的技术规定。接头位置宜相互错开，凡接头中点位于连接区段的长度(35d，500mm)内均属于同一连接区段。同一连接区段内纵向受力钢筋接头面积百分率应符合设计要求；当设计无具体要求时，应符合下列规定：

(1) 受拉区不宜大于50%，受压区不受限制；

(2) 接头不宜设置在有抗震设防要求的框架梁端、柱端的箍筋加密区；当无法避开时，对等强度高质量机械连接接头，不应大于50%；

(3) 直接承受动力荷载的结构构件中的机械连接接头不应大于50%。

1. 钢筋套筒挤压连接

钢筋套筒挤压连接亦称钢筋套筒冷压连接。它是将需连接的变形钢筋插入特制钢套筒内，利用液压驱动的挤压机进行径向或轴向挤压，使钢套筒产生塑性变形，使它紧紧咬住变形钢筋实现连接，如图4-24所示。

图4-24 钢筋径向挤压连接原理图

1—钢套管；2—连接钢筋

这种连接方法具有接头性能可靠、质量稳定、不受气候及焊接技术水平的影响、连接速度快、安全、无明火、节能等优点。它适用于竖向、横向及其他方向的直径16～40mm

Ⅱ、Ⅲ级变形钢筋的连接，并可连接各种规格的同径和异径钢筋（直径相差不大于5mm），也可连接可焊性差的钢筋，但价格较贵。

接头的质量检验包括外观检查和机械性能检验。每500个接头为一批，外观检查取样数量每批抽查10%的接头，并不少于10个；机械性能检验每批切取3个试件。

2. 锥螺纹套筒连接

钢筋锥螺纹套筒连接是将两根待接钢筋端头用套丝机做出锥形外丝，然后用带锥形内丝的套筒将钢筋拧紧的钢筋连接方法，如图4-25所示。

图4-25　钢筋锥螺纹套筒连接
1—已连接的钢筋；2—锥螺纹套筒；3—待连接的钢筋

这种方法具有接头质量一般、操作简单、不用电源、全天候施工、对中性好、施工速度快等优点，可连接各种钢筋，不受钢筋种类、含碳量的限制，但所连接钢筋直径之差不宜大于9mm。其价格适中，成本低于挤压套筒连接，高于电渣压力焊和气压焊接头。

钢筋锥螺纹套筒连接的工艺：主要是套筒的加工、钢筋锥螺纹的加工及锥螺纹钢筋的连接。

3. 钢筋镦粗直螺纹套筒连接

直螺纹连接是目前推广的新工艺技术。先将钢筋端部用冷镦机镦粗，再用直螺纹套丝机切削直螺纹，然后用带直螺纹的套筒将钢筋拧紧的连接方法，如图4-26所示。

这种连接技术不仅具有钢筋锥螺纹连接的优点，成本相近，而且套筒短，一般螺纹扣数少，接头质量稳定性好，连接速度快；而且钢筋端部经冷镦后不仅直径增大，使套丝后丝扣底部横截面积不小于钢筋原截面积，而且由于

图4-26　钢筋直螺纹套筒连接
1—已连接的钢筋；2—直螺纹套筒；
3—正在拧入的钢筋

冷镦后钢材强度的提高，致使接头部位有很高的强度，断裂均发生于母材，达到SA级接头性能的要求，即3个试件的抗拉强度都能发挥钢筋母材强度或大于1.15倍钢筋的抗拉强度标准值。

钢筋直螺纹套筒连接的工艺：主要有钢筋端部扩粗、切削直螺纹、用连接套筒对接钢筋。其施工方法与锥螺纹套筒连接大体相同。

接头的质量检验包括外观检查和机械性能检验。同一施工条件下采用同一批材料的同等级别、同规格接头，以500个接头为一批，外观检查取样数量每批抽查10%的接头，并不少于10个；机械性能检验每批切取3个试件。当3个试件的抗拉强度都能发挥钢筋母材强度或大于1.15倍钢筋抗拉强度标准值时，该检查批达到SA级强度指标。如有一个试件的抗拉强度不符合要求，应加倍取样复验。

4. 滚压直螺纹套筒接头

滚压直螺纹钢筋接头是利用钢筋的冷作硬化原理，在滚压螺纹过程中提高钢筋材料的强度，用来补偿钢筋净截面面积减小而给钢筋强度带来的不利影响，使滚压后的钢筋接头能基本保持与钢筋母材等强。

滚压直螺纹钢筋接头目前主要分为直接滚压直螺纹钢筋接头和剥肋滚压直螺纹钢筋接头两种类型，我国最早出现的是直接滚压直螺纹钢筋接头，它是使用滚丝机直接在钢筋端部滚丝的一种工艺；剥肋滚压直螺纹钢筋接头是对上述工艺的一种改进，它是在滚压螺纹前先将钢筋的纵横肋剥去，然后再进行滚丝，两者的技术内容大同小异。

滚压直螺纹钢筋连接技术工艺简单、操作容易、设备投资少，受到用户的普遍欢迎，滚压直螺纹钢筋连接技术也被列入建设部《建筑业十项新技术》推广项目之一。其主要技术特点是：

(1) 滚轧直螺纹钢筋接头强度高、工艺简单，最适合钢筋尺寸公差小的工况；

(2) 当钢筋尺寸公差或形位公差过大时，易出现缺牙、秃牙、表面光洁度差等现象，影响接头质量；

(3) 钢筋纵横肋过高对直接滚压不利，滚压过程中纵横肋倒伏易形成虚假螺纹，剥肋工序可明显改善滚轧螺纹外观和螺纹内在质量；

(4) 选择技术和质量管理水平高的单位供应或分包钢筋接头是重要的，用不良设备、工艺制作的螺纹丝头还常带有较大锥度或椭圆度；

(5) 严格控制丝头直径及圆柱度是重要的，否则，滚轧直螺纹钢筋接头易出现接头滑脱。

四、钢筋的配料与代换

(一) 钢筋配料

钢筋配料是根据结构施工图，分别计算构件各根钢筋的下料长度、根数质(重)量，并编制钢筋配料单，绘出钢筋加工形状、尺寸，以作为钢筋备料、加工和结算的依据。

1. 钢筋下料长度的计算

钢筋加工所需截取的直钢筋长度称为下料长度。

结构施工图中注明的钢筋尺寸是指加工后的钢筋外轮廓尺寸，钢筋外边缘至外边缘之间的长度，即钢筋外包尺寸。钢筋的外包尺寸是由构件的外形尺寸减去混凝土的保护层厚度求得。混凝土保护层厚度是指受力钢筋外边缘至混凝土构件表面的距离，其作用是保护钢筋在混凝土结构中不受锈蚀。

由于钢筋弯曲时，外皮伸长而内皮缩短，只有轴线长度不变，而量得的外包尺寸总和要大于钢筋轴线长度，弯曲钢筋的外包尺寸和轴线长之间存在的差值称量度差值。量度差值在计算下料长度时必须加以扣除，否则，加工后的钢筋尺寸要大于设计要求的外包尺寸，可能无法放入模板内，造成质量问题并浪费钢材。

光圆钢筋为了增加其与混凝土锚固能力，一般在其两端做成180°的弯钩。而变形钢筋虽与混凝土粘结性能较好，但有时要求应有一定的锚固长度，钢筋末端需作90°弯折，如柱钢筋的下部、箍筋及附加钢筋。直径较小的钢筋有时需作成135°的斜钩。钢筋外包尺寸不包括弯钩的增加长度，所以钢筋的下料长度应考虑弯钩增加长度。

由以上分析可得：

钢筋下料长度＝图示尺寸－弯曲量度差＋端部增长值

以上钢筋若需搭接，还应增加钢筋搭接长度，钢筋的搭接长度应符合规定。另外，钢筋配料时，还要考虑施工需要的附加钢筋、构造钢筋。

（1）钢筋弯折处的量度差值

钢筋弯折处的量度差值与钢筋弯心直径及弯曲角度有关。

为了计算方便，钢筋弯折处的量度差值近似地取为：当弯折 $45°$ 时，量度差值取为 $0.5d$；当弯折 $60°$ 时，量度差值取为 $1d$；当弯折 $90°$ 时，量度差值取 $2d$。

（2）钢筋末端弯钩增长值

钢筋弯钩有三种形式：半圆弯钩、直角弯钩、和斜弯钩。半圆弯钩是最常用的一种弯钩。根据规范规定，HPB235 级钢筋末端应做 $180°$ 弯钩，其圆弧弯曲直径 D 不应小于钢筋直径的 2.5 倍，平直部分长度不宜小于钢筋直径 d 的 3 倍，每个弯钩端部增加长度近似的取为 $6.25d$。

（3）箍筋弯钩增长值

箍筋末端的弯钩形式应符合设计要求，当设计无具体要求时，用 HPB235 级钢筋或冷拔低碳钢丝制作的箍筋，其弯钩的弯曲直径应大于受力钢筋直径，且不小于箍筋直径的 2.5 倍。弯钩平直部分的长度，对一般结构，不宜小于箍筋直径的 5 倍，对有抗震要求的结构，不应小于箍筋直径的 10 倍。

弯钩的一般形式可按图 4-27(b)、(c)加工，对有抗震要求和受扭的结构，可按图 4-27(a)加工。

对于一般结构，为便于计算箍筋下料长度，也可用箍筋调整值的方法计算。调整值即为弯钩增长值和弯曲调整值之差，如表 4-7 所示，计算时将箍筋外包尺寸（外周长）或内皮尺寸（内周长）加上箍筋调整值即为箍筋下料长度。

图 4-27　箍筋示意图
(a)135°/135°；(b)90°/180°；(c)90°/90°

箍 筋 调 整 值 　　　　　　　　　　表 4-7

箍筋量度方法	箍筋直径(mm)			
	4～5	6	8	10～12
量外包尺寸	40	50	60	70
量内包尺寸	80	100	120	150～170

另外，在计算箍筋下料长度时，对于有抗震要求的结构，其弯钩端部平直段要求不小于 $10d$，在参照上述方法计算时，亦可采用下述简便计算方法。

这里，对于一般结构，为方便计算箍筋下料长度，结合箍筋调整值的计算方法，对于抗震与非抗震箍筋差值计算，来作如下调整：

对于常用箍筋 $\phi6$、$\phi8$、$\phi10$

当 $d＝6mm$ 时，差值 $\Delta\delta＝21.136×6－50＝76.816mm$

而：$7d×2＝7×6×2＝84mm$

当 $d＝8mm$ 时，差值 $\Delta\delta＝21.136×8－60＝109.088mm$

122

$$而：7d×2＝7×8×2＝112mm$$

当 $d=10$mm 时，差值 $\Delta\delta=21.136×10-70=141.36$mm

$$而：7d×2＝7×10×2＝140mm$$

所以，为方便计算，对于有抗震要求的结构，其箍筋的下料长度，也可用下式计算：

$$下料长度＝外包尺寸＋箍筋调整值(查表4-7)＋7d×2$$

2. 例题分析

【例 4-1】 某建筑物共有 L-1 梁五根，梁的配筋如图 4-28 所示，作出该梁的钢筋配料单。

图 4-28　L-1 梁配筋图

【解】 梁两端保护层取 10mm，上下保护层厚度取 25mm。

(1) ①号钢筋 2φ18 的受拉钢筋

$$钢筋下料长度＝6000-2×10+2×6.25×18=6205mm$$

(2) ②号钢筋 2φ10 的架立钢筋

$$钢筋下料长度＝6000-2×10+2×6.25×10=6105mm$$

(3) ③号钢筋是 1 根 φ18 的弯起钢筋。

端部平直段长为：

$$400-10=390mm$$

$$斜段长＝(梁高-2×保护层)×1.41$$

$$=(450-2×25)×1.41$$

$$=400×1.41=564mm$$

中间直线段长为：

$$6000-2×10-2×390-2×400=4400mm$$

$$下料长度＝外包尺寸＋端部弯钩-量度差值$$

$$=2×(390+564)+4400+2×6.25×18-4×0.5×18$$

$$=1908+4400+225-36=6497mm$$

④号钢筋是另 1 根 φ18 的弯起钢筋，计算方法同③号钢筋：

$$下料长度＝(890+564)×2+3400+189=6497mm$$

(4) ⑤号钢筋是φ6的箍筋,其计算方法如下:

下料长度=(412+162)×2+50=1198mm

(5) 箍筋的个数可用下式计算:

(5980÷200)+1≈31 个箍筋

由上述计算可编制出该梁的钢筋配料单,如表 4-8 所示。

钢 筋 配 料 单 表 4-8

构件名称	钢筋编号	图 例	直径(mm)	钢筋级别	下料长度(mm)	钢筋根数	合计根数	质量(kg)
L-1 梁共计 5 根	①	5980	18	φ	6205	2	10	123
	②	5980	10	φ	6105	2	10	37.5
	③	390 566 4400 566 390	18	φ	6497	1	5	64.7
	④	890 566 3400 566 890	18	φ	6497	1	5	64.7
	⑤	400 150	6	φ	1198	31	165	41.3
备注		合计φ6=41.3kg, φ10=37.5kg, φ18=252.4kg						

3. 配料计算注意事项

在设计图纸中,钢筋配置的细节问题没有注明时,一般可按构造要求处理。

配筋计算时,要考虑钢筋的形状和尺寸在满足设计要求的前提下要有利于加工安装。

施工时,还要考虑施工需要的附加钢筋。例如,后张预应力构件预留孔道定位用的钢筋井字架、基础双层钢筋网中保证上层钢筋网位置的钢筋撑脚、墙面双层钢筋网中固定钢筋间距用的钢筋撑铁等。

(二)钢筋代换

在钢筋配料中如遇施工现场钢筋品种或规格与设计要求不符,需要代换时,可参照以下原则进行钢筋代换。

1. 代换原则

(1) 等强度代换:不同种类的钢筋代换,按抗拉强度值相等的原则进行代换。

(2) 等面积代换:相同种类和级别的钢筋代换,应按面积相等的原则进行代换。

2. 代换方法

(1) 等强度代换方法

如设计图中所用的钢筋设计强度为 f_{y1},钢筋总面积 A_{s1},代换后的钢筋设计强度为 f_{y2},钢筋总面积 A_{s2},则应使

$$A_{s1} f_{y1} \leqslant A_{s2} f_{y2} \qquad (4-2)$$

$$\because \qquad n_1 \cdot \pi \cdot (d_1^2/4) \cdot f_{y1} \leqslant n_2 \cdot \pi \cdot (d_2^2/4) \cdot f_{y2}$$

$$\therefore \qquad n_2 \geqslant (n_1 \cdot d_1^2 \cdot f_{y1})/(d_2^2 \cdot f_{y2}) \qquad (4-3)$$

式中 n_1——原设计钢筋根数;

124

n_2——代换后钢筋根数；

d_1——原设计钢筋直径；

d_2——代换后钢筋直径。

（2）等面积代换方法

$$A_{s1} \leqslant A_{s2} \tag{4-4}$$

$$n_2 \geqslant n_1 d_1^2 / d_2^2 \tag{4-5}$$

【例 4-2】 某墙体设计配筋为 $\phi 14@200$，施工现场现无此钢筋，拟用 $\phi 12$ 的钢筋代换，试计算代换后每米几根。

【解】 因钢筋的级别相同，所以可按面积相等的原则进行代换。

代换前墙体每米设计配筋的根数：$n_1 = 1000/200 = 5$（根）

$$\therefore \qquad n_2 \geqslant n_1 d_1^2 / d_2^2 = 5 \times 14^2 / 12^2 = 6.8$$

故取 $n_2 = 7$ 根，即代换后每米 7 根 $\phi 12$ 的钢筋。

3. 钢筋代换注意事项

钢筋代换时，应征得设计单位同意，并应符合下列规定：

（1）对重要构件，如吊车梁、薄腹梁桁架下弦等，不宜用光面钢筋代替变形钢筋，以免裂缝开展过大。

（2）钢筋代换后，应满足混凝土结构设计规范中所规定的钢筋间距、锚固长度、最小钢筋直径、根数等要求。

（3）当构件受裂缝宽度或挠度控制时，钢筋代换后应进行刚度、裂缝验算。

（4）梁的纵向受力钢筋与弯起钢筋应分别代换，以保证正截面与斜截面强度。偏心受压构件（如框架柱、有吊车的厂房柱、桁架上弦等）或偏心受拉构件作钢筋代换时，不取整个截面配筋量计算，应按受力面（受拉或受压）分别代换。

（5）有抗震要求的梁、柱和框架，不宜以强度等级较高的钢筋代换原设计中的钢筋。如必须代换时，尚应符合抗震对钢筋的要求。

（6）预制构件的吊环，必须采用未经冷拉的 HPB235 热轧钢筋制作，严禁以其他钢筋代换。

五、钢筋的加工

1. 钢筋加工包括调直、除锈、切断和弯曲成型等工作。

（1）调直：钢筋调直可利用冷拉进行。若冷拉只是为了调直，而不是为了提高钢筋强度，冷拉率可采用 $0.7\% \sim 1\%$，或拉到钢筋表面的氧化铁皮开始剥落为止。除利用冷拉调直外，粗钢筋还可以采用锤击的方法；直径为 $4 \sim 14mm$ 的钢筋可采用调直机进行调直。

（2）除锈：经冷拉或机械调直的钢筋，一般不必进行除锈。但对产生鳞片状锈蚀的钢筋，使用前应进行除锈。除锈的方法有：电动除锈机除锈；手工用钢丝刷、砂盘等除锈；喷砂及酸洗除锈。

（3）切断：钢筋下料时须按下料长度进行剪切。钢筋剪切可采用钢筋剪切机或手动剪切器，前者可切断直径 $12 \sim 40mm$ 的钢筋，后者一般只用于切断直径小于 $12mm$ 的钢筋。大于 $40mm$ 的钢筋需用氧乙炔焰或电弧割切。

（4）弯曲成型：钢筋切断后，要根据图纸要求弯曲成一定的形状。根据弯曲设备的特点及工地习惯进行划线，以便弯曲成所规定的（外包）尺寸。当弯曲形状比较复杂的钢筋时，可先放出实样，再进行弯曲。钢筋弯曲宜采用弯曲机，可弯直径 6～40mm 的钢筋。直径小于 25mm 的钢筋，当无弯曲机时也可采用板钩弯曲。

2. 钢筋加工的形状、尺寸应符合设计要求，其偏差应符合表 4-9 的规定。

钢筋加工的允许偏差   表 4-9

项　　　目	允许偏差(mm)
受力钢筋顺长度方向全长的净尺寸	±10
弯起钢筋的弯折位置	±20
箍筋内净尺寸	±5

六、钢筋的安装

钢筋的安装包括钢筋的现场绑扎、钢筋网与钢筋骨架的安装、植筋施工。钢筋安装的允许偏差见表 4-10。

钢筋安装位置的允许偏差和检验方法   表 4-10

项　　　目		允许偏差(mm)	检验方法
绑扎钢筋网	长、宽	±10	钢尺检查
	网眼尺寸	±20	钢尺量连续三档，取最大值
绑扎钢筋骨架	长	±10	钢尺检查
	宽、高	±5	钢尺检查
受力钢筋	间距	±10	钢尺量两端、中间各一点，取最大值
	排距	±5	
	保护层厚度　基础	±10	钢尺检查
	保护层厚度　柱梁	±5	钢尺检查
	保护层厚度　板墙壳	±3	钢尺检查
绑扎箍筋、横向钢筋间距		±20	钢尺量连续三档，取最大值
钢筋弯起点位置		20	钢尺检查

（一）植筋施工

在钢筋混凝土结构上钻出孔洞，注入胶粘剂，植入钢筋，待其固化后即完成植筋施工。用此法植筋犹如原有结构中的预埋筋，能使所植钢筋的技术性能得以充分利用。

植筋方法具有工艺简单、工期短、造价省、操作方便、劳动强度低、质量易保证等优点，为工程结构加固及解决与旧混凝土连接提出了一个全新的处理技术。

1. 植筋施工工艺

植筋施工过程：钻孔→清孔→填胶粘剂→植筋→凝胶。

（1）钻孔使用配套冲击电钻。钻孔时，孔洞间距与孔洞深度应满足设计要求。

（2）清孔时，先用吹气泵清除孔洞内粉尘等，再用清孔刷清孔，要经多次吹刷完成。

同时，不能用水冲洗，以免残留在孔中的水分削弱胶粘剂的作用。

（3）使用植筋注射器从孔底向外均匀地把适量胶粘剂填注孔内，注意勿将空气封入孔内。

（4）按顺时针方向把钢筋平行于孔洞走向轻轻植入孔中，直至插入孔底，胶粘剂溢出。

（5）将钢筋外露端固定在模架上，使其不受外力作用，直至凝结，并派专人现场保护。凝胶的化学反应时间一般为15min，固化时间一般为1h。

2. 钢筋胶粘剂

钢筋胶粘剂为软塑状的两个不同化学成分，分别装入两个管状箔包中，在两个箔包的端部设有特殊的连接器，然后再放入手动注射器中，扳动注射器将两个箔包中的不同组分挤出，在连接器中相遇后，再通过混合器将两个不同组分充分混合后，最终注入到所需植筋的孔洞中。

（二）钢筋网与钢筋骨架的安装

钢筋网与钢筋骨架的安装是指组装的成品运输至安装地点进行现场拼装的一种施工方法。这种方法施工速度快，受外界干扰因素较小。其施工工艺包括钢筋网与钢筋骨架的制作、运输、安装。一般钢筋网片的分块面积以 6～20m² 为宜，钢筋骨架的分段长度宜为 6～12m。

钢筋网与钢筋骨架，为防止在运输和安装过程中发生歪斜变形，应采取临时加固措施。

第三节　混凝土工程

混凝土是以胶凝材料水泥、水、细骨料、粗骨料，需要时掺入外加剂和矿物掺合料，按适当比例配合，经过均匀拌制、密实成型及养护硬化而成的人工石材。

混凝土工程施工工艺包括配料、搅拌、运输、浇筑、振捣和养护等施工过程。在整个混凝土工程施工过程中，各工序之间是紧密联系和相互影响的，我们必须保证每一工序的施工质量，以确保混凝土结构的强度、刚度、密实性和整体性。

混凝土工程施工工艺流程示意如图 4-29 所示。

图 4-29　混凝土工程工艺流程示意图

一、混凝土的配料

施工配料是保证混凝土质量的重要环节之一，必须加以严格控制。为了确保混凝土的质量，在施工中随时按砂、石骨料实际含水率的变化调整施工配合比和严格控制称量。

（一）施工配合比换算

混凝土实验室配合比是根据完全干燥的砂、石骨料制定的，但实际使用的砂、石骨料一般都含有一些水分，而且含水量又会随气候条件发生变化。所以施工时应及时测定砂、石骨料的含水量，并将混凝土实验室配合比换算成骨料在实际含水量情况下的施工配合比。

设实验室配合比为：水泥：砂子：石子$=1：x：y$ 并测得砂子的含水量为 W_x，石子的含水量为 W_y，则施工配合比应为：$1：x(1+W_x)：y(1+W_y)$。

按实验室配合比 $1m^3$ 混凝土水泥用量为 $C(kg)$，计算时确保混凝土水灰比（W/C）不变（W 为用水量），则换算后材料用量为：

水泥：$C'=C$

砂子：$C_砂=C_x(1+W_x)$

石子：$C_石=C_y(1+W_y)$

水：$W'=W-C_xW_x-C_yW_y$

【例 4-3】 设混凝土实验室配合比为：$1：2.56：5.5$，水灰比为 0.64，每 $1m^3$ 混凝土的水泥用量为 $251.4kg$，测得砂子含水量为 4%，石子含水量为 2%，求施工配合比及每立方米混凝土各种材料用量。

【解】 施工配合比为：$1：x(1+W_x)：y(1+W_y)=1：2.56(1+4\%)：5.5(1+2\%)$
$$=1：2.66：5.61$$

每 $1m^3$ 混凝土材料用量为：

水泥：$251.4kg$

砂子：$251.4×2.66=668.7(kg)$

石子：$251.4×5.61=1410.4(kg)$

水：$251.4×0.64-251.4×2.56×4\%-251.4×5.5×2\%=107.5(kg)$

（二）施工配料

求出每立方米混凝土材料用量后，还必须根据工地现有搅拌机出料容量确定每次需用几袋水泥，然后按水泥用量来计算砂石的每次拌用量。

【例 4-4】 按上例已知条件不变，如采用 JZ250 型搅拌机，出料容量为 $0.25m^3$，求每搅拌一盘的投料量。

【解】 搅拌机搅拌一盘混凝土时各种材料的投料量为：

水泥：$251.4×0.25=62.85(kg)$（取用一袋水泥，即 $50kg$）

砂子：$668.7×(50/251.4)=133.0(kg)$

石子：$1410.4×(50/251.4)=280.5(kg)$

水：$107.5×(50/251.4)=21.4(kg)$

为严格控制混凝土的配合比，搅拌混凝土时应根据计算出的各组成材料的重量准确投料。其重量偏差不得超过以下规定：水泥、外掺混合材料为 $±2\%$；粗、细骨料为 $±3\%$；水、外加剂溶液 $±2\%$。各种衡量器应定期校验，经常保持准确。骨料含水量应经常测定，雨天施工时，应增加测定次数。

（三）掺合外加剂和混合料

在混凝土施工过程中，经常掺入一定量的外加剂或混合料，以改善混凝土某些方面的性能。混凝土外加剂有：

（1）改善新拌混凝土流动性能的外加剂，包括减水剂（如木质素类、萘类、糖蜜类、水溶性树脂类）和引气剂（如松香热聚物、松香皂）；

（2）调节混凝土凝结硬化性能的外加剂，包括早强剂（如氯盐类、硫酸盐类、三乙醇胺）、缓凝剂和促凝剂等；

（3）改善混凝土耐久性的外加剂，包括引气剂、防水剂和阻锈剂等；

（4）为混凝土提供其他特殊性能的外加剂，包括加气剂、发泡剂、膨胀剂、胶粘剂、抗冻剂和着色剂等。常用的混凝土混合料有：粉煤灰、炉渣等。

由于外加剂或混合料的形态不同，使用方法也不相同，因此，在混凝土配料中，要采用合理的掺合方法，保证掺合均匀，掺量准确，才能达到预期的效果。

二、混凝土的搅拌

混凝土的搅拌，就是将水、水泥和粗、细骨料进行均匀拌合及混合的过程。同时，通过搅拌还可以使材料达到强化、塑化的作用。

（一）搅拌方法

混凝土搅拌方法主要有人工搅拌和机械搅拌两种。人工搅拌拌合质量差，水泥耗量多，只有在工程量很少时采用。目前工程中一般采用机械搅拌。

（二）混凝土搅拌机

混凝土搅拌机按搅拌原理分为自落式搅拌机和强制式搅拌机两类。自落式搅拌机多用于搅拌塑性混凝土和低流动性混凝土，适用于施工现场。强制式搅拌机主要用以搅拌干硬性混凝土和轻骨料混凝土，一般用于预制厂或混凝土集中搅拌站。

我国规定混凝土搅拌机以其出料容量（m³）×1000 为标定规格，故国内混凝土搅拌机的系列为：50，150，250，350，500，700，1000，1500 和 3000。

（三）搅拌制度

为拌制出均匀优质的混凝土，除正确地选择搅拌机的类型外，还必须正确地确定搅拌制度，其内容包括进料容量、搅拌时间与投料顺序等。

1. 进料容量

搅拌机的容量有三种表示方式，即出料容量、进料容量和几何容量。出料容量也即公称容量，是搅拌机每次从搅拌筒内可卸出的最大混凝土体积，几何容量则是指搅拌筒内的几何容积，而进料容量是指搅拌前搅拌筒可容纳的各种原材料的累计体积。

2. 搅拌时间

搅拌时间应为全部材料投入搅拌筒起，到开始卸料为止所经历的时间。它是影响混凝土质量及搅拌机生产率的一个主要因素。混凝土搅拌的最短时间可按表 4-11 确定。

混凝土搅拌的最短时间（s） 表 4-11

混凝土坍落度（mm）	搅拌机类型	搅拌机出料量（L）		
		<250	250～500	>500
≤30	强制式	60	90	120
	自落式	90	120	150

混凝土坍落度 （mm）	搅拌机类型	搅拌机出料量（L）		
		<250	250～500	>500
>30	强制式	60	60	90
	自落式	90	90	120

3．投料顺序

常用的方法有一次投料法、二次投料法和水泥裹砂法等。

（1）一次投料法：是在料斗中先装入石子，再加入水泥和砂子，然后一次投入搅拌机。

这种投料顺序是把水泥夹在石子和砂子之间，上料时水泥不致飞扬，而且水泥也不致粘在料斗底和鼓筒上。上料时水泥和砂先进入筒内形成水泥浆，缩短了包裹石子的过程，能提高搅拌机生产率。

（2）二次投料法：分为预拌水泥砂浆法和预拌水泥净浆法。

预拌水泥砂浆法是先将水泥、砂和水加入搅拌筒内进行充分搅拌，成为均匀的水泥砂浆后，再加入石子搅拌成均匀的混凝土。

预拌水泥净浆法是将水泥和水充分搅拌成均匀的水泥净浆后，再加入砂和石子搅拌成混凝土。

国内外的试验表明，二次投料法搅拌的混凝土与一次投料法相比较，混凝土强度可提高约 15%，在强度等级相同的情况下，可节约水泥 15%～20%。

（3）水泥裹砂法：又称为 SEC 法。是先将砂子表面进行湿度处理，控制在一定范围内，然后将处理过的砂子、水泥和部分水进行搅拌，使砂子周围形成黏着性很强的水泥糊包裹层。加入第二次水和石子，经搅拌，部分水泥浆便均匀地分散在已经被造壳的砂子及石子周围，最后形成混凝土。

采用该法制备的混凝土与一次投料法相比较，强度可提高 20%～30%，混凝土不易产生离析现象，泌水少，工作性好。

三、混凝土的运输

（一）对混凝土运输的要求

混凝土自搅拌机中卸出后，应及时运至浇筑地点，为保证混凝土的质量，对混凝土运输的基本要求是：

（1）混凝土运输过程中要能保持良好的均匀性、不离析、不漏浆；

（2）保证混凝土具有设计配合比所规定的坍落度；

（3）使混凝土在初凝前浇入模板并捣实完毕；

（4）保证混凝土浇筑能连续进行。

（二）混凝土运输工具

混凝土运输分为地面运输、垂直运输和楼面运输三种。

1．地面运输

地面水平运输的工具主要有：搅拌运输车、自卸汽车、机动翻斗车和手推车。混凝土运距较远时宜采用如图 4-30 所示的搅拌运输车，也可用自卸汽车；运距较近的场内运输宜用机动翻斗车，也可用手推车。

2. 垂直运输

图 4-30　混凝土搅拌运输车

混凝土垂直运输工具有：井架、塔式起重机及混凝土提升机等。

（1）井架运输机适用于多层工业与民用建筑施工时的混凝土运输。井架装有平台或混凝土自动倾卸料斗（翻斗）。混凝土搅拌机一般设在井架附近，当用升降平台时，手推车可直接推到平台上；用料斗时，混凝土可倾卸在料斗内。

（2）塔式起重机作为混凝土垂直运输的工具，一般均配有料斗。料斗的容积一般为 $0.3m^3$，上部开口装料，下部安装扇形手动闸门，可直接把混凝土卸入模板中。当搅拌站设在起重机工作半径范围内时，起重机可完成地面、垂直及楼面运输而不需要二次搬运。

（3）混凝土提升机是高层建筑混凝土垂直运输的最佳提升设备。它是由钢井架、混凝土提升斗、高速卷扬机等组成。提升速度可达 $50\sim100m/min$。一般每台容量为 $0.5m^3\times2$ 的双斗提升机，以 $75m/min$ 的速度提升 $120m$ 的高度时的输送能力可达 $20m^3/h$。

3. 楼面运输

楼面运输工具有：手推车、皮带运输机，也可用塔式起重机、混凝土泵等。楼面运输应采取措施保证模板和钢筋位置，防止混凝土离析等。

4. 泵送混凝土

泵送混凝土是利用混凝土泵通过管道将混凝土输送到浇筑地点，一次完成地面水平运输、垂直运输及楼面水平运输。泵送混凝土具有输送能力大、速度快、效率高、节省人力、能连续作业的特点。因此，它已成为施工现场运输混凝土的一种重要的方法。当前，泵送混凝土的最大水平输送距离可达 800m，最大垂直输送高度可达 300m。

（三）运输时间

混凝土应以最少的转运次数和最短的时间，从搅拌点运至浇筑地点，并在初凝前浇筑完毕。混凝土从搅拌机中卸出后到浇筑完毕的延续时间不宜超过表 4-12 的规定。

混凝土从搅拌机中卸出后到浇筑完毕的延续时间（min）　　　表 4-12

混凝土强度等级	气　　温		混凝土强度等级	气　　温	
	<25℃	≥25℃		<25℃	≥25℃
≤C30	120	90	>C30	90	60

注：1. 对掺用外加剂或采用快硬水泥拌制的混凝土其延续时间应按试验确定。

　　2. 对轻骨料混凝土，其延续时间应适当缩短。

四、混凝土的浇筑与振捣

混凝土的浇注成型工作包括布料、摊平、捣实、和抹面修整等工序。它对混凝土的密实性和耐久性，结构的整体性和外形的正确性等都有重要影响。

（一）混凝土浇筑前的准备工作

1. 模板的检查

（1）检查模板的形状、尺寸、位置、标高是否符合设计要求。

（2）检查模板的强度、刚度、稳定性。

（3）检查模板的接缝是否严密不漏浆。

（4）检查模板内的垃圾、泥土是否清除，木模板应浇水湿润但不得有积水。

2. 钢筋的检查

（1）钢筋的形状、尺寸、位置、直径、级别、数量、间距是否符合设计要求。

（2）钢筋的锚固长度、搭接长度、连接的方法是否符合规范的要求

（3）安装偏差是否在允许范围之内。

（4）保护层厚度是否符合要求。

（5）做好施工组织工作和安全技术交底，并做好隐蔽工程记录。

（二）混凝土浇筑

1. 混凝土浇筑的一般规定

（1）混凝土浇筑前不应发生初凝和离析现象。混凝土运至现场后，其坍落度应满足表 4-13 的要求。

混凝土浇筑时的坍落度（mm）　　　　　表 4-13

序号	结 构 种 类	坍落度
1	基础或地面等的垫层、无配筋的大体积结构(挡土墙、基础等)或配筋稀疏的结构	10～30
2	板、梁和大型及中型截面的柱子等	30～50
3	配筋密列的结构(薄壁、斗仓、筒仓、细柱等)	50～70
4	配筋特密的结构	70～90

（2）控制混凝土自由倾落高度以防离析。混凝土倾倒高度一般不宜超过 2m；竖向结构(如墙、柱)不宜超过 3m，否则，应采用串筒、溜槽或振动串筒下料，如图 4-31 所示。

图 4-31　溜槽与串筒

(a)溜槽；(b)串筒；(c)振捣串筒

1—溜槽；2—挡板；3—串筒；4—漏斗；5—节管；6—振动器

132

（3）浇筑竖向结构混凝土前，应先在底部填筑一层 50～100mm 厚与混凝土成分相同的水泥砂浆，然后再浇筑混凝土。

（4）为了使混凝土振捣密实，必须分层浇筑，每层浇筑厚度与振捣方法、结构配筋有关，应符合表 4-14 的规定。

混凝土浇筑层厚度（mm）   表 4-14

项次	捣实混凝土的方法		浇筑层的厚度
1	插入式振捣器		振捣器作用部分长度的 1.25 倍
2	表面式振捣器		200
3	人工捣固	在基础、无配筋混凝土或配筋稀疏的结构中	250
		在梁、墙板、柱结构中	200
		在配筋密列的结构中	150
4	插入式振捣器		300
	表面振动器（振动时需加压）		200

（5）混凝土应连续浇筑。当必须间歇时，间歇时间宜缩短，并应在下层混凝土初凝前，将上层混凝土浇筑完毕。混凝土从搅拌机中卸出，经运输、浇筑及间歇的全部时间不得超过有关规范的规定，否则应留置施工缝。

2. 施工缝的留设与处理

由于技术上的原因或设备、人力的限制，混凝土的浇筑不能连续进行，中间的间歇时间需超过混凝土的初凝时间，则应留置施工缝。所谓施工缝是指先浇的混凝土与后浇的混凝土之间的薄弱接触面。施工缝宜留在结构受力（剪力）较小且便于施工的部位。

（1）施工缝留设位置

根据施工缝留设的原则，一般柱应留水平缝，梁、板和墙应留垂直缝。施工缝留设具体位置如下：

1）柱子的施工缝宜留在基础顶面、梁或吊车梁牛腿的下面、吊车梁的上面和无梁楼盖柱帽下面，如图 4-32 所示；

图 4-32　柱子施工缝的位置
(a)肋形楼板柱；(b)无梁楼板柱；(c)吊车梁柱
1—施工缝；2—梁；3—柱帽；4—吊车梁；5—屋架

2）与板连为一体的大截面梁，施工缝应留在板底面以下 20～30mm 处；

3）单向板留在平行于板短边的任何位置；

4）有主次梁的楼盖，宜顺次梁方向浇筑，施工缝留在次梁跨度中间 1/3 范围内，如图 4-33 所示；

5）楼梯的施工缝应留置在楼梯长度中间 1/3 范围内；

6）墙的施工缝应留置在门洞过梁跨中的 1/3 范围内，也可留在纵横墙的交接处。

双向受力楼板、大体积混凝土结构、拱、薄壳、蓄水池等复杂结构工程的施工缝应按设计要求留置。

（2）施工缝的处理

在施工缝处继续浇筑混凝土时，已浇筑的混凝土抗压强度应不小于 1.2MPa，以抵抗继续浇筑混凝土时扰动。

图 4-33　有梁板的施工缝位置
1—柱；2—主梁；3—次梁；4—板

施工缝处浇筑混凝土前，应除去施工缝表面的浮浆、松动的石子和软弱的混凝土层；凿毛、洒水湿润、冲刷干净；然后浇一层 10～15mm 厚的水泥浆（水泥：水＝1：0.4）或与混凝土成分相同的水泥砂浆，以保证接缝的质量。混凝土浇筑过程中，施工缝处应细致捣实，使其紧密结合。

3．后浇带的施工

后浇带是在现浇混凝土结构施工过程中，克服由于温度、收缩而可能产生有害裂缝而设置的临时施工缝。该缝需根据设计要求保留一段时间后再浇筑混凝土，将整个结构连成整体。

后浇带的留置位置应按设计要求和施工技术方案确定。在正常的施工条件下，有关规范对此的规定是：如混凝土置于室内和土中，后浇带的设置距离为 30m，露天为 20m。

后浇带的保留时间应根据设计确定，若设计无要求时，一般至少保留 28d 以上。

后浇带的宽度应考虑施工简便，避免应力集中。一般其宽度为 700～1000mm。后浇带内的钢筋应完好保存。后浇带的构造，如图 4-34 所示。

图 4-34　后浇带构造图
（a）平接式；（b）企口式；（c）台阶式

后浇带混凝土浇筑应严格按照施工技术方案进行。在浇筑混凝土前，必须将整个混凝土表面按照施工缝的要求进行处理。填充后浇带混凝土可采用微膨胀或无收缩水泥，也可采用普通水泥加入相应的外加剂拌制，但必须要求填筑混凝土的强度等级比原来结构强度提高一级，并保持至少 15d 的湿润养护。

4. 大体积混凝土浇筑

大体积混凝土指的是最小断面尺寸大于 1m 的混凝土结构，其尺寸已经大到必须采用相应的技术措施妥善处理温度差值，合理解决温度应力并控制裂缝开展的混凝土结构。

大体积混凝土结构在工业建筑中多为设备基础，在高层建筑中多为桩基承台或厚大基础底板等。其施工特点有：结构整体性要求高，一般不留施工缝，要求整体浇筑；结构体积大，水泥水化热温度应力大，要预防混凝土早期开裂；混凝土体积大，泌水多，施工中对泌水应采取有效措施。

大体积混凝土的裂缝控制问题是一项国际性的技术难题。虽然有许多研究成果，但在工程实践中仍需要不断探索。

(1) 早期温度裂缝预防

要防止大体积混凝土产生温度裂缝就要避免水泥水化热的积聚，使混凝土内外温差不超过 25℃。为此，要优先采用水化热低的水泥(如矿渣硅酸盐水泥)，降低水泥用量，掺入适量的粉煤灰，降低浇筑速度或减小浇筑厚度。施工中应采取以下措施：

1) 降低混凝土成型时的温度。混凝土成型时的温度取决于混凝土拌合物的温度。混凝土拌合物的温度与水、水泥、砂、石的用量及温度有关。

2) 降低水泥水化热。选用水化热低的水泥品种，如矿渣硅酸盐水泥。要采取措施降低水泥用量，如掺入减水剂和掺合料。

3) 提高混凝土的表面温度。对大体积混凝土表面实行保温潮湿养护，使其保持一定温度，或采取加温措施，是防止大体积混凝土表面开裂的有效措施。

(2) 整体浇筑方案

大体积混凝土的浇筑，应根据整体连续浇筑的要求，结合结构实际尺寸的大小、钢筋疏密、混凝土供应条件等具体情况，分别选用不同的浇筑方案，以保证结构的整体性。常用的混凝土浇筑方案有以下三种：

1) 全面分层(图 4-35a)。即将整个结构浇筑层分为数层浇筑，在已浇筑的下层混凝土尚未凝结时，即开始浇筑第二层，如此逐层进行，直至浇筑完毕。这种浇筑方案一般适用于结构平面尺寸不大的工程。施工时宜从短边开始，沿长边方向进行。

2) 分段分层(图 4-35b)。即将基础划分为几个施工段，施工时从底层一端开始浇筑混凝土，进行到一定距离后就回头浇筑该区段的第二层混凝土，如此依次向前浇筑其他各段(层)。这种浇筑方案适用于厚度较薄而面积或长度较大的结构。

3) 斜面分层(图 4-35c)。即混凝土浇筑时，不再水平分层，由底一次浇筑到结构面。这种浇筑方案适用于长度大大超过厚度的结构，也是大体积混凝土底板浇筑时应用较多的一种方案。

图 4-35 大体积混凝土浇筑方案
(a)全面分层方案；(b)分段分层方案；(c)斜面分层方案

5. 水下浇筑混凝土

在干地拌制而在水下浇筑和硬化的混凝土，叫做水下浇筑混凝土，简称水下混凝土。水下混凝土的应用范围很广，如沉井封底、钻孔灌注桩浇筑、地下连续墙浇筑、水中浇筑基础结构以及一系列桥墩、水工和海工结构的施工等。

水下浇筑混凝土常采用导管法。水下浇筑混凝土一般不进行振捣，是依靠自重（或压力）和流动性进行摊平和密实。因此要求混凝土拌合物应该具有较好的和易性、良好的流动性保持能力、较小的泌水率和一定的表观密度。水下混凝土宜选用颗粒细、泌水率小、收缩性小的水泥，如硅酸盐水泥和普通水泥。对细骨料宜选用石英含量高，颗粒浑圆，具有平滑筛分曲线的中砂，砂率宜为 40%～47%。对粗骨料宜选用卵石，当需要增加水泥砂浆与骨料的胶结力时，可以掺入 20%～25% 的碎石。

6. 喷射混凝土

喷射混凝土是利用压缩空气把混凝土由喷射机的喷嘴以较高的速度（50～70m/s）喷射到岩石、工程结构或模板的表面。在隧道、涵洞、竖井等地下建筑物的混凝土支护、薄壳结构和喷锚支护等都有广泛的应用，具有不用模板、施工简单、劳动强度低、施工进度快等优点。

喷射混凝土施工工艺分为干式和湿式两种。混凝土在"微潮"（水灰比 0.1～0.2）状态下输送至喷嘴处加压喷出者，为干式喷射混凝土；将水灰比为 0.45～0.50 的混凝土拌合物输送至喷嘴处加压喷出者，为湿式喷射混凝土。湿式与干式喷射混凝土相比，湿式混凝土喷射施工具有施工条件好，混凝土的回弹量小等优点，应用较为广泛。

7. 常用特种混凝土

(1) 纤维混凝土

目前发展起来的纤维增强混凝土，应用最广的是钢纤维增强混凝土、玻璃纤维增强混凝土和聚丙烯类纤维增强混凝土。前者在国内已经制成高强纤维混凝土，抗压强度 100～110MPa，抗弯强度也接近 15MPa，抗冲击强度为普通混凝土的 3.6～6.3 倍。

纤维混凝土与普通混凝土相比，虽有许多优点，但毕竟代替不了钢筋混凝土。人们开始在配有钢筋的混凝土中掺加纤维，使其成为钢筋-纤维复合混凝土，这又为纤维混凝土的应用开发了一条新途径。

1) 钢纤维混凝土

在混凝土拌合物中，掺入适量的钢纤维，可配成一种既可浇筑又可喷射的特种混凝土，这就是钢纤维混凝土。与普通混凝土相比，钢纤维混凝土抗拉、抗弯强度及耐磨、耐冲击、耐疲劳、韧性和抗裂、抗暴等性能都可得到提高。因为大量很细的钢纤维均匀地分散在混凝土中，与混凝土接触的面积很大，因而，在所有的方向，都使混凝土的强度得到提高，大大改善了混凝土的各项性能。

2) 聚丙烯纤维混凝土

聚丙烯纤维增强水泥基材有两种不同的方式：连续网片和短切纤维。

聚丙烯纤维的使用非常方便，根据配合比掺量，将适量纤维（体积掺量 0.05%～0.15%）加入料斗中的骨料一同送入搅拌机加水搅拌即可。近年来聚丙烯纤维已经先后应用于各种工程中，如高速公路修补路面，公路收费站特殊路段；桥梁；地下室工程结构性自防水、外墙抹灰、仓库地板、屋面防水等许多方面。

3）碳纤维片材加固混凝土结构技术

用于土木建筑结构加固的碳纤维片材加固修补混凝土结构技术是一种新型的结构加固技术，主要利用树脂类粘结材料将碳纤维片材粘结于混凝土表面，以达到对结构及构件加固补强的目的。

4）玻璃纤维混凝土

玻璃纤维混凝土是由玻璃纤维与水泥混凝土复合的材料。主要用于制作复合外墙板（以岩棉、泡沫聚苯等作芯材）、隔墙板、阳台栏板、垃圾道和通风道、卫生盒子间等。

（2）聚合物水泥混凝土

聚合物水泥混凝土是由水泥混凝土和高分子材料有机结合而成的一种性能比普通混凝土优越的复合材料。聚合物水泥混凝土配制比较简单，只要利用现有普通混凝土的生产设备，将聚合物同水泥、骨料、水一起搅拌即可。

将聚合物搅拌在混凝土中，聚合物在混凝土内形成膜状体，填充水泥水化产物和骨料之间的空隙，与水泥水化物结成一体，起到增强同骨料粘结的作用，从而使聚合物水泥混凝土比普通混凝土具有优良的特性：如提高了普通混凝土的密实度和强度，而且显著地增加抗拉、抗弯强度，不同程度地改善了耐化学腐蚀性能和减少收缩变形等。

（3）耐火混凝土

耐火混凝土是一种能长期承受高温作用（200℃以上），并在高温下保持所需要的物理力学性能（如有较高的耐火度、热稳定性、荷重软化点以及高温下较小的收缩等）的特种混凝土。它是由耐火骨料（粗细骨料）与适量的胶结料（有时还有矿物掺合料或有机掺合料）和水按一定比例配制而成。耐火混凝土按其胶结料不同，有水泥耐火混凝土和水玻璃耐火混凝土等；按其骨料的不同，有黏土熟料耐火混凝土、高炉矿渣耐火混凝土和红砖耐火混凝土等。

（4）补偿收缩混凝土

当混凝土的体积受到约束时，因其体积膨胀而产生的压应力（0.2～0.7MPa）全部或大部分补偿了因水泥硬化收缩而产生的拉应力，这种混凝土即称为补偿收缩混凝土。应用补偿收缩混凝土的目的，是为了防止裂缝的产生，它常用于钢筋混凝土后浇带的灌缝连接等。

（5）水下不分散混凝土

水下不分散混凝土技术是借助于混凝土外加剂——絮凝剂的应用，即在普通混凝土中加入絮凝剂后，使混凝土在水中浇筑不离析、不分散，水泥不流失，能自流平、自密实，使浇筑的混凝土优质均匀，凝结硬化后其物理力学性能和耐久性与普通混凝土类同。

（三）混凝土的振捣

混凝土浇入模板后，由于内部骨料和砂浆之间摩阻力与粘结力作用，混凝土流动性很低，不能自动充满模板内各角落，其内部是疏松的，空气与气泡含量占混凝土体积约5%～20%。不能达到要求的密实度，必须进行适当的振捣，促使混凝土混合物克服阻力并逸出气泡消除空隙，使混凝土满足设计要求的强度等级和足够的密实度。

混凝土捣实分人工捣实和机械振实两种方式。

混凝土振捣设备按其工作方式分为内部振动器、表面振动器、外部振动器和振动台，如图 4-36 所示。

图 4-36　振动机械示意图
(a)内部振动器；(b)外部振动器；(c)表面振动器；(d)振动台

1. 内部振动器

内部振动器又称插入式振动器，其构造如图 4-37 所示。常用来捣实梁、柱、墙、基础和大体积混凝土。

图 4-37　插入式振动器
1—电动机；2—软轴；3—振动棒

2. 外部振动器

外部振动器又称附着式振动器，如图 4-38 所示。是将一个带偏心块的电动振动器利用螺栓或夹具固定在构件模板外侧，振动动力通过模板传给混凝土。适用于振捣钢筋密集、断面尺寸小于 250mm 的构件及不宜使用插入式振动器的构件，如墙体、薄腹梁等。

图 4-38　附着式振动器

3. 表面振动器

表面振动器又称平板振动器，是将附着式振动器固定在一块底板上而成。它适用于振实楼板、地面、板形构件和薄壳等构件。

4. 振动台

振动台是将模板和混凝土构件放于平台上一起振动，主要用于预制构件的生产。适用于预制构件厂生产预制构件。

五、混凝土的养护

混凝土成型后，为保证水泥能充分进行水化反应，应及时进行养护。养护的目的就是为混凝土硬化创造必要湿度和温度条件，防止由于水分蒸发或冻结造成混凝土强度降低和出现收缩裂缝、剥皮、起砂和内部疏松等现象，确保混凝土质量。

混凝土养护的方法一般有自然养护和加热养护。

1. 自然养护

自然养护是指在室外平均气温高于5℃的条件下，选择适当的覆盖材料并适当浇水，使混凝土在规定的时间内保持湿润环境。自然养护又分为洒水养护、薄膜布养护和喷洒薄膜养生液养护等。

(1) 洒水养护是用吸水保温能力较强的材料将混凝土覆盖，经常洒水使其保持湿润。应符合下列规定：

1) 混凝土浇筑完毕后12h以内应进行覆盖并浇水养护。

2) 浇水养护日期与水泥品种有关。对于硅酸盐水泥和矿渣硅酸盐水泥拌制的混凝土，不得少于7d；对于掺用缓凝型外加剂或有抗渗性要求的混凝土及火山灰质硅酸盐水泥和粉煤灰硅酸盐水泥拌制的混凝土，不得少于14d。

3) 浇水的次数以能保持混凝土湿润状态为准。

4) 养护用水与拌制水相同。

5) 如平均气温低于+5℃时，不得浇水，应按冬季施工要求保温养护。

(2) 喷涂薄膜养护

它是将过氯乙烯树脂养护剂用喷枪喷涂在混凝土表面上，溶剂挥发后在混凝土表面形成一层塑料薄膜，将混凝土与空气隔绝，阻止其中水分的蒸发以保证水泥水化作用的正常进行。喷涂薄膜适用于不宜洒水养护的高耸构筑物、缺水地区和大面积混凝土结构。

(3) 薄膜布养护

薄膜布养护是采用不透水、气的布覆盖在混凝土表面，保证混凝土在不失水的情况下得到充足的养护。这种养护方法不必浇水，操作方便，能重复使用，提高混凝土的早期强度。

2. 蒸汽养护

蒸汽养护就是将构件放置在有饱和蒸汽或蒸汽空气混合物的养护室内，在较高的温度和相对湿度的环境中进行养护，以加速混凝土的硬化，使混凝土在较短的时间内达到规定的强度标准值。蒸汽养护主要用于预制构件厂生产预制构件。

第四节　混凝土冬期施工

一、混凝土冬期施工的特点

《建筑工程冬期施工规程》JGJ 104—97规定：凡根据当地多年气温资料，室外日平均气温连续5天稳定低于5℃时，混凝土结构工程应按冬期施工要求组织施工。冬期施工时，气温低，水泥水化作用减弱，新浇混凝土强度增加明显地延缓，当气温降到0℃以下时，水泥水化作用基本停止，混凝土强度亦停止增长。特别是温度降到混凝土冰点温度以下时，混凝土中的游离水开始结冰，结冰后的水体积膨胀约9%。实验证明，混凝土的早期冻害是由于内部的水结冰所致。混凝土在浇筑后立即受冻，抗压强度约损失50%，抗拉强度约损失40%，受冻前混凝土养护时间愈长，所达到的强度就高，水化物生成就多，能结冰的游离水就少，强度损失就越低。试验还证明，混凝土遭受冻结带来的危害与遭冻的时间早晚、水灰比、水泥强度等级、养护温度等有关。

冬期浇筑的混凝土在受冻以前必须达到的最低强度称为混凝土受冻临界强度。我国规范规定：在受冻前，混凝土受冻临界强度应分别达到下列要求：硅酸盐水泥或普通硅酸盐水泥配制的混凝土不得低于其设计强度标准的 30%；矿渣硅酸盐水泥配制的混凝土不得低于其设计强度标准值的 40%；掺防冻剂的混凝土，温度降低到防冻剂规定的温度以下时，混凝土的强度不得低于 $3.5N/mm^2$。

二、混凝土冬期施工的要求

一般情况下，混凝土冬期施工要求在正温下浇筑，正温下养护，使混凝土强度在冰冻前达到受冻临界强度，在冬期施工时对原材料和施工过程均要求采取必要的措施，以保证混凝土的施工质量。

（一）对材料的要求及加热

1. 对水泥的要求

水泥应优先选用活性高、水化热大的硅酸盐水泥和普通硅酸盐水泥。水泥的强度等级不应低于 32.5R 级。最小水泥用量不宜少于 $300kg/m^3$。水灰比不应大于 0.6。使用矿渣硅酸盐水泥时，宜采用蒸汽养护，使用其他品种水泥，应注意其中掺合材料对混凝土抗冻、抗渗等性能的影响。冷混凝土法施工宜优先选用含引气成分的外加剂，含气量宜控制在 2%～4%。掺用防冻剂的混凝土，严禁使用高铝水泥。

2. 对粗、细骨料的要求

混凝土所用的骨料必须清洁，不得含有冰雪等冰结物及易冻裂的矿物质。冬期骨料所用贮备场地应选择地势较高不积水的地方。

3. 冬期施工对组成混凝土材料的加热，应优先考虑加热水，因为水的热容量大，加热方便，但加热温度不得超过表所规定的数值。水泥不得与 80℃ 以上的水直接接触，以免"假凝"。水泥不得直接加热，使用前宜运入暖棚存放。

4. 冬期浇筑的混凝土，宜使用无氯盐类防冻剂，对抗冻性要求高的混凝土，宜使用引气剂或引气减水剂。

（二）混凝土的搅拌、运输和浇筑

1. 混凝土的搅拌

混凝土不宜露天搅拌，应尽量搭设暖棚，优先选用大容量的搅拌机，以减少混凝土的热损失。混凝土搅拌时间应根据各种材料的温度情况，考虑相互间的热平衡过程，可通过试拌确定延长的时间，一般为常温搅拌时间的 1.25～1.5 倍。搅拌时为防止水泥出现"假凝"现象，应在水、砂、石搅拌一定时间后再加入水泥。搅拌混凝土时，骨料中不得带有冰、雪及冻团。

拌制掺用外加剂的混凝土，外加剂应随水加入。

配制与加入外加剂，应设专人负责并作好记录，应严格按剂量要求掺入。

混凝土拌合物的出机温度不宜低于 10℃。

2. 混凝土的运输

混凝土的运输过程是热损失的关键阶段，应采取必要的措施减少混凝土的热损失，同时应保证混凝土的和易性。常用的主要措施为减少运输时间和距离；使用大容积的运输工

140

具并采取必要的保温措施。保证混凝土入模温度不低于 5℃。

3. 混凝土的浇筑

混凝土在浇筑前，应清除模板和钢筋上的冰雪和污垢，尽量加快混凝土的浇筑速度，防止热量散失过多。当采用加热养护时，混凝土养护前的温度不得低于 2℃。

冬期施工混凝土振捣应用机械振捣，振捣时间应比常温有所增加。

三、混凝土冬期的施工方法

混凝土工程冬期施工方法是保证混凝土在硬化过程中防止早期受冻所采取的各种措施并根据自然气温条件、结构类型、工期要求来确定混凝土工程冬期施工方法。

混凝土冬期施工方法主要有两大类，第一类为蓄热法、暖棚法、蒸汽加热法和电热法，这类冬期施工方法，实质是人为地创造一个正温环境，以保证新浇筑的混凝土强度能够正常的不断的增长，甚至可以加速增长；第二类为冷混凝土法，这类冬期施工方法，实质是在拌制混凝土时，加入适量的外加剂，可以适当降低水的冰点，使混凝土中的水在负温下保持液相，从而保证了水化作用的正常进行，使得混凝土强度得以在负温环境中持续地增长。这种方法一般不再对混凝土加热。

在选择混凝土冬期施工方法时，应保证混凝土尽快达到冬期施工临界强度，避免遭受冻害，一个理想的施工方案，首先应当在杜绝混凝土早期受冻的前提下，在最短的施工期限内，用最低的冬期施工费用，获得优良的施工质量。

（一）蓄热法

蓄热法是混凝土浇筑后，利用原材料加热及水泥水化热的热量，通过适当保温延缓混凝土冷却，使混凝土冷却到 0℃ 以前达到预期要求强度的施工方法。

蓄热法施工方法简单，费用较低，较易保证质量。当室外最低温度不低于 −15℃ 时，地面以下的工程或表面系数不大于 10 的结构应优先采用蓄热法养护。

（二）冷混凝土法

冷混凝土法是在混凝土中加入适量的抗冻剂、早强剂，减水剂，使混凝土在负温下能继续水化，增长强度。使混凝土冬期施工工艺简化，节约能源，降低冬期施工费用，是冬期施工最有发展前途的施工方法。

1. 常用外加剂的类型

（1）减水剂：能改善混凝土的和易性及拌合用水量，降低水灰比，提高混凝土的强度和耐久性。常用的减水剂有木质素系减水剂、苯磺酸盐系减水剂、水溶性树脂减水剂。

（2）早强剂：早强剂是加速混凝土早期强度发展的外加剂，可以在常温、低温或负温（不低于 −5℃）条件下加速混凝土硬化过程。常用的早强剂主要有氯化钠、氯化钙、硫酸钠、亚硝酸钠、三乙醇胺、碳酸钾等。

大部分早强剂同时具有降低水的冰点，使混凝土在负温情况下继续水化，增加强度，起到防冻的作用。

（3）引气剂：引气剂是指在混凝土搅拌过程中，引入无数微小气泡，改善混凝土拌合物的和易性和减少用水量，并显著提高混凝土的抗冻性和耐久性。常用的引气剂有松香热聚物、松香皂、烷基苯磺酸盐等。

（4）阻锈剂：氯盐类外加剂对混凝土中的金属预埋件有腐蚀作用。阻锈剂能在金属表面形成一层氧化膜，阻止金属的锈蚀。常用的阻锈剂有亚硝酸钠、重铬酸钾等。

2. 混凝土中外加剂的应用

混凝土冬期施工中外加剂的配用，应满足抗冻、早强的需要；对结构钢筋无锈蚀作用；对混凝土后期强度和其他物理化学性能无不良影响；同时应适应结构工作环境的需要。单一的外加剂常不能完全满足混凝土冬期施工的要求，一般宜采用复合配方。常用的复合配方有下面几种类型：

（1）氯盐类外加剂：主要有氯化钠、氯化钙，其价廉、易购买，但对钢筋有锈蚀作用，一般钢筋混凝土中掺用，按无水状态计算不得超过水泥量的1%；无筋混凝土中，采用热材料拌合的混凝土，氯盐掺量不得大于水泥重量的3%；采用冷材料拌制时，氯盐掺量不得大于拌合水重量的15%。掺用氯盐的混凝土必须振捣密实，且不宜采用蒸汽养护。

在下列工作环境中的钢筋混凝土结构中不得掺用氯盐：

1）在高湿度空气环境中使用的结构；

2）处于水位升降部位的结构；

3）露天结构或经常受水淋的结构；

4）有镀锌钢材或与铝铁相接触部位的结构，以及有外露钢筋、预埋件而无防护措施的结构；

5）与含有酸、碱和硫酸盐等侵蚀性介质相接触的结构；

6）使用过程中经常处于环境温度为60℃以上的结构；

7）使用冷拉钢筋或冷拔低碳钢丝的结构；

8）薄壁结构、吊车梁、屋架、落锤或锻锤基础等结构；

9）电解车间和直接靠近直流电源的结构；

10）直接靠近高压（发电站、变电所）的结构；

11）预应力混凝土结构。

（2）硫酸钠-氯钾钠复合外加剂有硫酸钠2%、氯化钠1%～2%和亚硝酸钠1%～2%组成。当气温在-3～-5℃时，氯化钠和亚硝酸钠掺量分别为1%；当气温在-5～-8℃时，其掺量分别为2%。这种配方的复合外加剂不能用于高温湿热环境及预应力结构。

（3）亚硝酸钠-硫酸钠复合外加剂由2%～8%的亚硝酸钠和2%的硫酸钠组成。当气温分别为-3℃、-5℃、-8℃、-10℃时，亚硝酸钠的掺量分别为2%、4%、6%、8%。亚硝酸钠-硫酸钠复合外加剂在负温下有较好的促凝作用，能使混凝土强度较快增长，且对混凝土有塑化作用，对钢筋无锈蚀作用。

使用硫酸钠复合外加剂时，易先将其溶解在30～50℃的温水中，配成浓度不大于20%的溶液。施工时混凝土的出机温度不宜低于10℃，浇筑成型后的温度不宜低于5℃，在有条件时，应尽量提高混凝土的温度，建筑成型后应立即覆盖保温，尽量延长混凝土的正温养护时间。

（4）三乙醇胺复合外加剂由三乙醇胺适量、氯化钠、亚硝酸钠组成，当气温低于-15℃时，还可掺入适量的氯化钙。三乙醇胺在早期正温条件下起早强作用，当混凝土内部温度下降到 0℃ 以下时，氯盐又在其中起抗冻作用使混凝土继续硬化。混凝土浇筑入仓温度应保持在 15℃ 以上，浇筑成型后应马上覆盖保温，使混凝土在 0℃ 以上温度达 72h 以上。

混凝土冬期掺外加剂施工时，混凝土的搅拌、浇筑及外加剂的配制必须设专人负责，其掺量和使用方法严格按产品说明执行。搅拌时间应比常温条件下适当延长，按外加剂的种类及要求严格控制混凝土的出机温度，混凝土的搅拌、运输、浇筑、振捣、覆盖保温应连续作业，减少施工过程的热量损失。

（三）综合蓄热法

综合蓄热法是在掺化学外加剂的混凝土浇筑后，利用原材料加热及水泥水化热，通过适当保温，延缓混凝土冷却速度，使混凝土温度降到 0℃ 或设计规定温度前达到预期要求强度的施工方法。

复习思考题

1. 钢筋闪光对焊工艺有几种？如何选用？

2. 钢筋闪光对焊接头质量检查包括哪些内容？

3. 电弧焊接头有哪几种形式？如何选用？质量检查内容有哪些？

4. 如何计算钢筋下料长度及编制钢筋配料单？

5. 钢筋加工工序和绑扎、安装要求。绑扎接头有何规定？

6. 钢筋工程检查验收包括哪几方面？应注意哪些问题？

7. 试述模板的作用。对模板及其支架的基本要求有哪些？模板有哪些类型？各有何特点？适用范围怎样？

8. 基础、柱、梁、楼板结构的模板构造及安装要求有哪些？

9. 试述定型组合钢模特点、组成及组合钢模配板原则。

10. 混凝土工程施工包括哪几个施工过程？

11. 混凝土施工配合比怎样根据实验室配合比求得？施工配料怎样计算？

12. 混凝土搅拌参数指什么？各有何影响？什么是一次投料、二次投料？各有何特点？二次投料对混凝土强度为什么会提高？

13. 混凝土运输有哪些要求？有哪些运输工具机械？各适用于何种情况？

14. 混凝土浇筑前对模板钢筋应作哪些检查？

15. 混凝土浇筑基本要求有哪些？怎样防止离析？

16. 什么是施工缝？留设位置怎样？继续浇筑混凝土时，对施工缝有何要求？如何处理？

17. 多层钢筋混凝土框架结构施工顺序、施工过程和柱、梁、板浇筑方法怎样？怎样组织流水施工？

18. 什么是混凝土的自然养护？自然养护有哪些方法？具体做法怎样？混凝土拆模强度怎样？

习　题

1. 计算图 4-39 所示钢筋的下料长度。

图 4-39　习题 1 附图

2. 某梁设计主筋为 3 根直径为 20mm 的 HRB 335 级钢筋（$f_{y1}=335\text{N/mm}^2$），今现场无该级钢筋，拟用直径为 24mm 的 HPB 235 级钢筋（$f_{y2}=235\text{N/mm}^2$）代换，试计算需几根钢筋？若用直径为 20mm 的 HPB235 级钢筋代换，当梁宽为 250mm 时，钢筋按一排布置能排下否？

3. 某混凝土实验室配合比为 1：2.12：4.37，$W/C=0.62$，每 1 立方米混凝土水泥用量为 290kg，实测现场砂含水率 3%，石含水率 1%。

试求：① 施工配合比？

② 当用 250 升（出料容量）搅拌机搅拌时，每拌一次投料水泥、砂、石、水各多少？

第五章　预应力混凝土工程

1928 年法国弗莱西奈首先研究成功后，预应力混凝土工程在世界各国得到了广泛的推广利用。

普通钢筋混凝土构件在荷载作用下，受拉区的混凝土容易开裂。为了提高构件的抗裂性，并使高强度钢材能充分发挥作用，在构件承受荷载以前，可在混凝土构件受拉区预先施加压应力。当构件在荷载作用下产生拉应力时，首先要抵消混凝土的预压应力，然后随着荷载的不断增加，受拉区的混凝土受到拉应力，从而大大改善了受拉区混凝土的受力性能，推迟了裂缝的出现和限制了裂缝的开展。这种在混凝土构件受荷载以前，对受拉区预先施加压应力的混凝土，称为预应力混凝土。

我国 1950 年开始采用预应力混凝土结构，目前无论是在数量方面还是在结构类型方面均得到迅速发展。预应力技术已经从开始的单个构件发展到预应力结构体系的新阶段。例如，无粘结预应力现浇平板结构、装配式整体预应力板柱结构、预应力薄板叠合板结构和大跨度部分预应力框架结构等。

实验表明，普通钢筋混凝土构件的抗拉极限应变值只有 0.0001～0.00015，即相当于每 1m 只允许被拉长 0.1～0.15mm，超过此值混凝土就会开裂。如果要使混凝土不开裂，构件内的受拉钢筋应力只能达到 20～30N/mm²。如果允许构件开裂，且裂缝宽度限制在 0.2～0.3mm 时，构件内的受拉钢筋应力也只能达到 150～250N/mm²。因此，在普通混凝土构件中采用高强钢材以达到节约钢材的目的就受到限制。采用预应力混凝土是解决这一问题的有效办法。

预应力混凝土与普通钢筋混凝土相比，能提高构件的抗裂性、刚度和耐久性，并可节约钢材，减轻结构自重，因此在国内外得到广泛应用。

预应力混凝土结构中的钢筋有非预应力钢筋和预应力钢筋。非预应力钢筋可采用 HPB235、HRB335、HRB400 级钢筋和冷拔钢丝；预应力钢筋有冷拉 HRB335、HRB400、HRB500 级钢筋及冷拉钢丝、刻痕钢丝和钢绞线。

为了使预应力混凝土结构中的钢筋与混凝土共同工作、共同受力，提高两者的粘结力，增加锚固能力，所用的混凝土强度等级不宜低于 C30；当采用钢丝、钢绞线、热处理钢筋作预应力钢筋时，混凝土强度等级不宜低于 C40。

预应力混凝土按施工方法的不同可分为先张法和后张法两大类；按钢筋张拉方式不同可分为机械张拉法、电热张拉法与自应力张拉法等。

第一节　先　张　法

先张法是在浇筑混凝土之前，先张拉预应力钢筋，并将预应力筋临时固定在台座或钢模上，待混凝土达到一定强度（一般不低于混凝土设计强度标准值的 75%），混凝土与预

145

应力筋具有一定的粘结力时,放松预应力筋,在预应力筋的弹性回缩力作用下,借助于混凝土与预应力筋之间的粘结力,对构件受拉区的混凝土产生预压应力。图 5-1 为预应力混凝土构件先张法(台座)生产示意图。

图 5-1 预应力混凝土台座先张法施工
(a)预应力筋张拉;(b)混凝土浇筑与养护;(c)预应力筋放张
1—台座;2—预应力筋;3—夹具;4—混凝土构件

先张法适用于生产定型的中小型构件,如空心板、屋面板、吊车梁、檩条等。先张法施工中常用的预应力筋有钢丝和钢筋两类。

先张法生产有台座法、台模法两种。用台座法生产时,预应力筋的张拉、锚固、构件浇筑、养护和预应力筋放松等工序都在台座上进行,预应力筋的张拉力由台座承受。台模法为机组流水、传送带生产方法,此时预应力筋的张拉力由钢台模承受。

本节主要介绍台座法生产预应力混凝土构件的预应力施工方法。

一、台座

用台座法生产预应力混凝土构件时,预应力筋锚固在台座横梁上,台座承受全部预应力筋的拉力,故台座应有足够的强度、刚度和稳定性,以免因台座变形、倾覆和滑移而引起预应力损失。台座按构造形式分为墩式台座和槽式台座。

(一)墩式台座

墩式台座由承力台墩、台面和横梁组成,如图 5-2 所示。目前常用的是现浇钢筋混凝土制成的由承力台墩与台面共同受力的台座。

台座的长度和宽度由场地大小、构件类型和产量而定,一般长度宜为 100~150m,宽度为 2~4m,这样既可利用钢丝长的特点,张拉一次可生产多根(块)构件,又可以减少因钢丝滑动或台座横梁变形引起的预应力损失。

台座稍有变形,滑移或倾角,均会引起较大的应力损失。台座设计时,应进行稳定性和强度验算。稳定性验算包括台座的抗倾

图 5-2 墩式台座
1—混凝土墩;2—钢横架;3—混凝土台面;
4—锚具;5—预应力钢筋

146

覆验算和抗滑移验算。

（二）槽式台座

生产吊车梁、屋架等吨位较大的预应力混凝土构件时，由于张拉力和倾覆力矩都较大，大多采用槽式台座。由于它具有通长的钢筋混凝土压杆，可承受较大的张拉力和倾覆力矩，其上加砌砖墙，加盖后还可进行蒸汽养护，见图5-3所示。为方便混凝土运输和蒸汽养护，槽式台座多低于地面。为便于拆迁，压杆亦可分段浇制。

图 5-3　槽式台座

1—钢筋混凝土端柱；2—砖墙；3—下横梁；4—上横梁；5—传力柱；6—柱垫

二、夹具

夹具是预应力筋张拉和临时固定的锚固装置，用在先张法施工中。按其用途不同，可分为锚固夹具和张拉夹具。

（一）锚固夹具

1. 钢质锥形夹具

钢质锥形夹具主要用来锚固直径为3～5mm的单根钢丝夹具，如图5-4所示。

2. 墩头夹具

墩头夹具适用于预应力钢丝固定端的锚固，如图5-5所示。

图 5-4　钢质锥形夹具

(a)圆锥齿板式；(b)圆锥式

1—套筒；2—齿板；3—钢丝；4—锥塞

图 5-5　固定端墩头夹具

1—垫片；2—墩头钢丝；3—承力板

（二）张拉夹具

张拉夹具是将预应力筋与张拉机械连接起来进行预应力张拉的工具，常用的张拉夹具有月牙形夹具、偏心式夹具和楔形夹具等，如图5-6所示。

三、张拉设备

张拉设备要求工作可靠，控制应力准确，能以稳定的速率加大拉力。

图 5-6　张拉夹具

(a)月牙形夹具；(b)偏心式夹具；(c)楔形夹具

1. 预应力钢丝的张拉机具

在台座上生产构件多进行单根张拉，由于张拉力较小，一般用小型卷扬机张拉，以弹簧、杠杆等简易设备测力。图 5-7 所示为弹簧测力卷扬机张拉钢丝的工艺布置图。

图 5-7　弹簧测力卷扬机张拉钢丝工艺布置图

1—电动机；2—变速箱；3—卷筒；4—钢丝绳；5—弹簧测力小车；

6—张拉夹具；7—预应力钢丝；8—台座

2. 预应力钢筋的张拉机具

先张法中的钢筋可单根进行张拉或多根成组张拉。成组张拉需要较大张拉力的张拉设备，单根张拉可采用小张拉力的张拉设备，操作比较方便。

(1)液压千斤顶成组张拉：可采用如图 5-8 的四横梁装置。这种方式一般只适用于螺纹端杆锚具或墩头夹具。

图 5-8　四横梁式成组张拉装置

1—台座；2、3—前后横梁；4—钢筋；5、6—拉力架的横梁；

7—大螺纹杆；8—液压千斤顶；9—放张装置

(2)液压千斤顶单根张拉：张拉直径 12～20mm 的单根钢筋、钢绞线或小型钢丝束，可用 YC-20 型穿心式千斤顶(图 5-9)。

图 5-9   YC-20 型穿心式千斤顶

(a)张拉；(b)复位

1—钢筋；2—台座；3—穿心式夹具；4—弹性顶压头；

5、6—油嘴；7—偏心式夹具；8—弹簧

（3）电动螺杆张拉机单根张拉钢筋用的电动螺杆张拉机(图 5-10)。

图 5-10   钢筋电动螺杆张拉机

1—螺杆；2、3—拉力架；4—张拉夹具；5—顶杆；6—电动机；

7—齿轮减速箱；8—测力计；9、10—车轮；11—底盘；

12—手把；13—横梁；14—钢筋；15—锚固夹具

无论是钢丝还是钢筋的张拉机具，在选择时，为了保证设备、人身安全和张拉力准确，张拉机具的张拉力应不小于预应力筋张拉力的 1.5 倍，张拉机具的张拉行程应不小于预应力筋张拉伸长值的 1.1～1.3 倍。

四、先张法的施工工艺

先张法预应力混凝土构件在台座上生产，其工艺流程一般如图 5-11 所示。

1. 刷隔离剂与铺设预应力筋

长线台座台面(或胎模)在铺放预应力筋前应涂刷隔离剂。涂刷的隔离剂不应玷污钢筋(丝)，以免影响钢筋(丝)与混凝土的粘结。在浇筑混凝土前应防止雨水冲刷，破坏隔离剂。待隔离剂干后即可铺预应力筋(丝)，预应力钢筋(丝)宜用牵引车铺设。如遇钢筋需接长时，可采用连接器接长，如钢丝需接长时，常借助于钢丝拼接器(图 5-12)，用 20～22 号钢丝密排绑扎。钢丝绑扎的长度：对冷拔低碳钢丝不得小于 $40d$；对冷拔低合金钢丝不得小于 $50d$；对刻痕钢丝不得小于 $80d$。钢丝搭接长度应比绑扎长度大 $10d$(d 为钢丝直径)。

图 5-11　先张法施工工艺流程图

图 5-12　钢丝拼接器
1—拼接器；2—钢丝

2. 预应力筋的张拉

（1）张拉力和张拉控制应力

张拉预应力筋时，应按设计要求的张拉力采用正确的张拉方法和张拉程序，并应调整各预应力筋的初应力，使长度、松紧一致，以保证张拉后各预应力筋的应力一致。

预应力筋的张拉力 P_j 按下式计算：

$$P_j = \sigma_{con} \cdot A_p \tag{5-1}$$

式中　σ_{con}——预应力筋的张拉控制应力值，N/mm²；

A_p——预应力筋的截面面积，mm²。

张拉控制应力应按设计规定取值，《混凝土结构设计规范》（GB 50010—2001）规定。σ_{con} 不宜超过表 5-1 的数据，也不应小于 $0.4 f_{ptk}$。

張拉控制應力 σ_{con} 限值   表 5-1

項　次	預應力鋼材品種	張拉方法	
		先張法	後張法
1	消除應力鋼絲、鋼絞線	$0.75f_{ptk}$	$0.75f_{ptk}$
2	熱處理鋼筋	$0.70f_{ptk}$	$0.65f_{ptk}$

注：f_{ptk}——預應力筋強度標準值。

當符合下列情況之一時，上表中的張拉控制應力限值可提高 $0.05f_{ptk}$：

1）要求提高構件在施工階段的抗裂性能而在使用階段受壓區設置的預應力鋼筋；

2）要求部分抵消由於應力鬆弛、摩擦、鋼筋分批張拉以及預應力鋼筋與張拉台座之間的溫差等因素產生的預應力損失。

實際張拉時的應力尚應考慮各種預應力損失，採用超張拉補足。

（2）張拉程序

1）用鋼絲作為預應力筋時，由於張拉工作量大，宜採用一次張拉程序：

$$0 \rightarrow 1.03\sigma_{con} \sim 1.05\sigma_{con} \text{ 錨固}$$

其中，取 $1.03\sigma_{con} \sim 1.05\sigma_{con}$，是考慮到彈簧測力計的誤差、溫度影響、台座橫梁或定位板剛度、台座長度不符合設計取值、工人操作影響等因素。

2）鋼筋作為預應力筋時，為減小應力鬆弛損失，常採用下列程序張拉：

$$0 \rightarrow 1.05\sigma_{con} \xrightarrow{\text{持荷 2min}} \sigma_{con} \text{ 錨固}$$

其中，$1.05\sigma_{con}$ 持荷 2min，其目的是為了加速鋼筋鬆弛的早期發展，減少鋼筋鬆弛引起的應力損失。所謂"鬆弛"，即鋼材在常溫、高應力狀態下具有不斷產生塑性變形的特點。

（3）預應力張拉值的校核

鋼筋(絲)張拉完畢後，需校核預應力值。

預應力鋼絲內力的檢測，一般在張拉錨固後 1h 進行，檢測數量：每工作班抽查預應力筋總數的 1%，且不少於 3 根。預應力筋張拉錨固後實際建立的預應力值與工程設計規定檢驗值的相對允許偏差為 ±5%。

（4）張拉

張拉預應力筋時，張拉機具與預應力筋應在一條直線上，同時在台面上每隔一定的距離放一根圓鋼筋頭，以防止預應力筋因自重而下垂，破壞隔離劑，沾污預應力筋。施加張拉力時，應以穩定的速度逐漸加大拉力，並使拉力傳到台座橫梁上，而不使預應力筋或夾具產生次應力(如鋼絲在分絲板、橫梁或夾具處產生尖銳的轉角或彎曲)。錨固時，敲擊錐塞或楔塊應先輕後重，與此同時，倒開張拉機，放鬆鋼絲。操作時兩者要密切配合，既要減少錨固時鋼絲的回縮滑移，又要防止錘擊力過大，導致鋼絲在錨固夾具與張拉夾具處受力過大而斷裂。

多根鋼絲同時張拉時，斷絲或滑脫的鋼絲數量不得超過結構同一截面鋼材總根數的 3%，且每束鋼絲不得超過一根，對多跨雙向連續板，其同一截面應按每跨計算；構件澆築前發生的斷絲或滑脫的預應力筋必須予以更換。錨固階段張拉端預應力筋的內縮量應符合設計要求，當設計無具體要求時，必須符合下列規定：支承式錨具 1mm，錐塞式錨具 5mm，有頂壓夾片式錨具 5mm，無頂壓夾片式錨具 6~8mm。先張法預應力筋，張拉後與設計位置的偏差不得大於 5mm，且不得大於構件截面短邊邊長的 4%。

張拉預應力筋的台座兩端應有防護設施。張拉時沿台座長度方向每隔 4~5m 放一個防护架，两端严禁站人，更不准站到台座处。

3. 混凝土的浇筑与养护

构件的支模应在预应力筋张拉锚固和非预应力筋绑扎完毕后进行。所支模板应避开台面的伸缩缝及裂缝，在无法避免伸缩缝、裂缝时，应采取其他相应措施。

支模完毕后即应浇筑混凝土，每条生产线应一次浇灌完，并尽量减少因混凝土的收缩和徐变所引起的预应力损失。浇灌混凝土时应振捣密实，振动器不应碰撞钢丝，混凝土未达到一定的强度前也不允许碰撞或踩动钢丝。

预应力混凝土可采用自然养护或湿热养护。当采用湿热养护时，应先按设计的温差加热（一般不超过 20℃），待混凝土达到一定强度（粗钢筋为 7.5MPa，钢丝、钢绞线为 10MPa）之后，再按一般升温制度养护。

4. 预应力筋的放张

当构件的混凝土达到设计要求（设计无特殊规定时不得低于强度等级的 75%）时，即可放张预应力筋。放张预应力前应先拆除侧模，使放张的构件能自由压缩。对有横肋的构件（如大型屋面板），其端横肋内侧面与板面交接处要做出一定的坡度或做成大圆弧，以便钢筋放张时端横肋能沿坡面滑动。

预应力筋的放张顺序如设计无规定时，可按下列要求进行：

（1）轴心受压构件（如拉杆，桩等）的所有预应力筋应同时放张；

（2）对偏心受压构件（如梁等），应先同时放张预应力较小区域的预应力筋，再同时放张预应力较大区域的预应力筋；

（3）如不能满足上述要求时，应分阶段、对称、交错地放张，以防止在放张进程中构件产生弯曲、裂纹和预应力筋断裂等现象。

预应力筋的放张工作，应缓慢进行，防止冲击。配筋不多的中小型预应力混凝土构件，钢丝可用砂轮锯或切断机切断等方法放张；配筋多的构件，钢丝应同时放张（如逐根放张，则最后几根钢丝将由于承受过大的拉力而突然断裂，易使构件端部开裂）。放张后预应力筋的切断，一般由放张端开始，逐次切向另一端。

预应力筋为钢筋时，对热处理钢筋及冷拉Ⅳ级钢筋，宜用砂轮锯或切断机切断（不得用电弧切割）。数量多的预应力钢筋同时放张时，应在张拉工艺中考虑设置油压千斤顶、砂箱、楔块等组成的放张装置（图 5-13）。

图 5-13　预应力筋放张装置

（a）千斤顶放张装置；（b）砂箱放张装置；（c）模块放张装置

1—横梁；2—千斤顶；3—承力架；4—夹具；5—钢丝；6—构件；7—活塞；8—套箱；

9—套箱底板；10—砂；11—进砂口（φ25 螺钉）；12—出砂口（φ16 螺钉）；13—台座；

14、15—钢固定模块；16—钢滑动模块；17—螺杆；18—承力板；19—螺母

第二节　后　张　法

后张法是先制作构件，并在构件内按预应力筋的位置留出相应的孔道，待构件的混凝土强度达到规定的强度（一般不低于设计强度的 75%）后，在预留孔道中穿入预应力钢筋（或钢丝）进行张拉，并利用锚具把张拉后的预应力筋锚固在构件的端部，依靠构件端部的锚具将预应力筋的预张拉力传给混凝土，使其产生预压应力；最后在孔道中灌入水泥浆，使预应力筋与混凝土构件形成整体。图 5-14 为预应力混凝土构件采用后张法生产的示意图。

图 5-14　后张法施工顺序

(a)制作构件，预留孔道；(b)穿入预应力钢筋进行张拉并锚固；(c)孔道灌浆

1—混凝土构件；2—预留孔道；3—预应力筋；4—千斤顶；5—锚具

一、锚具、预应力筋和张拉设备

在后张法施工中的锚具、预应力筋和张拉设备是相互配套的。现在常用的预应力筋有单根粗钢筋、钢绞线束(钢筋束)和钢丝束三类。它们的加工方法与钢筋的直径、锚具的形式、张拉设备和张拉工艺有关，其中锚固预应力筋的锚具必须具有可靠的锚固能力，并且不能超过预期的滑移值。

(一)单根粗钢筋

1. 锚具

用单根粗钢筋作预应力筋时，张拉端通常采用螺丝端杆锚具，固定端采用帮条锚具、镦头锚具。

(1)螺丝端杆锚具

螺丝端杆锚具是由螺丝端杆、螺母、垫板组成的(图 5-15)，这种锚具适用于锚固直径不大于 36mm 的冷拉 HRB335 级与 HRB400 级钢筋。螺丝端杆与预应力钢筋的焊接，应在预应力筋冷拉以前进行。冷拉时螺母的位置应在螺丝端杆的端部，经冷拉后螺丝端杆不得发生塑性变形。

(2)帮条锚具

帮条锚具是由衬板与三根帮条焊接而成(图 5-16)。这种锚具可作为冷拉 HRB335 级与 HRB400 级钢筋的固定端锚具。帮条采用与预应力筋同级别的钢筋，衬板采用 Q235 钢板。帮条固定时，三根帮条与衬板相接触部分的截面应在同一垂直面上，以免受力时产生扭曲。

图 5-15　螺丝端杆锚具

1—钢筋；2—螺丝端杆；3—螺母；

4—焊接接头；5—垫板

图 5-16　帮条锚具

1—衬板；2—帮条；3—主筋

2. 预应力筋制作

单根粗钢筋预应力筋的制作，包括配料、对焊、冷拉等工序。预应力筋的下料长度应计算确定，计算时要考虑结构的孔道长度、锚具厚度、千斤顶长度、焊接接头或镦头的预留量、冷拉伸长值、弹性回缩值、张拉伸长值等。现以两端用螺丝端杆锚具预应力筋为例(图 5-17)，其下料长度(以 mm 计)计算如下：

图 5-17　粗钢筋下料长度计算

1—螺丝端杆；2—预应力钢筋；3—对焊接头；

4—垫板；5—螺母

预应力筋的成品长度(即预应力筋和螺丝端杆对焊并经冷拉后的全长)L_1

$$L_1 = l + 2l_2 \tag{5-2}$$

式中　l——构件的孔道长度(mm)；

l_2——螺丝端杆伸出构件外的长度(mm)；

张拉端：$l_2 = 2H + h + 5$；

锚固端：$l_2 = H + h + 10$。

预应力筋(不包括螺丝端杆)冷拉后需达到的长度 L_0：

$$L_0 = L_1 - 2l_1 \tag{5-3}$$

式中　l_1——螺丝端杆长度(mm)，一般为 320mm。

预应力筋(不包括螺丝端杆)冷拉前的下料长度 L：

$$L = \frac{L_0}{1 + \gamma - \delta} + n\Delta \tag{5-4}$$

式中　γ——预应力筋的冷拉率(由试验确定)；

δ——预应力筋的冷拉弹性回缩率(一般为 0.4%～0.6%)；

n——对焊接头数量；

Δ——每个对焊接头的压缩量(一般为 20～30mm)；

H——螺母高度；

h——垫板厚度。

【例 5-1】　预应力混凝土屋架，采用机械张拉后张法施工。孔道长度为 29.80m，预应力筋为冷拉 HRB400 级钢筋(屈服强度标准值 $f_{pyk} = 500\text{N/mm}^2$)，直径为 20mm，每根

154

长度为8m。实测钢筋冷拉率 γ 为 3.5%，钢筋冷拉后的弹性回缩率 δ 为 0.4%，螺丝端杆长度为 320mm，张拉控制应力为 $0.85f_{pyk}$。计算预应力钢筋的下料长度和预应力筋的张拉力。

【解】 因屋架孔道长度大于 24m，宜采用螺丝端杆锚具，两端同时张拉，螺母厚度取 36mm，垫板厚度取 16mm，则螺丝端杆伸出构件外的长度 $l_2 = 2H + h + 5 = 2 \times 36 + 16 + 5 = 93$mm，对焊接头数 $n = 3 + 2 = 5$，每个对焊接头的压缩量 $\Delta = 20$mm，则预应力筋下料长度：

$$L = \frac{L_0}{1 + \gamma - \delta} + n\Delta$$

$$= \frac{29800 - 2 \times 320 + 2 \times 93}{1 + 0.035 - 0.004} + 5 \times 20 = 28564 \text{(mm)}$$

预应力筋的张拉力：

$$F_p = \sigma_{con}A_p = \sigma_{con} \times \pi d^2/4 = 0.85 \times 500 \times 314 = 133450 \text{(N)}$$

3. 张拉设备

YL-60 型拉杆式千斤顶常用于张拉带有螺丝端杆锚具的预应力钢筋。它由主缸、副缸、主副缸活塞、连接器、传力架、拉杆等组成，如图 5-18 所示。这种千斤顶的张拉力为 600kN，张拉行程为 150mm。YC-60 型和 YC-18 型穿心式千斤顶改装后也可用于张拉带有螺丝端杆锚具的单根粗钢筋。

图 5-18 用拉杆式千斤顶张拉单根粗钢筋的工作原理
1—主缸；2—主缸活塞；3—主缸进油孔；4—副缸；5—副缸活塞；
6—副缸进油孔；7—连接器；8—传力架；9—拉杆；10—螺母；
11—预应力筋；12—混凝土构件；13—预埋铁板；14—螺丝端杆

(二)预应力钢筋束和钢绞线束

1. 锚具

钢筋束和钢绞线束常使用 JM 型、QM 型、XM 型等锚具。

(1) JM 型锚具

JM 型锚具由锚环和夹片组成(图 5-19)，常用于锚固 3~6 根直径为 12mm 的光圆钢筋、带肋钢筋或钢绞线。锚环分甲型与乙型：甲型锚环为一个具有锥形内孔的圆柱体，使用时直接放置在构件端部的垫板上；乙型锚环是在圆柱体外部一端增加一个正方形肋板，使用时将锚环预先埋在构件端部，不另设置垫板。

各种 JM 型锚具均可作为工具锚重复使用，但如发现夹筋孔的齿纹有轻度损伤时，应改为工作锚使用。

图 5-19　JM 型锚具

(a)JM 型锚具；(b)JM 型锚具的夹片；(c)JM 型锚具的锚环

1—锚环；2—夹片；3—圆锚环；4—方锚环

（2）XM 型锚具

XM 型锚具是一种新型锚具（见图 5-20），适用于锚固 1～12 根直径为 15mm 的预应力钢绞线束和钢丝束。这种锚具的特点是每根钢绞线都是分开锚固的，因此任何一根钢绞线的失效（如钢绞线拉断、夹片碎裂等），都不会引起整束锚固失败。

图 5-20　XM 型锚具

1—喇叭管；2—锚环；3—灌浆孔；4—圆锥孔；5—夹片；6—钢绞线；7—波纹管

（3）QM 型锚具

QM 型锚具也是一种新型锚具，适用于锚固 4～31ϕ^s12 和 3～19ϕ^s15 钢绞线束。它与 XM 型锚具的不同点是：锚孔是直的，锚板顶面是平的，夹片垂直开缝，此外还备有喇叭形铸铁垫板与弹簧圈等。由于灌浆孔设在垫板上，所以锚板尺寸可稍小。

QM 型锚具及其有关配件的形状如图 5-21 所示。

2. 预应力筋的制作

预应力钢筋束（钢绞线束）比较长，一般卷成盘运到现场。预应力筋的制作一般需经开盘冷拉（预拉）、下料编束等工序。

预应力钢筋束下料前要进行冷拉。预应力钢绞线束在下料前为了减少钢绞线的构造变形和应力松弛损失，需要经过预拉。预拉应力值采用钢绞线抗拉强度的 85%，预拉速度不宜过快，拉至规定应力后，应保持 5～10min，然后放松。钢绞线下料前应在切割口两

图 5-21　QM 型锚具及配件

1—锚板；2—夹片；3—钢绞线；4—喇叭形铸铁垫板；5—弹簧圈；

6—预留孔道用的波纹管；7—灌浆孔

侧 50mm 处用钢丝绑扎，切割后应将割口焊牢，以免钢绞线松散。

钢筋束和钢绞线束的下料长度，应等于构件孔道长度加上两端为张拉、锚固所需的外露长度（图 5-22）。

图 5-22　钢筋束、钢绞线束下料长度计算简图

（a）两端张拉；（b）一端张拉

1—混凝土构件；2—孔道；3—钢绞线；4—夹片式工作锚；5—穿心式千斤顶；6—夹片式工具锚

下料长度 L 可按下式计算：

两端张拉时　　　　　　　$L=l+2(l_1+l_2+l_3+100)$ （5-5）

一端张拉时　　　　　　　$L=l+2(l_1+100)+l_2+l_3$ （5-6）

式中　l——构件的孔道长度（mm）；

l_1——工作锚厚度（mm）；

l_2——穿心式千斤顶长度（mm）；

l_3——夹片式工具锚厚度（mm）。

切断钢筋束和钢绞线束时，对热处理钢筋、冷拉 HRB500 级钢筋及钢绞线，宜采用切断机或砂轮锯切断，不得采用电弧切割。为了保证穿入构件孔道中的钢绞线不发生扭结，在钢绞线切断前，需要编束。编束时应先将钢筋或钢绞线理顺，并尽量使各根钢绞线、钢筋松紧一致，用 20 号钢丝绑扎，绑扎点的间距为 1～1.5m。

3. 张拉设备

使用 JM 型锚具、XM 型锚具和 QM 型锚具锚固时，可采用 YC 型穿心式千斤顶张拉钢筋束和绞线束。这种千斤顶的构造与工作原理如图 5-23 所示。

YC 型穿心式千斤顶是一种适用性很广的千斤顶，如配置撑脚和拉杆等附件，还可作为拉杆式千斤顶使用。如在千斤顶前端装上分束顶压器，并将千斤顶与撑套之间用钢管接

图 5-23　YC60 型穿心式千斤顶工作原理图

1—张拉油缸；2—工具锚；3—顶压油缸；4—撑套；

5—夹片式锚具；6—预应力钢筋；7—YC60 千斤顶

长，可作为 YZ 型千斤顶张拉钢质锥形锚具。YC 型穿心式千斤顶的张拉力，一般有 180、200、600、1200kN 和 3000kN 等几种，张拉行程由 150～800mm 不等。

（三）钢丝束预应力筋

1. 锚具

钢丝束预应力筋一般由几根到几十根直径为 3～5mm 平行的钢丝组成。常用的锚具有钢质锥形锚具、钢丝束墩头锚具和锥形螺杆锚具。

（1）钢质锥形锚具

钢质锥形锚具由锚环和锚塞组成（见图 5-24），适用于锚固 6、12、18 根与 24 根直径为 3～5mm 的钢丝束。锚环内孔的锥度应与锚塞的锥度一致，锚塞上刻有细齿槽，以夹紧钢丝防止滑动。

（2）锥形螺杆锚具

锥形螺杆锚具由锥形螺杆、套筒、螺母、垫板组成，如图 5-25 所示。它适用于锚固 14～28 根直径为 3～5mm 的钢丝束。

图 5-24　钢质锥形锚具

1—锚环；2—锚塞

图 5-25　锥形螺杆锚具

1—螺母；2—锥形螺杆；3—套筒；4—预应力钢丝

（3）钢丝束墩头锚具

用于锚固 12～54 根直径为 3～5mm 钢丝的钢丝束，分为 A 型和 B 型两种（图 5-26）。A 型由锚环与螺母组成，用于张拉端。B 型为锚板，用于固定端。墩头锚具的滑移值不应大于 1mm。墩头锚具的强度不得低于钢丝规定抗拉强度的 98%。

张拉时，张拉螺杆一端与锚环内丝扣连接，另一端与拉杆式千斤顶的拉头连接。当张拉到控制应力时，锚环被拉出，则拧紧锚环外丝扣上的螺母加以锚固。

图 5-26　钢丝束镦头锚具

(a)A 型锚具；(b)B 型锚具

1—A 型锚环；2—螺母；3—构件端面预埋钢板；4—构件端部孔道；

5—钢丝束；6—构件预留孔道；7—B 型锚板

2. 钢丝束的制作

钢丝束的制作随着锚具形式的不同，制作的方法也有差异，但一般都要经过调直、下料、编束和安装锚具等工序。

用钢质锥形锚具锚固的钢丝束，其制作和下料长度的计算基本与钢筋束相同。

钢丝下料后，应逐根理顺进行编束。用镦头锚具时，根据钢丝分圈的布置情况，编束时首先将内圈和外圈钢丝分别用钢丝顺序编扎，然后将内圈钢丝放在外圈钢丝内扎牢。钢丝束编好后，先在一端套上锚环或锚板，并完成镦头工作；另一端的镦头，待钢丝束穿过孔道后再进行。

当采用钢质锥形锚具时，可在平整的场地上先把钢丝理顺平放，然后在其全长每隔 1m 左右用 22号镀锌钢丝编成帘子状（图 5-27），每隔 1m 放一个与锚塞直径相同的螺栓衬圈，并将编好的钢丝绕衬圈围成圆束绑扎牢固。

图 5-27　钢丝束编束示意图

1—钢丝；2—铁丝；3—衬圈

3. 钢丝束的张拉设备

钢质锥形锚具用 YZ 型锥锚式双作用千斤顶进行张拉。镦头锚具用 YC 型或 YL 型千斤顶张拉。对大跨度结构、长钢丝束等拉伸量大者，以用 YC 型千斤顶为宜。

YZ 型千斤顶（见图 5-28）宜用于张拉钢质锥形锚具锚固的钢丝束。YZ 型千斤顶的张拉力有 380、635、850kN 等几种，张拉行程为 200～500mm，顶压力为 140、330kN和 415kN。

二、后张法施工工艺

在后张法施工工艺中，与建立预应力有关的工序为孔道留设、预应力筋张拉和孔道灌浆三部分。

（一）孔道留设

穿入孔道中的预应力筋进行张拉时与孔道摩擦会产生摩擦阻力，孔道摩擦阻力带来的应力损失对预应力筋张拉值影响较大，因此孔道留设是后张法制作构件中的一个关键工序。

图 5-28 YZ 型千斤顶构造示意图

1—预应力筋；2—顶压头门；3—副缸；4—副缸活塞；5—主缸；6—主缸活塞；

7—主缸拉力弹簧；8—副缸压力弹簧；9—锥形卡环；10—模块；

11—主缸油嘴；12—副缸油嘴；13—锚塞；14—构件；15—锚环

穿入预应力筋的预留孔道形状有直线形、曲线形和折线形三种。

孔道留设方法有钢管抽芯法、胶管抽芯法和预埋波管法，其中钢管抽芯法只用于直线形孔道的留设。孔道成型的基本要求是：孔道的尺寸与位置应正确；孔道应平顺；接头不漏浆；端部预埋钢板应垂直于孔道中心线等。

1. 钢管抽芯法

采用钢管抽芯法施工时，要预先将钢管埋设在模板内的孔道位置处，在混凝土浇筑过程中和浇筑之后，每隔一定的时间慢慢转动钢管，使之不与混凝土粘结，待混凝土初凝后、终凝前抽出钢管，即形成孔道。该法适用于留设直线形孔道。

采用钢管抽芯法时，钢管要平直，表面必须圆滑，预埋前应先除锈、刷油。如用弯曲的钢管，转动时会沿孔道方向产生裂纹，甚至塌陷。应用钢筋井字架固定好钢管的位置，每隔 1.0～1.5m 设一个井字架，并与钢筋骨架扎牢。每根钢管的长度最好不超过 15m，以便于旋转或抽出。较长构件则用两根钢管，两根钢管的接头处可用 0.5mm 厚薄钢板做成的套管连接(图 5-29)，套管内表面要与钢管外表面紧密贴合，以防漏浆堵塞孔道。

图 5-29 钢管连接方式

1—钢管；2—镀锌钢板套管；3—硬木塞

抽出钢管之前，应将埋入混凝土构件中的钢管每隔 10～15min 转动一次，如发现表面混凝土产生裂纹，应用铁抹子抹平压实。抽管时应掌握好抽管时间，一般在初凝后、终凝前，以手指按压混凝土不粘浆又无明显印痕时抽管为宜。常温下的抽管时间，应在混凝土浇筑后 3～5h 进行。

抽管顺序宜按先上后下顺序进行，抽管可用人工或卷扬机抽管。抽管时速度均匀，边抽边转，并与孔道保持在一条直线上。

抽管后要及时检查成形孔道的情况，同时清除孔道内的杂物，以保证穿筋工作的顺利进行。在留设孔道的同时还要在规定位置留设灌浆孔和排气孔，一般在构件两端和中间每隔 12m 留一个直径为 20～25mm 的灌浆孔(排气孔)。灌浆孔可用木塞抽芯成型，施工时木塞应抵紧钢管并固定，严防混凝土振捣时脱开。孔道抽芯完毕后拔出木塞，并检查孔洞通畅情况。

2. 胶管抽芯法

160

采用胶管抽芯法留孔时，一般用5～7层帆布夹层、壁厚6～7mm的普通橡胶管；此种胶管可用于直线、曲线或折线孔道的留设。

使用时胶管的一端密封，另一端充气。密封的方法是将胶管端的外表面削去1～3层胶皮帆布，再将表面带有粗丝扣的钢管（钢管一端用铁板密封焊牢）插入胶管端头孔内，用20号镀锌钢丝与胶管外表面密缠牢固，再将钢丝头用锡焊牢。在充气的一端需接上阀门，其方法同密封端。

如用于短构件留孔时，可用一根胶管对弯后穿入两个平行孔道，如用于长构件留孔时，可将两根胶管用铁皮套管接长使用。套管的长度以400～500mm为宜，内径应比胶管外径大2～3mm。固定胶管位置可用钢筋井字架，间距为600mm，并与钢筋骨架扎牢。

在灌注混凝土前，需向胶管内充入压力为0.5～0.8N/mm² 的水或气。此时胶管直径可增大约3mm。浇捣混凝土时，振动棒不要碰胶管，并应经常检查水压表的压力是否正常，如有变化必须补压。

胶管抽管时间要比钢管抽芯法略迟一点。抽管前，先放水降压，待胶管断面缩小与混凝土自行脱离即可抽管。抽管顺序一般为先上后下，先曲后直。

胶管抽芯如用于折线型、曲线型孔道的成孔时，除需留设灌浆孔、排气孔外，还应留设泌水孔、泌水孔要求留在曲线（折线）孔道的顶部，方法同灌浆孔。

3. 预埋波纹管法

预埋波纹管法中的波纹管是镀锌波纹金属软管。它可以根据要求做成曲线、折线等各种形状的孔道。所用波纹管施工后留在构件中，可省去抽管工序。

采用波纹管施工时宜事先在构件的侧模上弹线，以孔底为准按弹线布管。固定波纹管要采用钢筋卡子或钢筋井字架，间距不宜大于0.8m，并用铁丝扎牢。钢筋卡子焊在箍筋上，箍筋下面用垫块垫实。波纹管的连接采用大一号同型波纹管，接长长度为200mm，用密封胶带或塑料热塑管封口。

使用波纹管时应尽量避免反复弯曲，以防管壁开裂；同时应防止电焊火花烧伤管壁。安装后应检查管壁有无破损，接头是否密封等，并应及时用胶带修补。

采用波纹管时，灌浆孔、泌水孔的做法为：在波纹管上开口，用带嘴的塑料弧形压板与海绵垫片覆盖，并用铁丝扎牢，再接塑料管（外径20mm，内径16mm）。该管垂直向上延伸至顶面以上500mm。为了防止浇筑混凝土时将塑料管压扁，管内临时衬有钢筋，以后再拔掉。预埋波纹管法的排气孔设置与钢管抽芯法相同。

（二）预应力筋的张拉

1. 张拉前的准备工作

张拉前的准备工作主要包括对构件的强度、几何尺寸和孔道畅通情况进行检查，以及校验张拉设备等。张拉前，构件的混凝土强度应符合设计要求。如设计无要求时，不应低于其强度等级的75%。

在孔道内穿入预应力筋前，螺栓端杆锚具的丝扣部分要用水泥袋纸加塑料薄膜缠绕二三层，并用细铁丝扎牢或用套筒保护，以防损伤。钢筋束、钢丝束和钢绞线穿束时，应将其端部扎紧，必要时套上穿束器，将穿束器的引线穿过孔道，在前端拉动，后端继续送料，直至两端露出所需的长度为止。

在安装张拉设备时，对穿好的直线形预应力筋，应使钢筋张拉力的作用线与孔道中心线重合。曲线形预应力筋，应使钢筋张拉力的作用线与孔道中心线末端的切线重合。

2. 预应力筋的张拉方法

配有多根预应力筋的构件应同时张拉，如不能同时张拉，也可分批张拉。但分批张拉的顺序应考虑使混凝土不产生超应力、构件不扭转或侧弯、结构不变位等因素。在同一构件上一般应对称张拉。

图5-30是屋架下弦杆预应力筋张拉顺序。图中(a)预应力筋为两束，采用一端张拉法，用两台千斤顶分别设置在构件两端，一次张拉完成。图中(b)预应力为四束，分两批张拉，用两台千斤顶分别张拉对角线上的两束，然后张拉另两束。

图5-31是预应力混凝土吊车梁预应力筋的张拉顺序(采用两台千斤顶)。上部两束直线预应力筋一般先张拉，下部四束曲线预应力筋采用两端张拉方法分批进行张拉，为使构件对称受力，每批两束先按一端张拉方法进行张拉，待两批四束均进行一端张拉后，再分批在另一端补张拉，以减少先批张拉的所受的弹性压缩损失。

图5-30 屋架下弦杆预应力筋张拉顺序

(a)两束；(b)四束

1、2—预应力筋分批张拉顺序；3—张拉端；4—固定端

图5-31 吊车梁预应力筋的张拉顺序

1、2、3—预应力筋的分批张拉顺序

采用分批张拉时，应计算分批张拉的弹性回缩造成的预应力损失值，分别加到先张拉预应力筋的张拉控制应力值内。或采用同一张拉值逐根复位补足。

预应力筋的张拉程序，主要根据构件类型、张锚体系、松弛损失取值等因素确定。用超张拉方法减少预应力筋的松弛损失时，预应力筋的张拉程序宜为：

$$0 \rightarrow 1.05\sigma_{con} \xrightarrow{\text{持荷 2min}} \sigma_{con} \text{锚固}$$

采用上述张拉程序时，千斤顶应回油至稍低于σ_{con}，再进油至σ_{con}以建立准确的预应力值。

如果预应力筋的张拉吨位不大，根数很多，而设计中又要求采取超张拉以减小应力松失，则其张拉程序为：

$$0 \rightarrow 1.03\sigma_{con} \text{锚固}$$

采用抽芯成形孔道时，为了减少预应力筋与预留孔壁摩擦而引起的应力损失，曲线预应力和长度大于24m的直线预应力筋应在两端张拉；长度等于或小于24m的直线预应力筋，可一端张拉。在预埋波纹管时，曲线预应力筋的长度大于30m的直线预应力筋，宜在两端张拉；长度等于或小于30m的直线预应力筋，可在一端张拉。在同一截面中有多根一端张拉的预应力筋时，张拉端宜分别设置在结构的两端。当两端同时张拉一根(束)预应力筋时，为了减小预应力损失，宜先在一端锚固，再在另一端补足张拉力后进行锚固。

用后张法生产预应力混凝土屋架等大型构件时，一般在施工现场平卧重叠制作，重叠层数为 3～4 层，其张拉顺序宜先上后下逐层进行。为了减少上、下层之间因摩擦引起的预应力损失，可逐层加大张拉力，所增加的数值随构件形式、隔离层和张拉方式而不同，但最大超张拉力不宜比顶层张拉力大 5%（钢丝、钢绞线和热处理钢筋）或 9%（冷拉 HRB335、HRB400、HRB500 级钢筋），并且要保证加大张拉控制应力后不要超过最大超张拉力的规定。

3. 张拉伸长值的校核与预应力检验

为了解预应力值建立的可靠性，需对所张拉的预应力筋的应力及损失值进行检验和测定，以便在张拉时补足和调整预应力值。

检验应力损失最方便的方法是在后张法中将预应力筋张拉 24h 以后（未进行孔道灌浆前），再重拉一次，测读出前、后两次应力值之差，即为预应力损失。

在张拉过程中，必要时还应测定预应力筋的实际伸长值，用以对预应力值进行校核。若实测伸长值大于预应力筋控制应力所计算伸长值的 ±6%，应暂停张拉，待查明原因及采取措施调整后，方可重新张拉。

构件张拉完毕后，应检查端部和其他部位是否有裂缝。锚固后的预应力筋的外露长度不宜小于 15mm。长期外露的锚具，可涂刷防锈油漆，或用混凝土封裹，以防腐蚀。

（三）孔道灌浆

预应力筋张拉后，孔道应尽快灌浆。用连接器连接的多跨度连续预应力筋的孔道灌浆，应张拉完一跨随即灌注一跨，不应在各跨全部张拉完毕后集中一次连续灌浆。

孔道灌浆应采用强度等级不低于 32.5 级的普通硅酸盐水泥（《通用硅酸盐水泥》GB 175—2007 中规定，应为淘汰产品）配置的水泥浆。对空隙较大的孔道，可采用砂浆灌浆，水泥浆和砂浆强度标准值均不应低于 20N/mm²，水泥浆的水灰比为 0.4～0.45，搅拌后 3h 泌水率宜控制在 25%，最大不得超过 3%。

为了增加孔道灌浆的密实性，在水泥浆中可掺入对预应力筋无腐蚀作用的外加剂，如可掺入占水泥重量 0.25% 的木质素磺酸钙，或占水泥重量 0.05% 的铝粉。

灌浆前，用压力水冲洗和湿润孔道。用电动或手动灰浆泵进行灌浆。灌浆工作应缓慢均匀地进行，不得中断，并应排气通顺，在孔道两端冒出浓浆并封闭排气孔后，宜再继续加压至 0.5～0.6MPa，稍后再封闭灌浆孔。灌浆顺序应先下后上，以避免上层孔道漏浆而把下层孔道堵塞。对不掺外加剂的水泥浆，可采用二次灌浆法，以提高孔道灌浆的密实性。

第三节　电热张拉法

电热张拉法多用于圆形结构（如水泥罐、油罐等），它是利用钢筋热胀冷缩原理来张拉预应力筋的。施工时将低电压强电流通过预应力钢筋，由于钢筋有一定的电阻，致使预应力筋温度升高并产生沿轴线的纵向伸长，待预应力筋伸长至规定长度时切断电流，立即加以锚固，钢筋随着冷却回缩便产生对混凝土构件的预压应力。

电热法多用于后张法施工，可在预留孔道中张拉预应力筋，亦可在预应力筋表面涂以热塑材料（如沥青等）后，直接浇筑于混凝土中，然后通电加热。此时，热塑材料遇热熔化，钢筋可以自由伸长，当达到设计要求伸长值时加以锚固。随着预应力筋温度的下降，热塑材料硬化，使预应力筋与构件形成整体而对混凝土产生预压力。

电热法具有设备简单、可避免张拉摩擦损失等优点，但电热法是以钢筋伸长值来控制预应力值的，如材质不好会影响应力值的准确。所以，在成批生产时，需要用千斤顶对钢筋进行抽样校核。

电热法张拉的主要设备为电热变压器(或电焊机)、导线和导电夹具。

电热法要求在安全低电压下，通过强电流，以较短的通电时间加热钢筋完成张拉。因此，变压器应选用三相低压变压器。其一次电压为 220～380V；二次工作电压为 30～45V，电压降应保持在 2～3V/min，并应满足钢筋中的电流密度数值。

导电夹具是供二次导线与钢筋连接用的工具。要求夹具的导电性能良好(以紫铜最好)，接头电阻小；与钢筋接触紧密，接触面积不小于钢筋截面面积的 1.2 倍；构造简单，便于装拆。

电热法的导线分一次导线和二次导线。从电源线到变压器的一段为一次导线，一般用普通绝缘硬铜线或铝线；从变压器接到预应力筋的一段为二次导线，一般用绝缘软铜丝绞成。导线愈短愈好，一般不超过 30m。

电热法张拉的预应力筋采用粗钢筋，其锚具一般采用螺丝端杆锚具、帮条锚具或墩头锚具，并配合 U 形垫板使用。钢筋在通电前，应用绝缘纸垫放在预应力筋端部垫板与构件端部预埋铁板之间，使预应力筋与预埋铁板绝缘。

预应力筋穿好后拧紧螺母，再将导线夹具夹好并通电。通电后的钢筋即随温度升高而伸长，此时要随时拧紧螺母，并测量伸长值(测量伸长值宜在构件的一端进行)。当伸长达到规定值时，再停电、拧紧螺母。待钢筋冷却后，即可进行孔道灌浆，灌浆方法与后张法相同。

用电热法张拉时钢筋的温度要控制在 350℃，在张拉过程中，应用钳形电流表随时测定电压、电流，并做好记录。采用冷拉钢筋作预应力筋时，其反复电热次数不得超过三次。在用千斤顶校核预应力值时，预应力值偏差不得超过设计规定张拉控制应力值的 +10% 或 -5%。

操作时，电热法张拉构件的两端必须设置安全防护措施。操作人员必须穿胶鞋，带绝缘手套，并应站在构件的侧面操作，以保护操作人员的安全。

电热法只适用于冷拉 HRB335、HRB400、HRB500 级钢筋作预应力筋的一般构件，对于抗裂度要求较严的结构构件则不宜采用。此外，用金属管作预留孔道的构件也不宜采用电热法张拉。

第四节　无粘结预应力工艺

无粘结预应力是指在预应力构件中的预应力筋与混凝土没有粘结力，预应力筋的张拉力全靠构件两端的锚具传递给构件。施工时，在预应力筋表面刷上涂料并包塑料布(管)，然后按照普通钢筋的方法将预应力筋铺设在支好的模板内，待混凝土达到强度后再进行张拉锚固。

无粘结预应力工艺的优点是无需留孔与灌浆，施工简单，摩擦力小，预应力筋易弯成多跨曲线形状等。特别适用于大跨度的单、双向连续多跨曲线配筋梁板结构和屋盖。不足之处是预应力筋的强度不能充分发挥（一般要降低 10%～20%），对锚具的要求也较高。

一、无粘结预应力筋制作

无粘结预应力钢筋由预应力钢丝、涂料层、外包层及锚具组成。

无粘结预应力筋一般选用 7 根 $\phi 5$ 高强度钢丝组成钢丝束，也可选用 $7\phi^s 4$ 或 $7\phi^s 5$ 钢绞线。钢丝束或钢绞线束上应刷上沥青、油脂等涂料（使预应力筋与混凝土隔离，减少张拉时的摩擦损失，防止预应力筋腐蚀），再用塑料布、塑料管等包裹，使预应力筋形成外观挺直、规整，并具有一定刚度的硬壳（图 5-32），以防预应力筋在运输、储存、铺设和浇筑混凝土时发生不可修复的损坏。

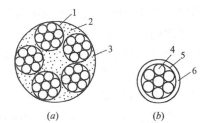

图 5-32 无粘结筋横截面示意图

(a)无粘结钢绞线束；(b)无粘结钢丝束或单根钢绞线
1—钢绞线；2—沥青涂料；3—塑料布外包层；
4—钢丝；5—油脂涂料；6—塑料管、外包层

制作单根无粘结筋时，宜优先选用油脂作涂料层，其涂料外包层应用塑料注塑机成型。无粘结筋的制作，一般采用涂包成型工艺和挤压涂层工艺。

(1) 涂包成型工艺是用涂包成束机将钢筋(丝)编制成涂包束，涂包成束机主要由涂刷沥青槽、绕布转盘和牵引装置组成。施工时每根预应力筋经过沥青槽涂刷沥青后，再通过归束滚轮将其归成一束，并进行补充涂刷（涂料厚度一般为 2mm），涂好沥青的预应力筋即通过绕布转盘自动地交叉缠绕两层塑料布。

(2) 挤压涂层工艺施工的设备主要由放线盘、涂油装置、挤出成型机、冷却筒槽、牵引机、收线盘等组成（图 5-33）。施工时，钢筋通过涂油装置涂油，涂过油的钢筋经过机头出口处随即被挤压成型的塑料管包裹。

图 5-33 无粘结预应力筋挤塑涂层工艺流水线图

1—放线盘；2—钢丝；3—梳子板；4—给油装置；5—塑料挤压机机头；
6—风冷装置；7—水冷装置；8—牵引机；9—定位支架；10—收线盘

二、无粘结预应力施工工艺

1. 预应力筋的铺设

无粘结预应力筋铺设前应检查外包层完好程度，对有轻微破损者，用塑料袋补包好，对破损严重者应予以报废。双向预应力筋铺设时，应先铺设下面的预应力筋，再铺设上面

的预应力筋，以免预应力筋相互穿插。

无粘结预应力筋应严格按设计要求的曲线形状就位固定牢固。可用短钢筋或混凝土垫块等架起控制标高，再用钢丝绑扎在非预应力筋上。绑扎点间距不大于1m，钢丝束的曲率控制可用铁马凳控制，马凳间距不宜大于2m。

2. 预应力筋的张拉

预应力筋张拉时，混凝土强度应符合设计要求，当设计无要求时，混凝土的强度应达到设计强度的75%方可开始张拉。

张拉程序一般采用$0 \rightarrow 1.03\sigma_{con}$锚固，以减少无粘结预应力筋的松弛损失。

张拉顺序应根据预应力筋的铺设顺序进行，先铺设的先张拉，后铺设的后张拉。

当预应力筋的长度小于25m时，宜采用一端张拉；若长度大于25m时，宜采用两端张拉，长度超过50m时，宜采取分段张拉。

预应力平板结构中，预应力筋往往很长，应尽量减少其摩阻损失值。

影响摩阻损失值的主要因素是润滑介质、外包层和预应力筋截面形式。其中润滑介质和外包层的摩阻损失值，对一定的预应力束而言是个定值，相对稳定。而截面形式则影响较大，不同截面形式其离散性不同，但如能保证截面形状在全长内一致，则其摩阻损失值就能在很小范围内波动。否则，因局部阻塞就可能导致其损失值无法测定。摩阻损失值，可用标准测力计或传感器等测力装置进行测定。施工时，为降低摩阻损失值，宜采用多次重复张拉工艺。成束无粘结筋正式张拉前，一般先用千斤顶往复抽动1~2次。张拉过程中，严防钢丝被拉断，要控制同一截面的断裂根数不得大于2%。

预应力筋的张拉伸长值应按设计要求进行控制。

3. 预应力筋端部处理

无粘结筋经张拉、锚固后，需进行端部处理。处理的方法随锚具的不同而异。

(1) 固定端处理

无粘结筋的固定端可设置在构件内。当采用无粘结钢丝束时固定端可采用扩大的墩头锚板，并用螺旋筋加强，如图5-34所示。施工中如端头无结构配筋时，需要配置构造钢筋，使固定端板与混凝土之间有可靠锚固性能。当采用无粘结钢绞线时，锚固端可采用压花成型，如图5-35所示，埋置在设计部位。这种做法的关键是张拉前锚固端的混凝土强度必须达到设计强度(≥C30)才能形成可靠的粘结式锚头。

图5-34 无粘结钢丝束固定端
1—锚板；2—钢丝；3—螺旋筋；4—软塑料管；
5—无粘结钢丝束

图5-35 钢绞线在固定端压花

(2) 张拉端处理

锚具的位置通常从混凝土的端面缩进一定的距离，前面做成一个凹槽，待预应力筋张拉锚固后，按照露出夹片锚具外不小于30mm的长度将钢绞线切断，然后在槽内壁涂以环氧树脂类胶粘剂，以加强新老材料间的粘结，再用后浇膨胀混凝土或低收缩防水砂浆或环氧砂浆密封。

在对凹槽填砂浆或混凝土前，应预先对无粘结筋端部和锚具夹持部分进行防潮、防腐封闭处理。

无粘结预应力筋采用钢丝束墩头锚具时，其张拉端头处理如图5-36所示，其中塑料套筒供钢丝束张拉时锚环从混凝土中拉出来用，软塑料管是用来保护无粘结钢丝末端因穿锚具而损坏的塑料管。当锚环被拉出后，塑料套筒内产生空隙，必须用油枪通过锚环的注油孔向套筒内注满防腐油脂，灌油后将外露锚具封闭好，避免因长期与大气接触造成锚头锈蚀。

采用无粘结钢绞线夹片式锚具时，张拉端头构造简单，无须另加设施。张拉端头钢绞线预留长度不小于150mm，多余割掉，然后在锚具及承压板表面涂以防水涂料，再进行封闭。锚固区可以用后浇的钢筋混凝土圈梁封闭，将锚具外伸的钢绞线散开打弯，埋在圈梁内加强锚固，如图5-37所示。

图5-36 无粘结钢丝束采用墩头锚具时张拉端
1—锚环；2—螺母；3—埋件；4—塑料套筒；
5—油脂；6—软塑料管；7—无粘结钢丝束

图5-37 钢绞线端头打弯与封闭
1—锚环；2—夹片；3—埋件；4—钢绞线；
5—散开打弯钢丝；6—圈梁

复 习 思 考 题

1. 什么叫预应力混凝土？
2. 预应力混凝土构件对材料(混凝土、钢筋)有何要求？
3. 施加预应力的方法有几种？其预应力值是如何建立和传递的？
4. 什么是先张法？什么是后张法？主要区别是什么？各有什么特点、适用范围？
5. 先张法长线台座由哪几部分组成？各有什么作用？
6. 先张法常用的夹具有哪几种？如何与配套的张拉设备共同使用？
7. 简述先张法的张拉顺序和放松预应力筋的方法。
8. 后张法使用的锚具与先张法中使用的夹具有何不同？配套的张拉机械如何使用？
9. 后张法使用的预应力筋主要可分为哪三类？与之配套的锚具有哪些？
10. 后张法施工中，孔道留设的方法有哪些？如何留设？
11. 后张法预应力筋张拉的程序如何？
12. 分批张拉、重叠生产的预应力构件，如何弥补其应力损失？
13. 后张法预应力筋张拉完后，为什么需对孔道灌浆？如何灌浆？有什么要求？
14. 预应力筋的张拉与钢筋的冷拉有何区别？
15. 无粘结预应力混凝土的特点是什么？

习　题

某预应力混凝土屋架，采用机械后张法施工，两端采用螺丝端杆锚具，端杆长度为320mm，端杆外露出构件端部长度为120mm，孔道尺寸为23.80m，预应力筋为冷拉 HBR335 级钢筋，直径为25mm，冷拉率4%，弹性回缩率0.5%，每根钢筋长度为8m，张拉控制应力 $\sigma_{con} = 0.85 f_{pyk}$ ($f_{pyk} = 500\text{N/mm}^2$)，张拉程序为 $0 \rightarrow 1.03\sigma_{con}$，用 YC-60 穿心式千斤顶张拉，试计算：(1)钢筋的下料长度？(2)张拉时压力表读数？

第六章　结构安装工程

结构安装工程，就是在现场或工厂预制的结构构件或构件组合，用起重机械在施工现场吊起并安装在设计要求的位置上，以构成完整的建筑物或构筑物的施工过程。

结构安装工程是装配式结构工程施工的重要组成部分，其施工特点如下：

(1) 受预制构件的类型和质量影响大；

(2) 正确选用起重机具是完成吊装任务的主导因素；

(3) 构件所处的应力状态变化多；

(4) 高空作业多，容易发生事故，必须提高安全意识，加强安全措施。

第一节　索具与锚碇

结构安装工程中常用的索具设备有钢丝绳、滑轮组、卷扬机、吊钩、卡环、横吊梁和锚碇等。

一、钢丝绳

钢丝绳是吊装工艺中的主要绳索，具有强度高、韧性好、耐磨等特点。同时，钢丝绳被磨损后，外表面产生许多毛刺，易被发现，便于防止事故的发生。

常用的钢丝绳是用若干根钢丝搓捻成股，再由六股围绕绳芯搓捻成绳，其规格有 6×19、6×37、6×61 三种(6 股，每股分别由 19、37、61 根钢丝捻成)。

在绳的直径相同的情况下，6×19 钢丝绳钢丝粗，比较耐磨，但较硬，不易弯曲，多用作缆风绳；6×37 钢丝绳钢丝细，比较柔软，一般用于穿滑车组和吊索；6×61 钢丝绳质地软，主要用于重型起重机械中。

二、滑轮组

所谓滑轮组，即由一定数量的定滑轮和动滑轮组成，并由绕过它们的绳索联系成为整体，从而达到省力和改变力的方向的目的。

由于滑轮的起重能力大，同时又便于携带，所以滑轮是吊装工程中常用的工具。

三、卷扬机

结构安装中的卷扬机，有手动和电动两类，其中电动卷扬机又分快速和慢速两种。快速电动卷扬机又有单筒和双筒之分，其钢丝绳牵引速度为 25～50m/min，单头牵引力为 4.0～80kN，主要用于垂直运输和打桩作业，慢速电动卷扬机多为单筒式，钢丝绳牵引速度为 6.5～22m/min，单头牵引力为 5～100kN，主要用于结构吊装、钢筋冷拉和预应力筋张拉等作业。

另外，卷扬机在使用过程中必须用地锚予以固定，以防止工作时产生滑动或倾覆。根据受力大小，固定卷扬机有四种方法，如图6-1所示。

图 6-1　卷扬机的固定方法
(a)螺栓锚固法；(b)水平锚固法；(c)立桩锚固法；(d)压重锚固法
1—卷扬机；2—地脚螺栓；3—横木；4—拉索；5—木桩；6—压重；7—压板

四、吊具

在构件吊装过程中，常用的吊具有吊钩、吊索、卡环和横吊梁等。

1. 吊钩

起重吊钩常用优质碳素钢材锻造后经退火处理而成，吊钩表面应光滑，不得有剥裂、刻痕、锐角、裂缝等缺陷存在，并不准对磨损或有裂缝的吊钩进行补焊修理。吊钩在钩挂吊索时要将吊索挂至钩底；直接钩在吊环中时，不能使吊环硬别或歪扭，以免吊钩产生变形或使吊索脱钩。

2. 吊索

吊索又称千斤绳，主要用于绑扎构件以便起吊，分为环形吊索和开口吊索两种，如图6-2(a)所示。吊索是用钢丝绳做成的，因此，钢丝绳的允许拉力即为吊索的允许拉力。在工作中，吊索拉力不应超过其允许拉力。

图 6-2　吊具
(a)吊索；(b)卡环；(c)钢板横吊梁；(d)钢管横吊梁
1—环形吊索；2—开口吊索；3—螺栓式卡环；4—活络式卡环

3. 卡环

卡环又称卸甲（由弯环和销子两部分组成），主要用于吊索之间或吊索与构件吊环之间的连接，分为螺栓式卡环和活络式卡环两种，如图6-2(b)所示。

4. 横吊梁

横吊梁又称铁扁担，常用形式有钢板横吊梁和钢管横吊梁两种，如图6-2(c)、(d)所示。采用直吊法吊柱时，用钢板横吊梁，可使柱直立，垂直入杯；吊装屋架时，用钢管横吊梁，可减小吊索对构件的横向压力并减少索具高度。

五、锚碇

锚碇又称地锚，用来固定缆风绳、卷扬机、导向滑轮等。

锚碇有桩式锚碇和水平锚碇两种。桩式锚碇适用于固定受力不大的缆风绳，结构吊装中很少采用；吊装工程中常用水平锚碇，是将一根或几根圆木捆绑在一起，横放在挖好的坑底上，用钢丝绳系在横木的一点或两点，成30°~45°斜度引出地面，然后用土石回填夯实，如图6-3所示。

图6-3　水平锚碇构造示意图

(a)拉力30kN以下的水平锚碇；(b)拉力100~400kN的水平锚碇

1—回填土逐层夯实；2—地龙木1根；3—钢丝绳或钢筋；4—柱木；
5—挡木；6—地龙木3根；7—压板；8—钢丝绳圈或钢筋环

第二节　起　重　机　械

起重机械是建筑施工中广泛采用的起重运输设备，它的合理选择与使用，对于减轻劳动强度、提高劳动生产率、加速工程进度、降低工程造价等，起着十分重要的作用。

结构安装工程中常用的起重机械有：桅杆式起重机、自行杆式起重机和塔式起重机三大类。

一、桅杆式起重机

桅杆式起重机具有制作简单，装拆方便，起重量较大（可达1000kN以上），受地形限制小，能用于其他起重机械不能安装的一些特殊结构设备等优点；但也有其缺点：服务半径小，移动困难，需要拉设较多的缆风绳等。

桅杆式起重机按其构造不同，可分为独脚拔杆、人字拔杆、悬臂拔杆和牵缆式起重机等。

（一）独脚拔杆

由拔杆、滑轮组、卷扬机、缆风绳和锚碇等组成（图6-4）。使用时，拔杆应保持不大于10°的倾角。缆风绳数量一般为6~12根，与地面夹角为30°~45°。木独脚拔杆起重高度为 15m 以内，起重量 100kN 以下；钢管独脚拔杆，一般起重高度在 30m 以内，起重量可达 300kN；格构式独脚拔杆起重高度达 60m，起重量可达 1000kN 以上。

（二）人字拔杆

人字拔杆由两根圆木或钢管或格构式截面的独脚拔杆在顶部相交成 20°～30°夹角，以钢丝绳绑扎或铁件铰接而成（图 6-5）。拔杆下端两脚距离约为高度的 1/2～1/3。人字拔杆的优点是侧向稳定性好，缆风绳较少（一般不少于 5 根）；缺点是构件起吊后活动范围小，一般仅用于安装重型构件或作为辅助设备以吊装厂房屋盖体系上的轻型构件。

图 6-4　独脚拔杆
(a)木拔杆；(b)格构式金属拔杆

图 6-5　人字拔杆

（三）悬臂拔杆

在独脚拔杆的中部 2/3 高度处装上一根起重臂，即成悬臂拔杆。起重杆可以回转和起伏，可以固定在某一部位，亦可根据需要沿杆升降（图 6-6）。为了使起重臂铰接处的拔杆部分得到加强，可用撑杆和拉条（或钢丝绳）进行加固。其特点是有较大的起重高度和相应的起重半径；悬臂起重杆左右摆动角度大（120°～170°），使用方便。但因起重量较小，故多用于轻型构件的吊装。

图 6-6　悬臂拔杆
(a)一般形式；(b)带加劲杆；(c)起重臂杆可沿拔杆升降

（四）牵缆式拔杆起重机

牵缆式拔杆起重机是在独脚拔杆的下端装上一根可以回转和起伏的起重臂而组成（图 6-7）。整个机身可作 360°回转，具有较大的起重半径和起重量，并有较好的灵活性。该起重机的起重量一般为 150～600kN，起重高度可达 80m，多用于构件多、重量大且集中的结构安装工程。其缺点是缆风绳用量较多。

二、自行式起重机

常用的自行式起重机有履带式起重机、汽车式起重机和轮胎式起重机三种。

（一）履带式起重机

履带式起重机(图6-8)是在行走的履带底盘上装有起重装置的起重机械，是自行式、全回转的一种起重机，它具有操作灵活，使用方便，有较大的起重能力，在平坦坚实的道路上还可负载行走。但履带式起重机行走速度慢，对路面破坏性大，在进行长距离转移时，应用平板拖车或铁路平板车运输。

图6-7 牵缆式拔杆起重机

图6-8 履带式起重机

1—机身；2—行走机构；3—回转机构；

4—起重臂；5—起重滑轮组；6—变幅滑轮组

（二）汽车式起重机

汽车式起重机(图6-9)常用于构件运输、装卸和结构吊装，其特点是转移迅速，对路面损伤小；但吊装时需使用支腿，不能负载行驶，也不适于在松软或泥泞的场地上工作。

（三）轮胎式起重机

轮胎式起重机在构造上与履带式起重机基本相似，但其行走装置采用轮胎。起重机构及机身装在特制的底盘上，能全回转。随着起重量的大小不同，底盘上装有若干根轮轴，配有4～10个或更多个轮胎，并有可伸缩的支腿(图6-10)；起重时，利用支腿增加机身的

图6-9 QY-16型汽车式起重机

图6-10 QL$_3$-16型轮胎式起重机

稳定，并保护轮胎。必要时，支腿下可加垫块，以扩大支承面。

轮胎式起重机的特点与汽车式起重机相同。我国常用的轮胎式起重机有 QL₃ 系列及 QYL 系列等，均可用于一般工业厂房结构安装。

三、塔式起重机

塔式起重机的塔身直立，起重臂安在塔身顶部可作 360°回转。它具有较高的起重高度、工作幅度和起重能力，工作速度快、生产效率高，机械运转安全可靠，操作和装拆方便等优点，在多层、高层房屋结构安装中应用最广。

塔式起重机按行走机构、变幅方式、回转机构位置及爬升方式的不同而分成若干类型。现仅就轨道式、附着式和爬升式塔式起重机的性能予以介绍。

（一）轨道式塔式起重机

轨道式塔式起重机能负荷行走，能同时完成水平运输和垂直运输，且能在直线和曲线轨道上运行，使用安全，生产效率高，起重高度可按需要增减塔身、互换节架。但因需要铺设轨道，装拆及转移耗费工时多，台班费较高。常用的型号有 QT1-2、QT1-6、QT60/80、QT20 型等。

1. QT1-2 型塔式起重机

由塔身、起重臂、底盘组成，回转机构位于塔身下部。该机塔身与起重臂可折叠，能整体运输（图 6-11）。起重量 1～2t，起重力矩 160kN·m。

2. QT1-6 型塔式起重机

由底盘、塔身、起重臂、塔顶及平衡臂组成，为上回转动臂变幅塔式起重机（图 6-12）。起重量为 2～6t，起重半径 8～20cm，最大起重高度 40m，起重力矩 400kN·m。

图 6-11　QT1-2 型塔式起重机　　　　　　图 6-12　QT1-6 型塔式起重机

3. QT60/80 塔式起重机

为上回转动臂变幅式起重机（图 6-13）。起重量 10t，起重力矩 600～800kN·m，起升高度可达 70m 左右。

（二）爬升式塔式起重机

爬升式塔式起重机是安装在建筑物内部电梯井或特设开间的结构上，借助爬升机构随建筑物的升高而向上爬升的起重机械(图 6-14)。一般每隔 1～2 层楼便爬升一次。其特点是塔身短,不需轨道和附着装置,不占施工场地,但全部荷载均由建筑物承受,拆卸时需在屋面架设辅助起重设备。

图 6-13　QT60/80 型塔式起重机

图 6-14　爬升式塔式起重机

爬升式塔式起重机由底座、套架、塔身、塔顶、起重臂和平衡臂等组成。其主要型号有 QT5-4/40 型、QT5-4/60 型和 QT3-4 型,其性能见表 6-1。

爬升式塔式起重机起重性能　　　　　　　　　　　　表 6-1

型　　号	起重量(t)	幅度(m)	起重高度(m)	一次爬升高度(m)
QT5-4/40	4	2～11	110	8.6
	4～2	11～20		
QT3-4	4	2.2～15	80	8.87
	3	15～20		

塔式起重机的爬升过程如图 6-15 所示,先用起重钩将套架提升到一个塔位处予以固

(a)　　　　　　　　　　(b)　　　　　　　　　　(c)

图 6-15　爬升过程示意图

定(图 6-15*b*)，然后松开塔身底座梁与建筑物骨架的连接螺栓，收回支腿，将塔身提至需要位置(图 6-15*c*)；最后旋出支腿，扭紧连接螺栓，即可再次进行安装作业(图 6-15*a*)。

（三）附着式塔式起重机

附着式塔式起重机是紧靠拟建的建筑物布置，塔身可借助顶升系统自行向上接高，随着建筑物和塔身的升高，每隔 20m 左右采用附着支架装置，将塔身固定在建筑物上，以保持稳定，如图 6-16 所示。

图 6-16　QT4-10 型塔式起重机

(*a*)全貌图；(*b*)性能曲线；(*c*)锚固装置图

QT4-10 型起重机的自升系统包括顶升套架、长行程液压千斤顶、承座、顶升横梁及定位销等。液压千斤顶的缸体安装在塔顶底部的承座上，其顶升过程可分为五个步骤(图 6-17)：

图 6-17　附着式塔式起重机的自升过程

(*a*)准备状态；(*b*)顶升塔顶；(*c*)推入标准节；(*d*)安装标准节；(*e*)塔顶与塔身联成整体

（1）准备状态：将标准节吊到摆渡小车上，并将过渡节与塔身标准节相连的螺栓松开，准备顶升。

（2）顶升塔顶：开动液压千斤顶，将塔式起重机上部结构包括顶升套架向上升到超过一个标准节的高度，然后用定位销将套架固定，这时，塔式起重机的重量便通过定位销传给塔身。

（3）推入标准节：将液压千斤顶回缩，形成引进空间，此时便将装有标准节的摆渡车推入。

（4）安装标准节：用千斤顶顶起接高的标准节，退出摆渡小车，将待接的标准节平稳地落到下面的塔身上，用螺栓拧紧。

（5）塔顶与塔身连接：拔出定位销，下降过渡节，使之与已接高的塔身联成整体。

第三节　单层工业厂房结构安装

装配式钢筋混凝土单层工业厂房的结构构件有基础、柱、基础梁、吊车梁、连系梁、托架、屋架、天窗架、屋面板、墙板及支撑等。除杯口基础现浇外，其余构件都是在现场吊装。

一、吊装前的准备工作

（一）场地清理与道路的修筑

构件吊装之前，按照现场施工平面布置图，标出起重机的开行路线，清理场地上的杂物，将道路平整压实，并做好排水工作。如遇到松软土或回填土，应铺设枕木或厚钢板。

（二）构件的检查与清理

为保证工程质量，对现场所有的构件要进行全面检查，检查构件的型号、数量、外形、截面尺寸、混凝土强度、预埋件位置、吊环位置等。

（三）构件的运输

构件运输时混凝土强度应满足设计要求，不应低于设计强度等级的75%。在运输过程中为保证构件受力合理，防止构件变形、倾倒、损坏，一定要将构件固定可靠，各构件间应有隔板和垫木，且上下垫木应在同一垂直线。

（四）构件的弹线与编号

构件在吊装前经过全面质量检查合格后，即可在构件表面弹出安装用的定位、校正墨线，作为构件安装、对位、校正的依据。在对构件弹线的同时，应按图纸对构件进行编号，编号应写在明显的部位。不易辨别上下左右的构件，应在构件上用记号标明，以免安装时将方向搞错。

（五）杯口基础的准备

柱基施工时，杯底标高一般比设计标高低（通常低5cm），柱在吊装前需对基础杯底标高进行一次调整（或称找平）。调整方法是测出杯底原有标高（小柱测中间一点，大柱测四个角点），再量出柱脚底面至牛腿面的实际长度，计算出杯底标高调整值，并在杯口内标出，然后用1:2水泥砂浆或细石混凝土将杯底找平至标志处。例如，测出杯底标高为-1.20m，牛腿面的设计标高是+7.80m，而柱脚至牛腿面的实际长度为8.95m，则杯底

标高调整值 $h=(7.80+1.20)-8.95=0.05$m。

此外，还要在基础杯口面上弹出建筑的纵、横定位轴线和柱的吊装准线，作为柱对位、校正的依据(图 6-18)。柱子应在柱身的三个面上弹出吊装准线(图 6-19)。柱的吊装准线应与基础面上所弹的吊装准线位置相适应。对矩形截面柱可按几何中线弹吊装准线；对工字形截面柱，为便于观测及避免视差，则应靠柱边弹吊装准线。

图 6-18　基础的准线

图 6-19　柱的准线

1—基础顶面线；2—地坪标高线；3—柱子中心线；

4—吊车梁对位线；5—柱顶中心线

二、构件吊装工艺

构件的吊装工艺有绑扎、吊升、对位、临时固定、校正、最后固定等工序。

（一）柱的吊装

1. 柱的绑扎

柱的绑扎方法、绑扎位置和绑扎点数，应根据柱的形状、长度、截面、配筋、起吊方法和起重机性能等因素确定。由于柱起吊时吊离地面的瞬间由自重产生的弯矩最大，其最合理的绑扎点位置，应按柱子产生的正负弯矩绝对值相等的原则来确定。一般中小型柱（自重 13t 以下）大多数绑扎一点；重型柱或配筋少而细长的柱（如抗风柱），为防止起吊过程中柱的断裂，常需绑扎两点甚至三点。对于有牛腿的柱，其绑扎点应选在牛腿以下200mm 处；工字形断面和双肢柱，应选在矩形断面处，否则应在绑扎位置用方木加固翼缘，防止翼缘在起吊时损坏。

根据柱起吊后柱身是否垂直，分为斜吊法和直吊法，相应的绑扎方法有如下两种。

（1）斜吊绑扎法

当柱平卧起吊的抗弯强度满足要求时，可采用斜吊绑扎法(图 6-20)。此法的特点是柱不需翻身，起重钩可低于柱顶，当柱身较长，起重机臂长不够时，用此法较方便，但因柱身倾斜，就位对中比较困难。

（2）直吊绑扎法

当柱平卧起吊的抗弯强度不足时，吊装前需先将柱翻身后再绑扎起吊，这时就要采取直吊绑扎法(图 6-21)。此法吊索从柱子两侧引出，上端通过卡环或滑轮挂在铁扁担上，柱身成垂直状态，便于插入杯口，就位校正。但由于铁扁担高于柱顶，须用较长的起重臂。

178

图 6-20　柱的斜吊绑扎法

1—吊索；2—活络卡环；3—柱；4—滑车；5—方木

图 6-21　柱的翻身及直吊绑扎法

(a)柱翻身绑扎法；(b)柱直吊绑扎法

　　此外，当柱较重较长、需采用两点起吊时，也可采用两点斜吊和直吊绑扎法(图 6-22)。

　　2. 柱的吊升方法

　　根据柱在吊升过程中的特点，柱的吊升可分为旋转法和滑行法两种。对于重型柱还可采用双机抬吊的方法。

　　(1) 旋转法

　　采用旋转法吊柱时(图 6-23)，柱脚宜近基础，柱的绑扎点、柱脚与基础中心三者宜位于起重机的同一起重半径的圆弧上。在起吊时，起重机的起重臂边升

图 6-22　柱的两点绑扎法

(a)斜吊；(b)直吊

钩、边回转，使柱绕柱脚旋转而成直立状态，然后将柱吊离地面插入杯口(图 6-24)。此法要求起重机应具有一定回转半径和机动性，故一般适用于自行杆式起重机吊装。其优点是，柱在吊装过程中振动小、生产率较高。

图 6-23　旋转法吊柱的平面布置

图 6-24　旋转法

　　尚须指出，采用旋转法吊柱，若受施工现场的限制，柱的布置不能做到三点共弧时，则可采用绑扎点与基础中心或柱脚与基础中心两点共弧布置，但在吊升过程中需改变回转

半径和起重机仰角，工效低，且安全度较差。

（2）滑行法

柱吊升时，起重机只升钩，起重臂不转动，使柱脚沿地面滑升逐渐直立，然后吊离地面插入杯口（图 6-25）。采用此法吊柱时，柱的绑扎点布置在杯口附近，并与杯口中心位于起重机同一起重半径的圆弧上（图 6-26）。

图 6-25　滑行法

图 6-26　滑行法吊柱的平面布置

滑行法的特点是柱的布置较灵活；起重半径小，起重杆不转动，操作简单；可以起吊较重、较长的柱子；适用于现场狭窄或采用桅杆式起重机吊装。但是柱在滑行过程中阻力较大，易受振动产生冲击力，致使构件、起重机引起附加内力；而且当柱子刚吊离地面时会产生较大的"串动"现象。为此，采用滑行法吊柱时，宜在柱的下端垫一枕木或滚筒，拉一溜绳，以减小阻力和避免"串动"。

（3）双机抬吊

当柱的重量较大，使用一台起重机无法吊装时，可以采用双机抬吊。双机抬吊仍可采用旋转法（两点抬吊）和滑行法（一点抬吊）。

双机抬吊旋转法，是用一台起重机抬柱的上吊点，另一台抬柱的下吊点，柱的布置应使两个吊点与基础中心分别处于起重半径的圆弧上，两台起重机并列于柱的一侧（图 6-27）。起吊时，两机同时同速升钩，将柱吊离地面为 $m+0.3m$，然后两台起重机起重臂同时向杯口旋转，此时，从动起重机 A 只旋转不提升，主动起重机 B 则边旋转边升钩直至柱直立，双机以等速缓慢落钩，将柱插入杯口中。

图 6-27　双机抬吊旋转法
(a)柱的平面布置；(b)双机同时提升吊钩；(c)双机同时向杯口旋转

180

3. 柱的对位与临时固定

如用直吊法时，柱脚插入杯口后，应悬离杯底 30～50mm 处进行对位。若用斜吊法时，则需将柱脚基本送到杯底，然后在吊索一侧的杯口中插入两个楔子，再通过起重机回转使其对位。对位时，应先从柱子四周向杯口放入 8 只楔块，并用撬棍拨动柱脚，使柱的吊装准线对准杯口上的吊装准线，并使柱基本保持垂直。

柱子对位后，应先将楔块略为打紧，待松钩后观察柱子沉至杯底后的对中情况，若已符合要求即可将楔块打紧，使之临时固定(图 6-28)。当柱基杯口深度与柱长之比小于 1/20，或具有较大牛腿的重型柱，还应增设带花兰螺栓的缆风绳或加斜撑措施来加强柱临时固定的稳定性。

图 6-28 柱的临时固定
1—楔子；2—柱子；3—基础

4. 柱的校正与最后固定

柱的校正包括平面位置、垂直度和标高。标高的校正应在与柱基杯底找平时同时进行。平面位置校正，要在对位时进行。垂直度的校正，则应在柱临时固定后进行。

垂直度的校正直接影响吊车梁、屋架等吊装的准确性，必须认真对待。要求垂直偏差的允许值：一般柱高为 5m 或小于 5m 时为 5mm；大于 5m 时为 10mm；当柱高为 10m 及大于 10m 的多节柱时为 1/1000 柱高，但不得大于 20mm。

柱垂直度的校正方法有敲打楔块法、千斤顶校正法、钢管撑杆斜顶法及缆风校正法等，如图 6-29 所示。

图 6-29 柱的校正
(a)螺旋千斤顶校正：1—螺旋千斤顶；2—千斤顶支座
(b)钢管撑杆斜顶法：1—钢管；2—头部摩擦板；3—底板；4—转动手柄；5—钢丝绳；6—卡环

对于中小型柱或偏斜值较小时，可用打紧或稍放松楔块进行校正。若偏斜值较大或重型柱，则用撑杆、千斤顶或缆风等校正。

柱校正后，应将楔块以每两个一组对称、均匀、分次地打紧，并立即进行最后固定。其方法是在柱脚与杯口的空隙中浇筑比柱子混凝土强度等级高一级的细石混凝土。混凝土的浇筑应分两次进行，第一次浇至楔块底面，待混凝土强度达到 25% 时，即可拔去楔块，再将混凝土浇满杯口，进行养护，待第二次浇筑混凝土强度达到 70% 后，方能安装上部构件。

（二）吊车梁的吊装

吊车梁吊装时应两点绑扎，对称起吊，吊钩应对准吊车梁重心，使其起吊后基本保持水平。对位时不宜用撬棍顺纵轴线方向撬动吊车梁，吊装后需校正标高、平面位置和垂直度。吊车梁的标高主要取决于柱子牛腿的标高，只要牛腿标高准确，其误差就不大，如存在误差，可待安装轨道时加以调整。平面位置的校正，主要是检查吊车梁纵轴线以及两列吊车梁之间的跨度上 L_k 是否符合要求。规范规定轴线偏差不得大于 5mm；在屋盖吊装前校正时，L_k 不得有正偏差，以防屋盖吊装后柱顶向外偏移，使 L_k 的偏差过大。

在检查校正吊车梁中心线的同时，可用锤球检查吊车梁的垂直度，若发现偏差，可在两端的支座面上加斜垫铁纠正。每叠垫铁不得超过三块。

一般较轻的吊车梁，可在屋盖吊装前校正，亦可在屋盖吊装后校正，较重的吊车梁，宜在屋盖吊装前校正。

吊车梁平面位置的校正，常用通线法及平移轴线法。通线法是根据柱轴线用经纬仪和钢尺准确地校正好一跨内两端的四根吊车梁的纵轴线和轨距，再依据校正好的端部吊车梁沿其轴线拉上钢丝通线，逐根拨正。平移轴线法是根据柱和吊车梁的定位轴线间的距离（一般为 750mm），逐根拨正吊车梁的安装中心线。

吊车梁校正后，应随即焊接牢固，并在接头处浇筑细石混凝土最后固定。

（三）屋架的吊装

1. 屋架的扶直与就位

钢筋混凝土屋架一般在施工现场平卧浇筑，吊装前应将屋架扶直就位。因屋架的侧向刚度差，扶直时由于自重影响，改变了杆件受力性质，容易造成屋架损伤。因此，应事先进行吊装验算，以便采取有效措施，保证施工安全。

按照起重机与屋架相对位置不同，屋架扶直可分为正向扶直与反向扶直。

（1）正向扶直

起重机位于屋架下弦一边，首先以吊钩对准屋架上弦中心，收紧吊钩，然后略略起臂使屋架脱模，随即起重机升钩升臂使屋架以下弦为轴缓缓转为直立状态（图 6-30a）。

（2）反向扶直

起重机位于屋架上弦一边，首先以吊钩对准屋架上弦中心，接着升钩并降臂，使屋架以下弦为轴缓缓转为直立状态（图 6-30b）。

正向扶直与反向扶直的最大区别在于扶直过程中，一为升臂，一为降臂。升臂比降臂易于操作且较安全，故应尽可能采用正向扶直。

屋架扶直后，立即进行就位。就位的位置与屋架安装方法、起重机的性能有关，应少占场地，便于吊装，且应考虑到屋架安装顺序、两端朝向等问题。一般靠柱边斜放或以3～5榀为一组平行柱边纵向就位。屋架就位后，应用8号铁丝、支撑等与已安装的柱或已就位的屋架相互拉牢，以保持稳定。

图 6-30　屋架扶直
(a)正向扶直；(b)反向扶直

2. 屋架的绑扎

屋架的绑扎点应选在上弦节点处，左右对称，并高于屋架重心，使屋架起吊后基本保持水平，不晃动、倾翻。吊索与水平线的夹角不宜小于45°，以免屋架承受过大的横向压力；必要时，为了减少绑扎高度和所受的横向压力，可采用横吊梁。吊点的数目及位置与屋架的形式和跨度有关，一般应经吊装验算确定。在屋架两端应加溜索，以控制屋架的转动。

当屋架跨度小于或等于18m时，采用两点绑扎（图6-31a）；屋架跨度为18～24m时，采用四点绑扎（图6-31b）；当跨度为30～36m时，采用9m横吊梁，四点绑扎（图6-31c）；侧向刚度较差的屋架，必要时应进行临时加固（图6-31d）；对于组合屋架，因刚性差、下弦不能承受压力，故绑扎时也应用横吊梁。

(a)　　　　(b)　　　　(c)　　　　(d)

图6-31　屋架的绑扎方法

3. 屋架的吊升、对位与临时固定

屋架的吊升是先将屋架吊离地面约300mm，然后将屋架转至吊装位置下方，再将屋架吊升超过柱顶约300mm，随即将屋架缓缓放至柱顶，进行对位。

屋架对位应以建筑物的定位轴线为准。如柱顶截面中心线与定位轴线偏差过大时，可逐步调整纠正。

屋架对位后，立即进行临时固定，第一榀屋架用四根缆风绳从屋架两边拉牢，或将屋架与抗风柱连接；第二榀以后的屋架均是用两根工具式支撑撑牢在前一榀屋架上（图6-32）。临时固定稳妥后，起重机才能脱钩。当屋架经校正、最后固定，并安装了若干块大型屋面板后，才能将支撑取下。

图6-32　屋架校正器

1—钢管；2—撑脚；3—屋架上弦；4—螺母；5—螺杆；6—摇把

4. 屋架的校正与固定

屋架的竖向偏差可用锤球或经纬仪检查。用经纬仪检查方法是在屋架上安装三个卡尺，一个安在上弦中点附近，另两个分别安在屋架两端。自屋架几何中心向外量出一定距离（一般为500mm）在卡尺上作出标志，然后在距离屋架中线同样距离（500mm）处安置经纬仪，观察三个卡尺上的标志是否在同一垂直面上。

用锤球检查屋架竖向偏差,与上述步骤相同,但标志距屋架几何中心距离可短些(一般为 300mm),在两端卡尺的标志间连一通线,自屋架顶卡尺的标志处向下挂锤球,检查三卡尺的标志是否在同一垂直面上(图6-33)。若发现卡尺标志不在同一垂直面上,即表示屋架存在竖向偏差,可通过转动工具式支撑上的螺栓加以纠正,并在屋架两端的柱顶上嵌入斜垫铁。

屋架校正垂直后,立即用电焊固定。焊接时,应在屋架两端同时对角施焊,避免两端同侧施焊。

图 6-33 屋架垂直度校正
1—屋架轴线;2—屋架;
3—标尺;4—固定螺杆

(四)天窗架及屋面板的吊装

天窗架常采用单独吊装;也可与屋架拼装成整体同时吊装,以减少高空作业,但对起重机的起重量和起重高度要求较高。天窗架单独吊装时,需待两侧屋面板安装后进行,并应用工具式夹具或绑扎圆木进行临时加固(图6-34)。

屋面板的吊装,一般多采用一钩多块迭吊或平吊法(图6-35),以发挥起重机的效能,提高生产率。吊装顺序,应由两边檐口左右对称逐块吊向屋脊,避免屋架承受半跨荷载。屋面板对位后,应立即焊接牢固,并应保证有三个角点焊接。

图 6-34 天窗架的绑扎
(a)两点绑扎;(b)回点绑扎

图 6-35 屋面板吊装
(a)多块迭吊;(b)多块平吊

三、结构吊装方案

在拟定单层工业厂房结构吊装方案时,应着重解决起重机的选择、结构吊装方法、起重机开行路线与构件的平面布置等问题。

(一)起重机的选择

起重机的选择直接影响构件的吊装方法、起重机开行路线与停机点位置、构件平面布置等问题。首先应根据厂房跨度、构件重量、吊装高度以及施工现场条件和当地现有机械设备等确定机械类型。一般中小型厂房结构吊装多采用自行杆式起重机;当厂房的高度和跨度较大时,可选用塔式起重机吊装屋盖结构。在缺乏自行杆式起重机或受地形限制自行杆式起重机难以到达地方,可采用拔杆吊装。对于大跨度的重型工业厂房,则可选用自行杆式起重机、牵缆式起重机、重型塔吊等进行吊装。

对于履带式起重机型号的选择,应使起重量、起重高度、起重半径均能满足结构吊装的要求(图6-36)。

图 6-36　起重机参数选择

1. 起重量

起重机起重量 Q 应满足下式要求：

$$Q \geqslant Q_1 + Q_2 \tag{6-1}$$

式中　Q_1——构件重量(t)；

　　　Q_2——索具重量(t)。

2. 起重高度

起重机的起重高度，必须满足所吊构件的高度要求，即：

$$H \geqslant h_1 + h_2 + h_3 + h_4 \tag{6-2}$$

式中　H——起重机的起重高度(m)，从停机面至吊钩的垂直距离；

　　　h_1——安装支座表面高度(m)，从停机面算起；

　　　h_2——安装间隙，应不小于0.3m；

　　　h_3——绑扎点至构件吊起后底面的距离(m)；

　　　h_4——索具高度(m)，自绑扎点至吊钩面，不小于1m。

3. 起重半径

在一般情况下，当起重机可以不受限制地开到构件吊装位置附近吊装时，对起重半径没有要求，在计算起重量及起重高度后，便可查阅起重机起重性能表或性能曲线来选择起重机型号及起重臂长度，并可查得在此起重量和起重高度下相应的起重半径，作为确定起重机开行路线及停机位置时参考。

当起重机不能直接开到构件吊装位置附近去吊装构件时，需根据起重量、起重高度和起重半径三个参数，查起重机起重性能表或曲线来选择起重机型号及起重臂长。

当起重机的起重臂需要跨过已安装好的结构去吊装构件时（如跨过屋架或天窗架吊屋面板），为了避免起重臂与已安装结构相碰，使所吊构件不碰起重臂，则需求出起重机的最小臂长及相应的起重半径。

(二) 结构吊装方法

单层工业厂房的结构吊装方法，有分件吊装法和综合吊装法两种。

1. 分件吊装法(亦称大流水法)

分件吊装法是指起重机每开行一次，仅吊装一种或两种构件(图 6-37)。

第一次开行，吊装完全部柱子，并对柱子进行校正和最后固定；

第二次开行，吊装吊车梁、连系梁及柱间支撑等；

第三次开行，按节间吊装屋架、天窗架、屋面板及屋面支撑等。

分件吊装的优点是：构件便于校正；构件可以分批进场，供应亦较单一，吊装现场不至拥挤；吊具不需经常更换，操作程序基本相同，吊装速度快；可根据不同的构件选用不同性能的起重机，能充分发挥机械的效能。其缺点是不能为后续工作及早提供工作面，起重机的开行路线长。

2. 综合吊装法（又称节间安装）

是起重机在车间内一次开行中，分节间吊装完所有各种类型构件。即先吊装4～6根柱子，校正固定后，随即吊装吊车梁、连系梁、屋面板等构件，待吊装完一个节间的全部构件后，起重机再移至下一节间进行安装（图6-38）。综合吊装法的优点是：起重机开行路线短，停机点位置少，可为后续工作创造工作面，有利于组织立体交叉平行流水作业，以加快工程进度。其缺点是，要同时吊装各种类型构件，不能充分发挥起重机的效能；且构件供应紧张，平面布置复杂，校正困难；必须要有严密的施工组织，否则会造成施工混乱，故此法很少采用。只有在某些结构（如门式结构）必须采用综合吊装时，或当采用桅杆式起重机进行吊装时，才采用综合吊装法。

图 6-37　分件吊装

1、2、3……为吊装构件顺序

（三）起重机的开行路线及停机位置

起重机开行路线与停机位置和起重机的性能、构件尺寸及重量、构件平面布置、构件的供应方式、吊装方法等有关。

当吊装屋架、屋面板等屋面构件时，起重机大多沿跨中开行；当吊装柱时，则视跨度大小、构件尺寸、重量及起重机性能，可沿跨中开行或跨边开行（图6-39）。

图 6-38　综合吊装

1、2、3……为吊装顺序

图 6-39　起重机吊装柱时的开行路线及停机位置

图6-40是一个单跨车间采用分件吊装时，起重机的开行路线及停机位置图。起重机自Ⓐ轴线进场，沿跨外开行吊装Ⓐ列柱（柱跨外布置）；再沿Ⓑ轴线跨内开行吊装Ⓑ列柱（柱跨内布置）；再转到Ⓐ轴扶直屋架及将屋架就位；再转到Ⓑ轴吊装Ⓑ列连系梁、吊车梁等；再转到Ⓐ轴吊装Ⓐ列吊车梁等构件；再转到跨中吊装屋盖系统。

当单层工业厂房面积大，或具有多跨结构时，为加速工程进度，可将建筑物划分为若干段，选用多台起重机同时进行施工。每台起重机可以独立作业，负责完成一个区段的全部吊装工作，也可选用不同性能的起重机协同作业，有的专门吊装柱子，有的专门吊装屋

图 6-40　起重机开行路线及停机位置

盖结构,组织大流水施工。

当厂房具有多跨并列和纵横跨时,可先吊装各纵向跨,以保证吊装各纵向跨时,起重机械、运输车辆畅通。如各纵向跨有高低跨,则应先吊高跨,然后逐步向两侧吊装。

(四)构件的平面布置与运输堆放

单层工业厂房构件的平面布置,是吊装工程中一项很重要的工作。构件布置得合理,可以避免构件在场内的二次搬运,充分发挥起重机械的效率。

构件的平面布置与吊装方法、起重机性能、构件制作方法等有关。故应在确定吊装方法、选择起重机械之后,根据施工现场的实际情况,会同有关土建、吊装施工人员共同研究确定。

1. 构件布置的要求

构件布置时应注意以下问题:

(1)每跨构件尽可能布置在本跨内,如确有困难时,才考虑布置在跨外而便于吊装的地方;

(2)构件布置方式应满足吊装工艺要求,尽可能布置在起重机的起重半径内,尽量减少起重机负重行驶的距离及起重臂的起伏次数;

(3)应首先考虑重型构件的布置;

(4)构件布置的方式应便于支模及混凝土的浇筑工作,预应力构件尚应考虑有足够的抽管、穿筋和张拉的操作场地;

(5)构件布置应力求占地最少,保证道路畅通,当起重机械回转时不至与构件相碰;

(6)所有构件应布置在坚实的地基上;

(7)构件的平面布置分预制阶段构件平面布置和吊装阶段构件就位布置,但两者之间有密切关系,需同时加以考虑,做到相互协调,有利吊装。

2. 柱的预制布置

需要在现场预制的构件主要是柱和屋架,吊车梁有时也在现场制作。其他构件均在构件厂或场外制作,运到工地就位吊装。

柱的预制布置,有斜向布置和纵向布置两种。

(1)柱的斜向布置

柱如以旋转法起吊,应按三点共弧斜向布置(图 6-41):

有时由于受场地或柱长的限制,柱的布置很难做到三点共弧,则可按两点共弧布置。其方法有两种:

一种是将柱脚与柱基安排在起重半径 R 的圆弧上，而将吊点放在起重半径 R 之外（图6-42）。

图 6-41　柱子斜向布置方式之一（三点共弧）

图 6-42　柱子斜向布置方式之二
（柱脚、基础两点共弧）

另一种是将吊点与柱基安排在起重半径 R 的同一圆弧上，两柱脚可斜向任意方向（图6-43）。吊装时，柱可用旋转法或滑行法吊升。

（2）柱的纵向布置

当柱采用滑行法吊装时，可以纵向布置（图 6-44），吊点靠近基础，吊点与柱基两点共弧。若柱长小于 12m，为节约模板和场地，两柱可以迭浇，排成一行；若柱长大于12m，则可排成两行迭浇。起重机宜停在两柱基的中间，每停机一次可吊两根柱子。

图 6-43　柱子斜向布置方式之三（吊点、柱基共弧）

图 6-44　柱的纵向布置

3. 屋架的预制布置

屋架一般在跨内平卧叠浇预制，每迭 3～4 榀，布置方式有三种：斜向布置、正反斜向布置及正反纵向布置（图 6-45）。

图 6-45　屋架预制布置
（a）斜向布置；（b）正反斜向布置；（c）正反纵向布置

在上述三种布置形式中，应优先考虑斜向布置，因为此种布置方式便于屋架的扶直就位。只有当场地受限制时，才采用其他两种形式。

在屋架预制布置时，还应考虑屋架扶直就位要求及扶直的先后顺序，应将先扶直后吊装的放在上层。同时也要考虑屋架两端的朝向，要符合吊装时对朝向的要求。

188

4．吊车梁的预制布置

当吊车梁安排在现场预制时，可靠近柱基顺纵向轴线或略作倾斜布置，也可插在柱的空档中预制。如具有运输条件，也可在场外预制。

5．屋架的扶直就位

屋架扶直后立即进行就位，按就位的位置不同，可分为同侧就位和异侧就位两种（图6-46）。同侧就位时，屋架的预制位置与就位位置均在起重机开行路线的同一边。异侧就位时，需将屋架由预制的一边转至起重机开行路线的另一边就位，此时，屋架两端的朝向已有变动。因此，在预制屋架时，对屋架的就位位置应事先加以考虑，以便确定屋架两端的朝向及预埋件的位置。

图 6-46　屋架就位示意图

（a）同侧就位；（b）异侧就位

屋架就位方式有两种：一种是靠柱边斜向就位；另一种是靠柱边成组纵向就位。

6．吊车梁、连系梁、屋面板的就位

单层工业厂房除了柱和屋架一般在施工现场制作外，其他构件如吊车梁、连系梁、屋面板等均在预制厂或附近的预制场制作，然后运至工地吊装。

构件运至现场后，应按施工组织设计所规定位置，按构件吊装顺序及编号，进行就位或集中堆放。梁式构件叠放不宜过高，常取2～3层；大型屋面板不超过6～8层。

吊车梁、连系梁的就位位置，一般在其吊装位置的柱列附近，跨内跨外均可。屋面板的就位位置，可布置在跨内或跨外（图6-47），当在跨内就位时，应向后退3～4个节间开始堆放；若在跨外就位，应向后退1～2个节间开始堆放。此外，也可根据具体条件采取随吊随运的方法。

图 6-47　屋面板吊装就位布置

图6-48为某车间预制构件布置图。柱、屋架均采用叠层预制，Ⓐ列柱跨外预制，Ⓑ列柱跨内预制，屋架在跨内靠Ⓐ轴线一侧预制，采用分件吊装方式，柱子吊升采用旋转法。起重机自Ⓐ轴线跨外进场，自①～⑩先吊Ⓐ列柱，然后转至Ⓑ轴线，自⑩～①吊装Ⓑ列柱，再吊装两根抗风柱。然后自①～⑩吊装Ⓐ列吊车梁、连系梁、柱间支撑等。然后自⑩～①扶直屋架、屋架就位、吊装Ⓑ列吊车梁、连系梁、柱间支撑以及屋面板卸车就位等。最后起重机自①～⑩吊装屋架、屋面支撑、天沟和屋面板，然后退场。

图 6-48 某车间预制构件平面布置图

第四节 多层工业厂房结构安装

一、吊装方案

多层装配式框架结构吊装的特点是：房屋高度大而占地面积较小，构件类型多、数量大、接头复杂、技术要求较高等。因此，在考虑结构吊装方案时，应着重解决吊装机械的选择和布置、吊装顺序和吊装方法等问题。

（一）起重机的选择

自行式塔式起重机在低层装配式框架结构吊装中使用较广。其型号选择，主要根据房屋的高度与平面尺寸、构件重量及安装位置，以及现有机械设备而定。应确定各种主要构件的重量 Q，及吊装时所需的起重半径 R；然后根据起重机械性能，验算其起重量、起重高度和起重半径是否满足要求（图 6-49）。对于高层（10 层以上）装配式建筑，由于高度较大，只有采用自升式塔式起重机才能满足起重高度的要求。自升式塔式起重机可布置在房屋内，随着房屋的升高往上爬升；亦可附着在房屋外侧。布置时，应尽量使建筑平面和构件堆场位于起重半径范围内。

图 6-49 塔式起重机工作参数计算简图

（二）起重机的布置

塔式起重机的布置方案主要根据建筑物平面形状、构件重量、起重机性能及施工现场地形条件确定。一般有以下四种方案（图 6-50）。

1. 单侧布置（图 6-50a、b）

当房屋宽度小，构件重量较轻时常采用单侧布置。此时，其起重半径 R 应满足：

图 6-50 塔式起重机布置方案

(a)、(b)单侧布置；(c)双侧布置；(d)跨内单行布置

$$R \geqslant b + a \tag{6-3}$$

式中　b——房屋宽度(m)；

　　　a——房屋外侧至塔轨中心线距离($a = 3 \sim 5m$)。

此种布置的优点是轨道长度较短，并在起重机的外侧有较宽的构件堆放场地。

2. 双侧布置(图 6-50c)

适用于房屋宽度较大或构件较重的情况下。起重半径应满足：

$$R = \frac{b}{2} + a \tag{6-4}$$

若吊装工程量大，且工期紧迫时，可在房屋两侧各布置一台起重机；反之，则可用一台起重机环形吊装。

3. 跨内单行布置(图 6-50d)

这种方案往往是因场地狭窄，在房屋外侧不可能布置起重机，或由于房屋宽度较大、构件较重时才采用。其优点是可减少轨道长度，并节约施工用地。缺点是只能采用竖向综合安装，结构稳定性差；构件多布置在起重半径之外，需增加二次搬运；对房屋外侧围护结构吊装也较困难；同时房屋的一端还应有长 20~30m 的场地，作为塔吊装拆之用。

4. 跨内环形布置

当房屋较宽、构件较重、起重机跨内单行布置不能起吊全部构件，而受场地限制又不可能跨外环形布置时，则宜采用跨内环形布置。

(三)预制构件现场布置

多层装配式框架结构除较重的柱以外，其他构件均在预制厂预制，然后运到现场进行安装。构件的现场布置是否合理，对提高吊装效率、保证吊装质量及减少二次搬运都有密切关系。因此，构件的布置也是多层框架吊装的重要环节之一。其原则是：

(1)尽可能布置在起重半径的范围内，以免二次搬运；

(2)重型构件靠近起重机布置，中小型则布置在重型构件外侧；

(3)构件布置地点应与吊装就位的布置相配合，尽量减少吊装时起重机的移动和变幅；

（4）如条件允许，中小型构件可考虑采用随运随吊，以减小构件堆场和装卸工序，有利于缩短工期。

柱为现场预制的主要构件，布置时应先予考虑。其布置方式，有与塔式起重机轨道相平行、倾斜及垂直三种方案（图6-51）。平行布置的优点是可以将几层柱通长预制，能减少柱接头的偏差。倾斜布置可用旋转法起吊，适用于较长的柱。当起重机在跨内开行时，为了使柱的吊点在起重半径范围内，柱宜与房屋垂直布置。

（a）　　　　　　　　　（b）　　　　　　　　　（c）

图6-51　使用塔式起重机吊装柱的布置方案
（a）平行布置；（b）倾斜布置；（c）垂直布置

二、结构吊装方法

多层框架结构的结构吊装方法，可分为分件安装法与综合安装法两种。

（一）分件安装法

根据其流水方式不同，又可分为分层分段流水安装法和分层大流水安装法。

分层分段流水安装法（图6-52），就是将多层房屋划分为若干施工层，并将每一施工层再划分若干安装段。起重机在每一段内按柱、梁、板的顺序分次进行安装，直至该段的构件全部安装完毕，再转移到另一段去。待一层构件全部安装完毕，并最后固定后，再安装上一层构件。

图6-52　分件安装法
（图中1、2、3……为安装顺序）

施工层的划分，则与预制柱的长度有关，当柱子长度为一个楼层高时，以一个楼层为一施工层；为二个楼层高时，以二个楼层为一施工层。由此可见，施工层的数目越多，则柱的接头数量多，安装速度就慢。因此，当起重机能力满足时，应增加柱子长度，减少施工层数。

安装段的划分，主要应考虑：保证结构安装时的稳定性；减少临时固定支撑的数量；使吊装、校正、焊接各工序相互协调，有足够的操作时间。因此，框架结构的安装段一般以4～8个节间为宜。

这种安装法的优点是：构件供应与布置较方便；每次吊同类型的构件，安装效率高；吊装、校正、焊接等工序之间易于配合。其缺点是起重机开行路线较长，临时固定设备较多。

分层大流水安装法与上述方法不同之处，主要是在每一施工层上勿须分段，因此，所需临时固定支撑较多，只适于在面积不大的房屋中采用。

分件安装法是框架结构安装最常采用的方法。其优点是容易组织吊装、校正、焊接、灌浆等工序的流水作业；易于安排构件的供应和现场布置工作；每次均吊装同类型构件，可提高安装速度和效率；各工序操作较方便安全。

（二）综合安装法

根据所采用吊装机械的性能及流水方式不同，又可分为分层综合安装法与竖向综合安装法。

分层综合安装法如图 6-53(a) 所示，就是将多层房屋划分为若干施工层，起重机在每一施工层中只开行一次，首先安装一个节间的全部构件，再依次安装第二节间、第三节间等。待一层构件全部安装完毕并最后固定后，再依次按节间安装上一层构件。

竖向综合安装法，是从底层直到顶层把第一节间的构件全部安装完毕后，再依次安装第二节间、第三节间等各层的构件，如图 6-53(b) 所示。

图 6-53　综合安装法
(a)分层综合安装；(b)竖向综合安装
（图中 1、2、3……为安装顺序）

三、结构构件吊装

多层装配式框架结构的结构形式有梁板结构和无梁楼盖结构两类。梁板式结构是由柱、主梁、次梁、楼板组成的。

多层装配式框架结构柱一般为方形或矩形截面。为便于制作和安装，各层柱的截面应尽量保持不变，以便于预制和吊装。柱的长度一般以 1～2 层楼高为一节，也可以 3～4 层为一节。当采用塔式起重机进行吊装时，柱长以 1～2 层楼高为宜；对 4～5 层框架结构，若采用履带式起重机吊装，柱长则采用一节到顶的方案。柱与柱的接头宜设在弯矩较小的地方或梁柱节点处，每层楼的柱接头应设在同一标高上，以便统一构件的规格，减少构件型号。

（一）柱的吊装

1. 绑扎

柱子长度在 12m 以内时，采用一点直吊绑扎法，柱子长度大于 12m 时，应采用两点绑扎，必要时进行吊装验算。应尽量避免采用多点绑扎，以防止在吊装过程中构件受力不均而产生裂缝或断裂。

2. 吊升

柱子的起吊方法与单层厂房柱吊装相同。上柱的底部都有外伸钢筋，吊装时必须采取保护措施，防止钢筋碰弯。外伸钢筋的保护方法有：用钢管保护柱脚外伸钢筋及用垫木保护外伸钢筋方法。用钢管保护柱脚外伸钢筋是柱起吊前将两根钢管用两根短吊索套在柱子两侧，起吊时钢筋始终着地，柱将要竖直时钢管和短吊索即自动落下。用垫木保护柱脚外伸钢筋是柱起吊前用垫木将榫式接头垫实，柱起吊时将绕榫头的底边转为竖直，外伸钢筋不着地。

3. 柱的临时固定与校正

框架底层柱与基础杯口的连接做法与单层工业厂房相同。上下两节柱的连接是多层框架结构安装的关键。其临时固定可用管式支撑。

柱的校正应按 2~3 次进行，首先在脱钩后电焊前进行初校；在柱接头电焊后进行第二次校正，观测焊接应力变形所引起的偏差。此外，在梁和楼板安装后还需检查一次，以消除焊接应力和荷载产生的偏差。柱在校正时，力求下节柱准确，以免导致上层柱的积累偏差。但当下节柱经最后校正仍存在偏差，若在允许范围内可以不再进行调整。在这种情况下吊装上节柱时，一般可使上节柱底部中心线对准下节柱顶部中心线和标准中心线的中点（图 6-54），即 $a/2$ 处，而上节柱的顶部，在校正时仍以标准中心线为准，以此类推。在柱的校正过程中，当垂直度和水平位移有偏差时，若垂直度偏差较大，则应先校正垂直度，后校正水平位移，以减少柱顶倾覆的可能性。柱的垂直度允许偏差值 $\leqslant H/1000$（H 为柱高），且不大于 10mm，水平位移允许在 5mm 以内。

对于细而长的框架柱，在阳光的照射下，温差对垂直度的影响较大，在校正时，必须考虑温差的影响，其措施有以下几点：

（1）在无阳光影响的时候（如阴天、早晨、晚间）进行校正。

（2）在同一轴线上的柱，可选择第一根柱（称标准柱）在无温差影响下精确校正，其余柱均以此柱作为校正标准。

（3）预留偏差（图 6-55）。其方法是在无温差条件下弹出柱的中心线，在有温差条件下校正 $l/2$ 处的中心线，使其与杯口中心线垂直，如图 6-55(a) 所示，测得柱顶偏移值为 Δ；再在同方向将柱顶增加偏移值 Δ，如图 6-55(b) 所示，当温差消失后该柱回到垂直状态，如图 6-55(c) 所示。

图 6-54　上下节柱校正时中心线偏差调整　　　　图 6-55　柱校正预留偏差简图
a—下节柱顶部中心线偏差；b—柱宽

4. 构件接头

在多层装配式框架结构中，构件接头的质量直接影响整个结构的稳定和刚度，必须加以充分重视。柱的接头类型有榫接头、插入式接头和浆锚接头三种。

（1）榫式接头（图 6-56）：是上下柱预制时各向外伸出一定长度（不小于 25d）的钢筋，上柱底部带有突出的榫头，柱安装时使钢筋对准，用剖口焊焊接，然后用比柱混凝土强度等级高 25% 的细石混凝土或膨胀混凝土浇筑接头。待接头混凝土达到 75% 强度等级后，再吊装上层构件。榫式接头，要求柱预制时最好采用通长钢筋，以免钢筋错位难以对接；

钢筋焊接时，应注重焊接质量和施焊方法，避免产生过大的焊接应力造成接头偏移和构件裂缝；接头灌浆要求饱满密实，不至下沉、收缩而产生空隙或裂纹。

（2）浆锚接头（图6-57）：是在上柱底部外伸四根长 300～700mm 的锚固钢筋；下柱顶部预留四个深约 350～750mm、孔径约（2.5～4）d（d 为锚固筋直径）的浆锚孔。接头前，先将浆锚孔清洗干净，并注入快凝砂浆；在下节柱的顶面满铺 10mm 厚的砂浆；最后把上柱锚固筋插入孔内，使上下柱连成整体。也可采用先插入锚固筋，然后进行灌浆或压浆工艺，即在上节柱的外伸锚固钢筋插入下节柱的浆锚孔后再进行灌浆，或用压力泵把砂浆压入。

图 6-56　榫式接头

1—上柱；2—上柱榫头；3—下柱；4—坡口焊；5—下柱外伸钢筋；

6—砂浆；7—上柱外伸钢筋；8—后浇接头混凝土

图 6-57　浆锚接头

1—上柱；2—上柱外伸锚固钢筋；

3—浆锚孔；4—下柱

（3）插入式接头（图6-58）：是将上节柱做成榫头，下节柱顶部做成杯口，上节柱插入杯口后，用水泥砂浆灌实成整体。此种接头不用焊接，安装方便，但在大偏心受压时，必须采取构造措施，以防受拉边产生裂缝。接头处灌浆的方法有压力灌浆和自重挤浆两种，压力灌浆的压力一般保持 0.2～0.3MPa。自重挤浆是先在杯口内放入砂浆，然后落下上柱自重挤出砂浆，装进杯口砂浆体积为接缝空隙体积的 1.5 倍。

（二）梁、柱接头

梁柱接头的做法很多，常用的有明牛腿刚性接头、齿槽式接头、浇筑整体式接头等，如图6-59所示。

明牛腿刚性接头在梁吊装时，只要将梁端预埋钢板和柱牛腿上预埋钢板焊接后起重机即可脱钩，然后进行梁与柱的钢筋焊接。这种接头安装方便，而且节点刚度大，受力可靠。但明牛腿占去了一部分空间，一般只用于多层工业厂房。

齿槽式接头是利用梁柱接头处设的齿槽来传递梁端剪力，所以取消了牛腿。梁柱接头处设角钢作为临时牛腿，以支撑梁采用。角钢支承面积小，不太安全，须将梁一端的上部

图 6-58　插入式接头

1—榫头纵向钢筋；

2—下柱钢筋

图 6-59　梁与柱的接头

(a)明牛腿式刚性接头；(b)齿槽式接头；(c)浇注整体式接头

1—坡口焊钢筋；2—浇捣细石混凝土；3—齿槽；4—附加钢筋；5—牛腿；6—垫板；7—柱；8—梁

接头钢筋焊好两根后方能脱钩。

浇筑整体式梁柱接头的基本做法是：柱为每层一节，梁搁大柱上，梁底钢筋按锚固长度要求上弯或焊接。配上箍筋后，浇筑混凝土至楼板面，待强度达 $10N/mm^2$ 即可安装上节柱，上节柱与榫接头柱相似，但上下柱的钢筋用搭接而不用焊接，搭接长度大于 20 倍柱钢筋直径。然后第二次浇筑混凝土到上柱的榫头上方并留 35mm 空隙用细石混凝土捻缝。

第五节　钢结构和网架结构安装

一、吊装前的准备工作

（一）基础的准备

钢柱基础的顶面通常设计为一平面，通过地脚螺栓将钢柱与基础连成整体。施工时应保证基础顶面标高及地脚螺栓位置准确。其允许偏差为：基础顶面高差为±2mm，倾斜度1/1000；地脚螺栓位置允许偏差，在支座范围内为5mm。施工时可用角钢做成固定架，将地脚螺栓安置在与基础模板分开的固定架上。

为保证基础顶面标高的准确，施工时可采用一次浇筑法或二次浇筑法进行。

1. 一次浇筑法

先将基础混凝土浇灌到低于设计标高约 40～60mm 处，然后用细石混凝土精确找平至设计标高，以保证基础顶面标高的准确。这种方法要求钢柱制作尺寸十分准确，且要保证细石混凝土与下层混凝土的紧密粘结，如图 6-60 所示。

2. 二次浇筑法

钢柱基础分两次浇筑。第一次浇筑到比设计标高低 40～60mm 处，待混凝土有一定强度后，上面放钢垫板，精确校正钢板标高，然后吊装钢柱。当钢柱校正完毕后，在柱脚钢板下浇灌细石混凝土，如图 6-61 所示。这种方法校正柱子比较容易，多用于重型钢柱吊装。

图 6-60 钢柱基础的一次浇筑法

图 6-61 钢柱基础的二次浇筑法
1—调整柱子用的钢垫板;
2—柱子安装后浇筑的细石混凝土

当基础采用二次浇筑混凝土施工时,钢柱脚应采用钢垫板或坐浆垫板作支承。垫板应设置在靠近地脚螺栓的柱脚底板加劲板或柱脚下,每根地脚螺栓侧应设 1~2 组垫块,每组垫板不得多于 5 块。垫板与基础面和柱底面的接触应平整、紧密。当采用成对斜垫板时,其叠合长度不应小于垫板长度的 2/3。采用坐浆垫板时,应采用无收缩砂浆。柱子吊装前砂浆试块强度应高于基础混凝土强度一个等级。

(二)构件的检查与弹线

在吊装钢构件之前,应检查构件的外形和几何尺寸,如有偏差应在吊装前设法消除。

在钢柱的底部和上部标出两个方向的轴线,在底部适当高度标出标高准线,以便校正钢柱的平面位置、垂直度、屋架和吊车梁的标高等。

对不易辨别上下、左右的构件,应在构件上加以标明,以免吊装时搞错。

(三)构件的运输、堆放

钢构件应根据施工组织设计要求的施工顺序,分单元成套供应。运输时,应根据构件的长度、重量选择车辆;钢构件在运输车辆上的支点、两端伸出的长度及绑扎方法均应保证构件不产生变形,不损伤涂层。

钢构件堆放的场地应平整坚实,无积水。堆放时应按构件的种类、型号、安装顺序分区存放。钢结构底层应设有垫枕,并且应有足够的支承面,以防支点下沉。相同型号的钢构件叠放时,各层钢构件的支点应在同一垂直线上,并应防止钢构件被压坏和变形。

二、构件的吊装工艺

(一)钢柱的吊装

1. 钢柱的吊升

钢柱的吊升可采用自行式或塔式起重机,用旋转法或滑行法吊升。当钢柱较重时,可采用双机抬吊,用一台起重机抬柱的上吊点,一台起重机抬下吊点,采用双机并立相对旋转法进行吊装,如图 6-62 所示。

2. 钢柱的校正与固定

图 6-62　两点抬吊吊装重型柱

(a)柱的平面布置及起重机就位图；(b)两机同时将柱吊升；

(c)两机协调旋转，并将柱调直；(d)将柱插入杯口

　　钢柱的校正包括平面位置、标高、垂直度的校正。平面位置的校正应用经纬仪从两个方向检查钢柱的安装准线。在吊升前应安放标高控制块以控制钢柱底部标高。垂直度的校正用经纬仪检验，如超过允许偏差，用千斤顶进行校正。在校正过程中，随时观察柱底部和标高控制块之间是否脱空，以防校正过程中造成水平标高的误差。

　　为防止钢柱校正后的轴线位移，应在柱底板四边用10mm厚钢板定位，并电焊牢固。钢柱复校后，紧固地脚螺栓，并将承重块上下点焊固定，防止走动。

（二）钢吊车梁的吊装

1. 吊车梁的吊升

　　钢吊车梁可用自行式起重机吊装，也可以用塔式起重机、桅杆式起重机等进行吊装，对重量很大的吊车梁，可用双机抬吊。

　　吊车梁吊装时应注意钢柱吊装后的位移和垂直度的偏差，认真做好临时标高垫块工作，严格控制定位轴线，实测吊车梁搁置处梁高制作的误差。钢吊车梁均为简支梁，梁端之间应留有10mm左右的间隙并设钢垫板，梁和牛腿用螺栓连接，梁与制动架之间用高强螺栓连接。

2. 钢吊车梁的校正与固定

　　吊车梁校正的内容包括标高、垂直度、轴线、跨距的校正。标高的校正可在屋盖吊装

前进行，其他项目校正可在屋盖安装完成后进行，因为屋盖的吊装可能引起钢柱变位。

吊车梁标高的校正，用千斤顶或起重机对梁作竖向移动，并垫钢板，使其偏差在允许范围内。

吊车梁轴线的校正可用通线法和平移轴线法，跨距的检验用钢尺测量，跨度大的车间用弹簧秤拉测（拉力一般为 100～200N），如超过允许偏差，可用撬棍、钢楔、花篮螺栓、千斤顶等纠正。

（三）钢屋架的吊装与校正

钢屋架的翻身扶直，吊升时由于侧向刚度较差，必要时应绑扎几道杉木杆，作为临时加固措施。

屋架吊装可采用自行式起重机、塔式起重机或桅杆式起重机等。根据屋架的跨度、重量和安装高度不同，选用不同的起重机械和吊装方法。

屋架的临时固定可用临时螺栓。

钢屋架的侧向稳定性差，如果起重机的起重量及起重臂的长度允许时，应先拼装两榀屋架及其上部的天窗架、檩条、支撑等成为整体，然后再一次吊装。这样可以保证吊装稳定性，同时也提高吊装效率。

钢屋架的校正内容主要包括垂直度和弦杆的正直度，垂直度用垂球检验，弦杆的正直度用拉紧的测绳进行检验。

屋架的最后固定，用电焊或高强螺栓。

三、连接与固定

钢结构连接方法通常有三种：焊接、铆接和螺栓连接等。钢构件的连接接头应经检查合格后方可紧固或焊接。焊接和高强度螺栓并用的连接，当设计无特殊要求时，应按先栓后焊的顺序施工。螺栓连接有普通螺栓和高强度螺栓两种。高强度螺栓有大六角头高强度螺栓和扭剪型高强度螺栓。钢结构用的扭剪型高强度螺栓连接副包括一个螺栓、一个螺母和一个垫圈，如图 6-63 所示。扭剪型高强度螺栓具有施工简单，受力好，可拆换，耐疲劳，能承受动力荷载，可目视判定是否终拧，不易漏拧，安全度高等优点。下面主要讲述高强度螺栓的施工。

图 6-63　高强螺栓连接
1—螺栓；2—垫圈；3—螺母

（一）摩擦面的处理

高强度螺栓连接，必须对构件摩擦面进行加工处理，在制造厂进行处理可用喷砂、喷（抛）丸、酸洗或砂轮打磨等。处理好的摩擦面应有保护措施，不得涂油漆或污损。制造厂处理好的摩擦面，安装前应逐个复验所附试件的抗滑移系数，抗滑移系数应符合设计要求，合格后方可安装。

（二）连接板安装

高强度螺栓板面接触要平整，连接板不能有翘曲变形，安装前应认真检查，对变形的连接板应矫正平整。因被连接构件的厚度不同，或制作及安装偏差等原因造成连接面之间的间隙，小于 1.0mm 间隙可不处理；1.0～3.0mm 的间隙，应将高出的一侧磨成 1：10

的斜面，打磨方向应与受力方向垂直；大于3.0mm的间隙应加垫板，垫板两面的处理方法应与构件相同。

（三）高强度螺栓安装

1. 安装要求

（1）钢结构拼装前，应清除飞边、毛刺、焊接飞溅物。螺栓摩擦面应保持干燥、整洁，不得在雨天作业。

（2）高强度螺栓连接副应按批号分别存放，并应在同批内配套使用。在储存、运输、施工过程中不得混放，要防止锈蚀、玷污和碰伤螺纹等可能导致扭矩系数变化的情况发生。

（3）选用的高强度螺栓的形式、规格应符合设计要求。施工前，高强度大六角头螺栓连接副应按出厂批号复验扭矩系数；扭剪型高强度螺栓连接副应按出厂批号复验预拉力，复验合格后方可使用。

选用螺栓长度应考虑构件的被连接厚度、螺母厚度、垫圈厚度和紧固后要露出的三扣螺纹的余长。

（4）高强度螺栓连接面的抗滑移系数试验结果应符合设计要求，构件连接面与试件连接面表面状态相符。

2. 安装方法

（1）高强度螺栓接头应采用冲钉和临时螺栓连接。临时螺栓的数量应为接头上螺栓总数的1/3，并不少于两个，冲钉使用数量不宜超过临时螺栓数量的30%。安装冲钉时严禁强行击打，避免造成螺孔变形从而形成飞边。严禁使用高强度螺栓代替临时螺栓，以防因损伤螺纹造成扭矩系数增大。

对于错位的螺栓孔应用铰刀或粗锉刀进行处理规整，处理时应先紧固临时螺栓主板至叠层间无间隙，以防切屑落入。螺栓孔也不得采用气割扩孔。

钢结构应在临时螺栓连接状态下进行安装精度校正。

（2）钢结构安装精度调整达到校准规定后便可安装高强螺栓。首先安装接头中那些未装临时螺栓和冲钉的螺孔。螺栓应能自由垂直穿入螺栓和冲钉的螺孔，穿入方向应该与其保持一致。每个螺栓一端不得垫2个及以上的垫圈，不得采用大螺母代替垫圈。

已安装上的高强度螺栓用普通扳手充分拧紧后，再逐个用高强度螺栓换下冲钉和临时螺栓。

在安装过程中，连接副的表面如果涂有过多的润滑剂或防锈剂时，应使用干净的布轻轻揩拭掉多余的涂脂，防止其安装后流到连接面中。不得用清洗剂清洗，否则会造成扭矩系数变化。

（四）高强度螺栓的紧固

为了使每个螺栓的预拉力均匀相等，高强度螺栓拧紧可分为初拧和终拧。对于大型节点应分初拧、复拧和终拧，复拧扭矩应等于初拧扭矩。

初拧扭矩值不得小于终拧扭矩值的30%，一般为终拧扭矩的60%~80%。

高强度螺栓终拧扭矩值按下式计算：

$$T_c = K(P + \Delta p)d \tag{6-5}$$

式中　T_c——终拧扭矩(N·m);

P——高强度螺栓设计预拉力(kN);

Δp——预拉力损失值(kN),取设计预拉力的10%;

d——高强度螺栓螺纹直径(mm);

K——扭矩系数,扭剪型螺栓取$K=0.13$。

高强度螺栓的安装应按顺序旋拧,宜由螺栓群中央顺序向外拧紧。并应在当天终拧完毕,其外露丝扣不得少于3扣。

高强度螺栓多用电动扳手进行紧固,如图6-64所示。

图6-64　扭剪型高强螺栓终拧过程示意图

1—尾部梅花卡头;2—螺栓尾部切口;3—螺栓;4—六角螺母;
5—垫圈;6—被连接件;7—被连接件;8—螺母套筒;9—梅花卡头筒

电动扳手不能使用的场合,用测力扳手进行紧固。紧固后用色彩鲜明的涂料在螺栓尾部涂上终拧标记备查。

对已紧固的高强度螺栓,应逐个检查验收。对于终拧时用电动扳手紧固的扭剪型高强度螺栓,应以目测尾部梅花头拧掉为合格。对于用测力扳手紧固的高强度螺栓,仍用测力扳手检查是否紧固到规定的终拧扭矩值。

采用转角法施工时,初拧结束后应在螺母与螺杆端面同一处刻划出终拧角的起始线和终止线以待检查。

大六角头高强度螺栓采用扭矩法施工后,检查时应将螺母回退30°~50°再拧至原位,来测定终拧扭矩值,其偏差不得大于±10%。

欠拧漏拧者应及时补拧、超拧者应予更换。欠拧、漏拧宜用0.3~0.5kg重的小锤逐个敲检。

复习思考题

1. 常用的索具设备有哪些?各适用于哪些范围?

2. 常用的起重机械有几种类型?各有何特点?各适用于哪些范围?

3. 试述履带式起重机回转半径、起重高度和起重量之间的关系。
4. 单层工业厂房吊装前应做哪些准备工作？为什么要做这些准备工作？
5. 柱子的起吊方法有哪几种？各有什么特点？适用于什么情况？
6. 柱子的绑扎方法有哪几种？其适用条件如何？
7. 如何校正吊车梁的安装位置？
8. 屋架的扶直就位有哪些方法？应注意哪些问题？
9. 试分析分件安装法和综合安装法的优缺点。

第七章　防　水　工　程

　　防水工程质量好坏，直接影响到建筑物和构筑物的寿命，影响到生产活动和人民生活能否正常进行。因此，防水工程的施工必须严格遵守有关操作规程，切实保证工程质量。

　　防水工程按其构造做法分为结构自防水和防水层防水两大类。结构自防水：主要是依靠建筑物构件材料自身的密实性及某些构造措施（坡度、埋设止水带等），使结构构件起到防水作用。防水层防水：是在建筑物构件的迎水面或背水面以及接缝处，附加防水材料做成防水层，以起到防水作用。

　　防水工程按其部位分为：屋面防水、地下防水、厨房、卫生间防水等。

　　防水工程又可分为柔性防水（如卷材防水、涂膜防水等）；刚性防水（如刚性材料防水、结构自防水等）。

第一节　防　水　材　料

常用的防水材料有防水卷材、防水涂料、建筑密封材料及防水剂等。

一、防水卷材

防水卷材是建筑工程防水材料的重要品种之一。防水卷材应具有以下特性：

　　（1）水密性，即具有一定的抗渗能力，吸水率低，浸泡后防水能力降低少；

　　（2）大气稳定性好，在阳光紫外线、臭氧老化作用下性能仍保持长久；

　　（3）温度稳定性好，高温不流淌变形，低温不脆断，在一定温度条件下，保持性能良好；

　　（4）一定的力学性能，能承受施工及变形条件下产生的荷载，具有一定的强度和伸长率；

　　（5）施工性良好，便于施工，工艺简便；

　　（6）污染少，对人身和环境无污染。

　　目前，防水卷材主要包括沥青防水卷材、高聚物改性沥青防水卷材、合成高分子防水卷材三大系列。

　　（一）沥青防水卷材

　　沥青防水卷材是用原纸、纤维织物、纤维毡等胎体浸涂沥青，表面撒布粉状、粒状或片状材料制成可卷曲的片状防水材料。常用的有纸胎沥青油毡、玻璃纤维毡沥青油毡。

　　（二）高聚物改性沥青防水卷材

　　由于沥青防水卷材含蜡量高，延伸率低，温度的敏感性强，在高温下易流淌，低温下易脆裂和龟裂，因此只有对沥青进行改性处理，提高沥青防水卷材的拉伸强度、延伸率、在温度变化下的稳定性以及抗老化等性能，才能适应建筑防水材料的要求。

沥青改性以后制成的卷材，叫作改性沥青防水卷材。目前，对沥青的改性方法主要有：利用合成高分子聚合物进行改性、沥青催化氧化、沥青的乳化等。

合成高分子聚合物（简称高聚物）改性沥青防水卷材主要包括下列各类：

1. SBS 改性沥青防水卷材

SBS 改性沥青防水卷材是以聚酯纤维无纺布为胎体，以 SBS 橡胶改性石油沥青为浸渍涂盖层，以塑料薄膜为防粘隔离层，经多道工艺加工而成的一种防水卷材，具有以下特点：

（1）改善了卷材的弹性和耐疲劳性。SBS 热塑性弹性体材料具有橡胶和塑料的双重性。在常温下，具有橡胶状的弹性，在高温下又像塑料一样具有熔融流动性，是塑料、沥青等脆性材料的增韧剂。用经 SBS 改性后的沥青作防水卷材的浸渍涂盖层，可提高卷材的弹性和耐疲劳性，延长卷材的使用寿命。

（2）提高了卷材的耐高、低温性能。将 SBS 改性沥青防水卷材加热到 90℃，观察 2h，卷材表面仍不起泡、不流淌；当温度降到 −75℃ 时，卷材仍然具有一定的柔软性；−50℃ 以下仍然具有防水功能。故可适用于寒冷和炎热地区。

（3）耐老化、施工简单。SBS 改性沥青防水卷材的抗拉强度高、延伸率高、自重轻、耐老化，施工方便简单，可用热熔或冷粘结施工。

2. APP 改性沥青防水卷材

APP 是无规聚丙烯塑料的代号。APP 改性沥青防水卷材是以玻纤毡、聚酯毡为胎体，以 APP 改性石油沥青为浸渍涂盖层，均匀致密地浸渍在胎体两面，采用片岩彩色砂或金属箔等作面层防粘隔离材料，底面复合塑料薄膜，经多道工艺加工而成的一种中、高档防水卷材，具有以下特点：

（1）抗拉强度高、延伸率大。APP 改性沥青防水卷材复合在具有良好物理性能的玻纤毡或聚酯毡上，使制成的防水卷材具有抗拉强度高、延伸率大的特点。

（2）具有良好的耐热性。APP 改性沥青防水卷材适应的温度范围是 −15～130℃，尤其是耐紫外线的能力比其他改性沥青卷材都强，适用于炎热地区。

（3）抗老化性能好。APP 是生产聚丙烯的副产品，它在改性沥青中呈网状结构，与石油沥青有良好的互溶性，将沥青包在网中。APP 分子结构稳定，受高温、阳光照射后，分子结构不会重新排列，老化期长（可达 20 年以上）。

（4）施工简单、无污染。APP 改性沥青防水卷材具有良好的憎水性和粘结性，可冷粘施工、热熔施工，干净，无污染。

APP 改性沥青防水卷材用途广泛，可用于屋面、厕浴间、地下工程、桥梁、停车场、游泳池、隧道、蓄水池等，由于它的耐高温性能好，故非常适于炎热地区的建筑物防水。

3. PVC 改性煤焦油砂面防水卷材

PVC 是聚氯乙烯塑料的代号。PVC 改性煤焦油砂面卷材是以玻纤毡为胎体，两面涂覆 PVC 改性的煤焦油，并在油毡的上表面撒以各种彩砂粒料，下表面粘贴 PVC 薄膜作隔离材料，经加工制成的一种防水卷材，具有以下特点：

（1）低温性能好，有一定的延伸率；

（2）具有良好的耐热性，可冷粘、热粘施工；

（3）卷材表面有各种彩砂，色彩多，能美化环境。

PVC改性煤焦油砂面防水卷材适用于各种工业与民用建筑的外露和带保护层的地下、屋面、室内防潮等防水工程。

4. 再生胶改性沥青防水卷材

再生胶改性沥青防水卷材是再生橡胶粉中掺入适量石油沥青和化学助剂，进行高温高压处理后，再掺入一定数量的填充料，经压延而制成的一种无胎基防水材料。其延伸率大、低温柔韧性好、耐腐蚀性强、耐水性好、耐热稳定性好，可单层冷施工，价格低廉，具有以下特点：

（1）耐高、低温性能好，能在－20～＋80℃之间正常使用；

（2）延伸率大，能适应基层局部变形的需要；

（3）自重轻，抗老化性能好，耐腐蚀性强；

（4）使用寿命长(10～15年)，是纸胎油毡的2～3倍，而价格与纸胎油毡相近。具有较好的性价比；

（5）施工简单、无污染。可采用冷粘法施工。

再生胶改性沥青防水卷材，适用于屋面及地下接缝和满铺防水层，尤其适用于有保护层的屋面或基层沉降较大的建筑物变形缝处的防水。

5. 废橡胶粉改性沥青防水卷材

废橡胶粉改性沥青防水卷材是用350g/m²的油毡原纸作胎体，用废橡胶粉改性沥青作涂覆层，用滑石粉作撒布料、用传统沥青油毡的生产工艺制成的一种防水卷材。其抗拉强度、低温柔韧性都比纸胎油毡有明显提高，适用于寒冷地区的一般建筑防水工程。

（三）合成高分子防水卷材

合成高分子防水卷材是以合成橡胶、合成树脂或两者的共混体为基料，加入适量的化学助剂和填充料，经混炼、压延或挤出等工序加工而成的、可卷曲的片状防水材料，其中又可分为加筋增强与非加筋增强型两种。合成高分子防水卷材具有拉伸强度和抗撕裂强度高、断裂延伸率大、耐热性和低温柔性好、耐腐蚀、耐老化等一系列优异的性能，是新型高档防水卷材。此类卷材按厚度分为1、1.2、1.5、2.0mm等规格，一般为单层铺设，可采用冷粘法或自粘法施工。常见合成高分子防水卷材有：三元乙丙橡胶防水卷材、丁基橡胶防水卷材、氯化聚乙烯防水卷材、氯磺化聚乙烯防水卷材、聚氯乙烯防水卷材、氯化聚乙烯-橡胶共混防水卷材、三元乙丙橡胶-聚乙烯共混防水卷材等。

二、防水涂料

防水涂料是一种流态或半流态的高分子物质，可用刷、喷等工艺涂布在基层表面，经溶剂或水分挥发或各组分间的化学反应，形成具有一定弹性和一定厚度的连续薄膜，使基层表面与水隔绝，起到防水、防潮的作用。

防水涂料固化成膜后的防水涂膜具有良好的防水性能，特别适合于各种复杂不规则部位的防水，能形成无接缝的完整防水膜。它多采用冷施工，施工快捷、方便；涂布的防水涂料既是防水层的主体，又是胶粘剂，因而施工质量容易保证，维修也较简单。但是，防水涂料须采用刷子或刮板等逐层涂刷(刮)，故防水膜的厚度较难保持均匀一致。防水涂料广泛应用于工业与民用建筑的屋面防水、墙身防水和楼地面防水，地下室和设备管道的防水，也用于旧房屋的维修和补漏等。

防水涂料按构成类型分为溶剂型、水乳型和反应型。按成膜物质的主要成分可分为沥青防水涂料、高聚物改性沥青防水涂料和合成高分子防水涂料三大类。典型品种有石灰乳化沥青涂料，是以石油沥青为基料、石灰膏为乳化剂，在机械强制搅拌下将沥青乳化制成的厚质防水涂料；水乳型氯丁橡胶沥青防水涂料，以沥青为基料，用合成高分子聚合物改性后配制而成；合成高分子防水涂料以合成橡胶或合成树脂为主要成膜物质，配制成单组分或多组分的防水涂料。

防水涂料的使用，应考虑建筑的特点、环境条件和使用情况等因素，结合防水涂料的特点和性能指标选择。

三、建筑密封材料

建筑密封材料是能承受位移并具有高气密性及水密性而嵌入建筑接缝中的定形和不定形的材料。

定形密封材料是具有一定形状和尺寸的密封材料，包括封条带和止水带，如铝合金门窗橡胶封条、丁腈胶-PVC门窗封条、自黏性橡胶、橡胶止水带、塑料止水带等。定形密封材料按密封机理的不同可分为遇水非膨胀型和遇水膨胀型两类。

不定形密封材料通常是黏稠状的材料，分为弹性密封材料和非弹性密封材料。目前，常用的不定形密封材料有沥青嵌缝油膏、聚氯乙烯接缝膏和塑料油膏、丙烯酸类密封膏、聚氨酯密封膏以及聚硫类防水密封材料。

四、防水剂

防水剂是由化学原料配制而成的一种能起到速凝和提高水泥浆或混凝土不透水性的外加剂。按一定比例掺入水泥砂浆或混凝土中以形成防水砂浆或防水混凝土。前些年使用的防水剂有氯化物金属盐类防水剂、金属皂类防水剂和硅酸钠防水剂，近年来又开发出有机硅建筑防水剂、无机铝盐防水剂、M1500水泥密封剂、V型混凝土膨胀剂和FS系列混凝土防水剂等。

第二节　屋面工程防水施工

屋面防水根据建筑物的性质、重要程度、使用功能要求以及防水层耐用年限等，分为四个等级，并按相应等级设防(表7-1)。

屋面防水等级和设防要求　　　　　　　　　　　　　　　　表7-1

项　目	屋 面 防 水 等 级			
	I	II	III	IV
建筑物类别	特别重要或对防水有特殊要求的建筑	重要的建筑和高层建筑	一般的建筑	非永久性的建筑
防水层合理使用年限	25年	15年	10年	5年

项 目	屋 面 防 水 等 级			
	Ⅰ	Ⅱ	Ⅲ	Ⅳ
防水层选用材料	宜选用合成高分子防水卷材、高聚物改性沥青防水卷材、金属板材、合成高分子防水涂料、细石混凝土等材料	宜选用高聚物改性沥青防水卷材、合成高分子防水卷材、金属板材、合成高分子防水涂料、细石混凝土、平瓦、油毡瓦等材料	宜选用三毡四油沥青防水卷材、高聚物改性沥青防水卷材、合成高分子防水卷材、金属板材、高聚物改性沥青防水涂料、合成高分子防水涂料、细石混凝土、平瓦、油毡瓦等材料	可选用二毡三油沥青防水卷材、高聚物改性沥青防水涂料等材料
设防要求	三道或三道以上防水设防	二道防水设防	一道防水设防	一道防水设防

防水屋面的常用做法有卷材防水屋面、涂膜防水屋面和刚性防水屋面等。

一、卷材防水屋面

卷材防水屋面是用胶结材料粘贴卷材进行防水的屋面。这种屋面具有重量轻、防水性能好的优点,其防水层的柔韧性好,能适应一定程度的结构振动和胀缩变形。所用卷材有传统的沥青防水卷材、高聚物改性沥青防水卷材和合成高分子防水卷材等三大系列。

卷材防水屋面的构造如图 7-1 所示。

图 7-1　卷材屋面构造层次示意图
(a)不保温卷材屋面;(b)保温卷材屋面

(一) 结构层施工的要求

现浇钢筋混凝土屋面板应连续浇筑,不宜留施工缝,振捣密实,表面平整,并符合规定的排水坡度;预制楼板则要求安放平稳牢固,相邻屋面板高低差不大于 10mm,板缝间应用细石混凝土嵌填密实。结构层表面应清理干净并平整。

(二) 找平层施工

找平层一般为结构层(或保温层)与防水层的中间过渡层,可使卷材铺贴平整,粘结牢固,并具有一定强度。找平层一般采用 1:3 水泥砂浆、细石混凝土或 1:8 沥青砂浆,按设计留置坡度,屋面转角处设半径不小于 100mm 的圆角或斜边长 100～150mm 的钝角垫坡。为了防止由于温差和结构层的伸缩而造成防水层开裂，顺屋架或承重墙方向留设20mm 左右的分格缝。

水泥砂浆找平层的铺设应由远而近，由高到低；每分格内应一次连续铺成，用 2m 左右长的木条找平；待砂浆稍收水后，用抹子压实抹平。完工后尽量避免踩踏。

沥青砂浆找平层施工，基层必须干燥，然后满涂冷底子油 1～2 道，待冷底子油干燥后，可铺设沥青砂浆，其虚铺厚度约为压实后厚度的 1.3～1.4 倍，刮干后，用火滚进行滚压至平整、密实、表面不出现蜂窝和压痕为止。滚筒应保持清洁，表面可涂刷柴油。滚压不到之处，可用烙铁烫压平整，沥青砂浆铺设后，当天应铺第一层卷材，否则要用卷材盖好，防止雨水、露水浸入。

（三）隔汽层施工

隔汽层可采用气密性好的卷材或防水涂料。一般是在结构层（或找平层）上涂刷冷底子油一道和热沥青二道，或铺设一毡二油。

隔汽层必须是整体连续的。在屋面与垂直面衔接的地方，隔汽层还应延伸到保温层顶部并高出 150mm，以便与防水层相接。采用油毡隔汽层时，油毡的搭接宽度不得小于70mm。采用沥青基防水涂料时，其耐热度应比室内或室外的最高温度高出 20～25℃。

（四）保温层施工

根据所使用的材料，保温层可分为松散、板状和整体三种形式。

1. 松散材料保温层施工

施工前应对松散保温材料的粒径、堆积密度、含水率等主要指标抽样复查，符合设计或规范要求时方可使用。施工时，松散保温材料应分层铺设，每层虚铺厚度不宜大于150mm，边铺边适当压实，使表面平整。压实程度与厚度应经试验确定，其厚度与设计厚度的允许偏差为 ±5%，且不得大于 4mm；压实后不得直接在保温层上行车或堆放重物。保温层施工完成后应及时进行下道工序——抹找平层。铺抹找平层时，可在松散保温层上铺一层塑料薄膜等隔水物，以阻止找平层砂浆中水分被保温材料所吸收。

2. 板状保温层施工

板状保温材料的外形应整齐，其厚度允许偏差为 ±5%，且不大于 4mm，其表观密度、导热系数以及抗压强度也应符合规范规定的质量要求。板状保温材料可以干铺，应紧靠基层表面铺平、垫稳，接缝处应用同类材料碎屑填嵌饱满；也可用胶粘剂粘贴形成整体。多层铺设或粘贴时，板材的上、下层接缝要错开，表面要平整。

3. 整体保温层施工

常用的有水泥或沥青膨胀珍珠岩及膨胀蛭石，分别选用强度等级不低于 32.5 级的水泥或 10 号建筑石油沥青作胶结料。水泥膨胀珍珠岩、水泥膨胀蛭石宜采用人工搅拌，避免颗粒破碎，并应拌合均匀，随拌随铺，虚铺厚度应根据试验确定，铺后拍实抹平至设计厚度，压实抹平后应立即抹找平层；沥青膨胀珍珠岩、沥青膨胀蛭石宜采用机械搅拌，拌至色泽一致、无沥青团，沥青的加热温度不高于 240℃，使用温度不低于 190℃，膨胀珍珠岩、膨胀蛭石的预热温度宜为 100～120℃。

（五）卷材防水层施工

1. 施工前的准备工作

卷材防水层施工前应在屋面上其他工程完工后进行。施工前应先在阴凉干燥处将油毡打开，清除云母片或滑石粉，然后卷好直立放于干净、通风、阴凉处待用；准备好熬制、拌合、运输、刷油、清扫、铺贴油毡等施工操作工具以及安全和灭火器材；设置水平和垂直运输的工具、机具和脚手架等，并检查是否符合安全要求。

2. 卷材铺贴的一般要求

铺贴多跨和高、低跨的房屋卷材防水层时，应按先高后低、先远后近的顺序进行；铺贴同一跨房屋防水层时，应先铺排水比较集中的水落口、檐口、斜沟、天沟等部位及卷材附加层，按标高由低到高向上施工；坡面与立面的油毡，应由下开始向上铺贴，使油毡按流水方向搭接，如图 7-2 所示。

图 7-2 卷材平行屋脊铺贴搭接要求

油毡铺贴的方向应根据屋面坡度或屋面是否存在振动而确定。当坡度小于 3％时，油毡宜平行屋脊方向铺贴；坡度在 3％～5％时，油毡可平行或垂直屋脊方向铺贴，坡度大于 15％或屋面受振动时，应垂直屋脊铺贴。卷材防水屋面坡度不宜超过 25％。油毡平行于屋脊铺贴时，长边搭接不小于 70mm；短边搭接平屋顶不应小于 100mm，坡屋顶不宜小于 150mm。当第一层油毡采用条粘、点粘或空铺时，长边搭接不应小于 100mm，短边不应小于 150mm，相邻两幅毡短边搭接缝应错开不小于 500mm，上、下两层油毡应错开 1/3 或 1/2 幅宽；上、下两层油毡不宜相互垂直铺贴；垂直于屋脊的搭接缝应顺主导风向搭接；接头顺水流方向，每幅油毡铺过屋脊的长度应不小于 200mm。为保证油毡搭接宽度和铺贴顺直，铺贴油毡时应弹出标线。油毡铺贴前，找平层应干燥。现场检验找平层干燥程度的简易方法是：将 $1m^2$ 卷材平坦地干铺在找平层上，静置 3～4h 后掀开卷材，检查找平层覆盖部位与卷材上有无水印，如果未见水印即可铺设隔汽层或防水层。

3. 沥青防水卷材施工

沥青防水卷材一般为叠层铺设，采用热铺贴法施工。该法分为满贴法、条粘法、空铺法和点粘法四种。满贴法是将油毡下满涂玛琋脂（即沥青胶结材料），使油毡与基层全部粘结。铺贴油毡时，如保温层和找平层干燥有困难，需在潮湿的基层上铺贴油毡时，常采用空铺法、条铺法、点粘法与排气屋面相结合。空铺法是指铺贴防水卷材时，卷材与基层仅四周一定宽度内粘结、其余部分不粘结的施工方法。点粘法是铺贴防水卷材时，卷材或打孔卷材与基层采用点状粘结的施工方法，每 $1m^2$ 粘结不少于 5 个点，每点面积为 100mm×100mm。条粘法铺贴卷材时，卷材与基层粘结面不少于两条，每条宽度不少于 150mm。

排汽屋面的施工：卷材应铺设在干燥的基层上。当屋面保温层或找平层干燥有困难而又急需铺设屋面卷材时，则应采用排汽屋面。排汽屋面是整体连续的，在屋面与垂直面连接的地方，隔汽层应延伸到保温层顶部，并高出 150mm，以便与防水层相连，要防止房间内的水蒸气进入保温层，造成防水层起鼓破坏，保温层的含水率必须符合设计要求。在铺贴第一层卷材时，采用条粘、点粘、空铺等方法使卷材与基层之间留有纵横相互贯通的空隙作排汽道，排汽道的宽度30~40mm，深度一直到结构层。对于有保温层的屋面，也可在保温层上的找平层上留槽作排汽道，并在屋面或屋脊上设置一定的排汽孔（每36m²左右一个）与大气相通，这样就能使潮湿基层中的水分蒸发排出，防止了油毡起鼓。排汽屋面适用于气候潮湿，雨量充沛，夏季阵雨多，保温层或找平层含水率较大，且干燥有困难地区。

4. 高聚物改性沥青防水卷材施工

依据高聚物改性沥青防水卷材的特性，其施工方法有冷粘法、热熔法和自粘法。在立面或大坡面铺贴高聚物改性沥青防水卷材时，应采用满粘法，并宜减少短边搭接。

（1）冷粘法施工

冷粘法施工是利用毛刷将胶粘剂涂刷在基层或卷材上，然后直接铺贴卷材，使卷材与基层、卷材与卷材粘结的方法。施工时，胶粘剂涂刷应均匀、不露底、不堆积。空铺法、条粘法、点粘法应按规定的位置与面积涂刷胶粘剂。铺贴卷材时应平整顺直，搭接尺寸准确，接缝应满涂胶粘剂，辊压粘结牢固，不得扭曲，破折溢出的胶粘剂随即刮平封口；也可采用热熔法接缝。接缝口应用密封材料封严，宽度不应小于10mm。

（2）热熔法施工

热熔法施工是指利用火焰加热器熔化热熔型防水卷材底层的热熔胶进行粘贴的方法。基层处理剂涂刷后，必须干燥8h后方可进行热熔施工，以防发生火灾。施工时，在卷材表面热熔后（以卷材表面熔融至光亮黑色为度）应立即滚铺卷材，使之平展，并辊压粘结牢固。搭接缝处必须以溢出热熔的改性沥青胶为度，并应随即刮封接口。加热卷材时应均匀，不得过分加热或烧穿卷材。

（3）自粘法施工

自粘法施工是指采用带有自粘胶的防水卷材，不用热施工，也不需涂胶结材料，而进行粘结的方法。铺贴前，基层表面应均匀涂刷基层处理剂，待干燥后及时铺贴卷材。铺贴时，应先将自粘胶底面隔离纸完全撕净，排除卷材下面的空气，并辊压粘结牢固，不得空鼓。搭接部位必须采用热风焊枪加热后随即粘贴牢固，溢出的自粘胶随即刮平封口。接缝口用不小于10mm宽的密封材料封严。对厚度小于3mm的高聚物改性沥青防水卷材，严禁采用热熔法施工。

5. 合成高分子防水卷材施工

施工方法一般有冷粘法、自粘法和热风焊接法三种。

冷粘法、自粘法施工要求与高聚物改性沥青防水卷材基本相同，但冷粘法施工时搭接部位应采用与卷材配套的接缝专用胶粘剂，在搭接缝粘合面上涂刷均匀，并控制涂刷与粘合的间隔时间，排除空气，辊压粘结牢固。

热风焊接法是利用热空气焊枪进行防水卷材搭接粘合的方法。焊接前卷材铺放应平整顺直，搭接尺寸正确；施工时焊接缝的结合面应清扫干净，应无水滴、油污及附着物。先焊长边搭接缝，后焊短边搭接缝，焊接处不得有漏焊、缺焊、焊焦或焊接不牢的现象，也不得损害非焊接部位的卷材。

（六）保护层施工

为了减少阳光辐射对沥青老化的影响，降低沥青表面的温度，防止暴雨和冰雪对防水层的侵蚀，卷材铺设完毕，经检查合格后，应立即进行保护层的施工，常用的保护层做法有：

1. 绿豆砂保护层

在卷材铺设完毕后，经检查合格后，应立即进行绿豆砂保护层施工，以免油毡表面遭受损坏。施工时，应选用色浅、耐风化、清洁、干燥，粒径为 3～5mm 的绿豆砂，在锅内或钢板上加热至 100℃ 左右均匀撒铺在涂刷过 2～3mm 厚的沥青胶结材料的油毡防水层上，并使其 1/2 的粒径嵌入到沥青中，未粘结的绿豆砂应随时清扫干净。

2. 预制板块保护层

一般采用砂或水泥砂浆作为结合层。当采用砂结合层时，铺砌块体前应将砂洒水压实刮平；块体应对接铺砌，缝隙宽度为 10mm 左右；板缝用 1：2 水泥砂浆勾成凹缝；为防止砂子流失，保护层四周 500mm 范围内，应改用低强度等级水泥砂浆做结合层。

二、涂膜防水屋面施工

在屋面基层上涂刷防水涂料，经固化后形成一定厚度的弹性整体涂膜层的柔性防水屋面，其典型的构造层次如图 7-3 所示。这种屋面具有施工操作简便，无污染，冷操作，无接缝，能适应复杂基层，防水性能好，温度适应性强，容易修补等特点。

图 7-3　涂膜防水屋面构造图
(a)无保温层涂膜防水屋面；(b)有保温层涂膜防水屋面

该类防水屋面主要适用于防水等级为Ⅲ、Ⅳ级的屋面防水，也可作为Ⅰ、Ⅱ级屋面多道防水设防中的一道防水层。

其施工顺序为：基层表面清理、修整→喷涂基层处理剂(底涂料)→特殊部位附加增强处理→涂布防水涂料→保护层施工。

1. 涂膜防水屋面的基层表面清理、修整

与卷材防水屋面基本相同。

2. 喷涂基层处理剂

基层处理剂应与上部涂料的材性相容，常用防水涂料的稀释液进行刷涂或喷涂。喷涂前应充分搅拌，喷涂均匀，覆盖完全，干燥后方可进行涂膜防水层施工。

3. 特殊部位附加增强处理

在管道根部、阴阳角等部位，应做不少于一布二涂的附加层；在天沟、檐沟与屋面交接处以及找平层分格处均应空铺宽度不小于 200～300mm 的附加层，构造做法应符合设计要求。

4. 涂布防水涂料

防水涂料可采用手工抹压、涂刷和喷涂分层施工。涂层厚度应均匀一致，表面平整，防水涂膜应有两层及以上涂层组成，一道涂层完毕并待干燥结膜后，方可涂布下一遍涂料，总厚度应符合设计要求或规范规定。为了加强防水涂料层对基层开裂、房屋伸缩变形和结构较小沉陷的抵抗能力，可铺设胎体增强材料，边涂刷防水涂料边铺设，并刮平粘牢，排出气泡。其搭接宽度：长边不少于 50mm，短边不少于 70mm，上、下层及相邻两幅的搭接缝应错开 1/3 幅度，上下两层不得相互垂直铺贴；对天沟、檐沟、檐口、泛水等特殊部位必须加铺胎体增强材料附加层，以提高防水层适应变形的能力。涂膜防水层的收头应用防水涂料多遍涂刷或用密封材料封严。

5. 保护层施工

为了防止涂料过快老化，涂膜防水层应设置保护层。保护层材料可采用细石、云母、蛭石、浅色涂料、水泥砂浆或块材等。在涂刷最后一道涂料时，如采用细石、云母作保护层，可边涂刷边均匀地撒布，不得露底，待涂料干燥后，将多余的撒布材料清除。当采用浅色涂料作保护层时，应在涂膜固化后进行。

遇雨、雪、五级风及其以上天气或预计涂膜固化前可能下雨时，严禁进行防水涂膜施工。水乳型涂料的施工环境气温为 5～35℃，溶剂型涂料宜为 −5～+35℃。

三、刚性防水屋面

刚性防水屋面是指利用刚性防水材料作防水层的屋面。主要有普通细石混凝土防水屋面、补偿收缩混凝土防水屋面、块体刚性防水屋面、预应力混凝土防水屋面等。与卷材及涂膜防水屋面相比，刚性防水屋面所用材料易得，价格便宜，耐久性好，维修方便，但刚性防水层材料的表观密度大，抗拉强度低，极限拉应力变小，易受混凝土或砂浆的干湿变形、温度变形和结构变位而产生裂缝。主要适用于防水等级为 Ⅲ 级的屋面防水，也可用作Ⅰ、Ⅱ级屋面多道防水设防中的一道防水层，不适用于设有松散材料保温层的屋面以及受较大振动或冲击和坡度大于 15% 的建筑屋面。

刚性防水屋面的一般构造形式如图 7-4 所示。其防水层的细石混凝土宜用强度等级不低于 32.5 级的矿渣水泥或 42.5 级的普通硅酸盐水泥。不得使用火山灰水泥。防水层的细石混凝土和砂浆中，粗骨料的最大粒径不宜超过 15mm，含泥量不应大于 1%；细骨料应采用中砂或粗砂，含泥量不应大于 2%；拌合

图 7-4 细石混凝土防水屋面构造

用水应采用不含有害物质的洁净水。混凝土水灰比不应大于 0.55，每立方米混凝土水泥最小用量不应小于 330kg，含砂率宜为 35%～40%，灰砂比应为 1:2～1:2.5，并宜掺入外加剂；混凝土强度不得低于 C20。普通细石混凝土、补偿收缩混凝土的自由膨胀率应为 0.05%～0.1%。块体刚性防水层使用的块体应无裂纹、无石灰颗粒、无灰浆泥面、无缺棱掉角，质地密实，表面平整。

（一）基层施工要求

刚性防水屋面的结构层宜为整体现浇的钢筋混凝土。当屋面结构层采用装配式钢筋混

凝土板时，应用强度等级不小于 C20 的细石混凝土灌缝，灌缝的细石混凝土宜掺膨胀剂。当屋面板板缝宽度大于 40mm 或上窄下宽时，板缝内必须设置构造钢筋，板端缝应进行密封处理。

（二）隔离层施工

在结构层与防水层之间宜增加一层低强度等级砂浆或卷材、塑料薄膜等材料，起隔离作用，使结构层和防水层变形互不受约束，以减少防水混凝土产生拉应力而导致混凝土防水层开裂。

做好隔离层继续施工时，要注意对隔离层加强保护。混凝土运输不能直接在隔离层表面进行，应采取垫板等措施；绑扎钢筋时不得扎破表面。

（三）分格缝的设置

为防止大面积的刚性防水层因温差、混凝土收缩等影响而产生裂缝，应按设计要求设置分格缝。其位置一般应设在结构应力变化较突出的部位，如结构层屋面板的支承端、屋面转折处、防水层与突出屋面结构的交接处，并应与板缝对齐。分格缝的纵横间距一般不大于 6m。

分格缝的一般做法是在施工刚性防水层前，先在隔离层上定好分格缝位置，再安放分格条，然后按分隔板块浇筑混凝土，待混凝土初凝后，将分格条取出即可。分格缝处可采用嵌填密封材料并加贴防水卷材的办法进行处理，以增加防水的可靠性。

（四）防水层施工

1. 普通细石混凝土防水层施工

混凝土浇筑应按先远后近、先高后低的原则进行，一个分格缝内的混凝土必须一次浇筑完毕，不得留施工缝。细石混凝土防水层厚度不小于 40mm，应配双向钢筋网片，间距 100～200mm，但在分隔缝处应断开，钢筋网片应放置在混凝土的中上部，其保护层厚度不小于 10mm。混凝土的质量要严格保证，加入外加剂时，应准确计量，投料顺序得当，搅拌均匀。混凝土搅拌应采用机械搅拌，搅拌时间不少于 2min，混凝土运输过程中应防止漏浆和离析。混凝土浇筑时，先用平板振动器振实，再用滚筒滚压至表面平整、泛浆，然后用铁抹子压实抹平，并确保防水层的设计厚度和排水坡度。抹压时严禁在表面洒水、加水泥浆或撒干水泥。待混凝土初凝收水后，应进行二次表面压光，或在终凝前三次压光成活，以提高其抗渗性。混凝土浇筑 12～24h 后应进行养护，养护时间不应少于 14d。养护初期屋面不得上人。施工时的气温宜在 5～35℃，以保证防水层的施工质量。

2. 补偿收缩混凝土防水层施工

补偿收缩混凝土防水层是在细石混凝土中掺入膨胀剂拌制而成，硬化后的混凝土产生微膨胀，以补偿普通混凝土的收缩，它在配筋情况下，由于钢筋限制其膨胀，从而使混凝土产生自应力，起到致密混凝土、提高混凝土抗裂性和抗渗性的作用。其施工要求与普通细石混凝土防水层大致相同。当用膨胀剂拌制补偿收缩混凝土时应按配合比准确称量，搅拌投料时膨胀剂应与水泥同时加入。混凝土连续搅拌时间不应少于 3min。

第三节　地下防水工程施工

当地下结构底标高低于地下正常水位时，必须考虑结构的防水、抗渗能力。通过选择合理的防水方案，采取有效措施以确保地下结构的正常使用。目前，常用的有以下几种防水方案：

（1）混凝土结构自防水。它是以地下结构本身的密实性（即防水混凝土）实现防水功能，使结构承重和防水合为一体。

（2）防水层防水。它是在地下结构外表面加设防水层防水，常用的有砂浆防水层、卷材防水层、涂膜防水层等。

（3）"防排结合"防水。采用防水加排水措施，排水方案可采用盲沟排水、渗排水、内排水等。防水加排水措施适用于地形复杂、受高温影响、地下水为上层滞水且防水要求较高的地下建筑。

地下防水根据使用要求的不同，分为四个等级，如表7-2所示。

地下防水等级和设防要求　　　　　　　　　　　　　　　表 7-2

防水等级	标 准
1级	不允许漏水，结构表面无湿渍
2级	不允许漏水，结构表面可有少量湿渍 工业与民用建筑：湿渍总面积不大于总防水面积的 1‰，单个湿渍面积不大于 0.1m²，任意 100m² 防水面积不超过 1 处 其他地下工程：湿渍总面积不大于总防水面积的 6‰，单个湿渍面积不大于 0.2m²，任意 100m² 防水面积不超过 4 处
3级	有少量漏水点，不得有线流和漏泥砂 单个湿渍面积不大于 0.3m²，单个漏水点的漏水量不大于 2.5L/d，任意 100m² 防水面积不超过 7 处
4级	有漏水点，不得有线流和漏泥砂 整个工程平均漏水量不大于 2L/(m²·d)，任意 100m² 防水面积的平均漏水量不大于 4L/(m²·d)

一、防水层防水

防水层防水又称构造防水，是通过结构内外表面加设防水层来达到防水效果。常用的做法有卷材防水层防水、掺防水剂水泥砂浆防水、多层抹面水泥砂浆防水。

这里主要介绍卷材防水层的施工方法。

地下卷材防水层是一种柔性防水层，是用胶粘剂将几层卷材粘贴在地下结构基层的表面上而形成的多层防水层。它具有良好的可变性，能适应振动和微小变形，运用较广。但耐久性差、机械强度低，不易操作，防水性能要求高，出现漏洞不易修补。

（一）基本要求

（1）卷材防水层是依靠结构的刚度由多层卷材铺贴而成的，因此基层要坚固、平整而干燥。由于卷材防水层不耐油脂和溶解沥青溶剂侵蚀，所以不宜处于经常承受超过 50N/cm² 的压力和大于 1N/cm² 的侧压力。

（2）为保证正常施工，卷材铺贴温度应不低于 50℃，在冬期施工中应有保温措施。

（二）卷材防水层的施工

将卷材防水层铺贴在建筑物的外侧（迎水面）称外防水。这种铺贴方法可借助土的侧压力将贴面压紧，并与承重结构一起抵抗有压地下水的浸渗作用，防水效果较好，运用较广。卷材防水层的施工方法，按其与地下结构施工的先后顺序分为外防水外贴法（简称外贴法）和外防水内贴法（简称内贴法）。

1. 外贴法

外贴法是先在垫层上抹水泥砂浆找平，然后刷冷底子油，再将底面防水层贴在找平层上；为了防止伸出的卷材接头受损，要先在垫层周围砌保护墙，保护墙的下部为永久性保护墙，高度不少于底板厚再加 200～500mm，上部为临时性保护墙，用混合砂浆砌高150×（油毡层数+1）mm；在保护墙上抹 1：3 水泥砂浆找平，然后将卷材防水层牢固粘贴在保护墙和垫层上。卷材接头应保护好，不被损坏和沾污，等墙体和底板结构施工完毕抹平后，再将卷材接头分开，依次将接头逐层搭接好，并牢固地粘贴在墙体上。接着砌永久保护墙，分段留伸缩缝，在保护墙和防水层间用砂浆填实，最后及时填土，并做好防水坡（图 7-5）。

图 7-5 外贴法

1—垫层；2—找平层；3—卷材防水层；
4—保护层；5—构筑物；6—油毡；
7—永久性保护墙；8—临时性保护墙

铺贴时应注意底板铺贴宜平行于长边，减少搭接。在墙面应按垂直方向铺贴，自下向上进行，沥青胶厚约为 1.5～2.5mm，最大不要超过 3mm，一层铺后再铺贴第二层。卷材相邻搭接宽度：高聚物改性沥青卷材为 150mm，合成高分子卷材为 100mm。上、下接缝应错开 1/3 卷材宽。转角、平面交角处和阴阳角等是防水层的薄弱部位，转角处找平层应做成圆弧形，立面与底面转角处，卷材接缝应留在距墙根不小于 600mm 的底面上。转角处应增贴附加层，附加层一般用两层相同油毡或沥青玻璃布油毡贴紧。

外贴法的优点是建筑物与保护墙有不均匀沉陷时，对防水层影响较小；防水层做好后即进行漏水试验，修补也方便。缺点是工期长，占地面积大；底板与墙身接头处卷材容易受损。在施工现场条件允许时，多采用此法施工。

2. 内贴法

内贴法（图 7-6）是在混凝土底板垫层做好以后，在垫层四周干铺一层油毡并在上面砌一砖厚的保护墙；在内侧用 1：3 水泥砂浆抹找平层，待找平层干燥后刷冷底子油一遍，然后铺卷材防水层。铺贴时应先贴垂直面，后贴水平面；先贴转角，后贴大面。在全部转角处应铺贴卷材附加层，附加层可用两层同类油毡或一层抗拉强度较高的卷材，并应仔细粘贴紧密。卷材防水层铺完经验收合格后即应做好保护层。立面可抹水泥砂浆、贴塑料板，或用氯丁系胶粘剂粘铺石油沥青纸胎油毡；平面可抹水泥砂浆，或浇筑不少于 50mm 厚的细石混凝土。如为混凝土结构，则永久保护墙可作为一侧模板，结构顶板卷材防水层上的细石混凝土保护层厚度应不小于 70mm，防水层如为单层卷材，则其与保护层之间应设置隔离层。结构完工后，方可回填土。

图 7-6 内贴法

1—卷材防水层；2—保护墙；
3—垫层；4—建筑物

3. 提高卷材防水层质量的技术措施

（1）卷材的点粘、条粘及空铺。卷材防水层是粘附在具有足够刚度的结构层或结构层上的找平层上面的，当结构层因种种原因产生变形裂缝时，要求卷材具有一定的延伸率来适应这种变形，采用点粘、条粘、空铺的措施可以充分发挥卷材的延伸性能，有效地减少卷材被拉裂的可能性。具体做法是：点粘法，每 $1m^2$ 卷材下粘五点（100mm×100mm），粘贴面积不大于总面积的 6%；条粘法，每幅卷材两边各与基层粘贴 150mm 宽；空铺法，卷材防水层周边与基层粘贴 800mm 宽。

（2）增铺卷材附加层。对变形较大、易遭破坏或易老化部位，如变形缝、转角、三面角以及穿墙管道周围、地下出入口通道等处，均应铺设卷材附加层。

（3）做密封处理。为使卷材防水层增强适应变形的能力，提高防水层整体质量，在分格缝、穿墙管道周围、卷材搭接缝，以及收头部位应做密封处理。

（4）施工中，应重视对卷材防水层的保护。

二、结构本身自防水

防水混凝土分为普通防水混凝土和掺外加剂的防水混凝土两类。

（一）普通防水混凝土

普通防水混凝土是通过调整混凝土的配合比来提高混凝土的密实度，以达到提高其抗渗能力的一种混凝土。由于混凝土是一种非均质材料，它的渗水是通过孔隙和裂缝进行的，因此，通过控制混凝土的水灰比、水泥用量和砂率来保证混凝土中砂浆的质量和数量，以控制孔隙的形成，切断混凝土毛细管渗水通路，从而提高混凝土的密实性和抗渗性能。

（二）掺外加剂的防水混凝土

掺外加剂的防水混凝土，是在混凝土中掺入适量的外加剂，以改善混凝土的密实度，提高其抗渗能力。目前常用的方法有：

1. 三乙醇胺防水混凝土

这种防水混凝土是在混凝土中掺入水泥重量 0.05% 的三乙醇胺配制而成的。三乙醇胺防水剂能加快水泥的水化作用，使水泥结晶变细、结构密实。所以，三乙醇胺防水混凝土抗渗性好，早期强度高，施工简单，质量稳定。

2. 加气剂防水混凝土

加气剂防水混凝土是在普通混凝土中掺加微量的加气剂配制而成的。混凝土中掺入加气后会产生许多微小均匀的气泡，增加了黏滞性，不易松散离析，显著地改善了混凝土的和易性，减少了沉降离析和泌水作用。硬化后的混凝土，形成了一个封闭的水泥浆壳，堵塞了内部毛细管通道，从而提高了混凝土的抗渗性。常用的加气剂有：

（1）松香热聚物，其掺量为水泥重量的 0.005%～0.015%；

（2）松香酸钠，其掺量为水泥重量的 0.01%～0.03%，搅拌均匀后，再加入占水泥重量 0.075% 的氯化钙。

另外，还有氢氧化铁防水混凝土和用特种水泥配制的防水混凝土（如加气水泥、塑化水泥、膨胀水泥等），都具有良好的抗渗效果。

（三）材料要求

水泥：一般采用火山灰水泥、粉煤灰水泥或普通水泥，掺外加剂时可采用矿渣水泥，水泥不得受侵蚀性介质和冻融的破坏，强度等级不宜低于 42.5 级。

砂和石：砂、石的各项技术指标除应符合《普通混凝土用砂、石质量及检验方法标准》JGJ 52—2006 规定外，还必须符合下列规定：石子最大粒径不宜大于 40mm，不得含有泥土等杂质，含水率不大于 1.5%。

防水混凝土的配合比设计：应根据设计要求和实际使用材料通过试验选定，设计要求的抗渗强度应提高 0.2～0.4MPa，每立方米混凝土的水泥用量不少于 320kg，含砂率以 35％～40％为宜，灰砂比应为 1：2～1：2.5，水灰比不大于 0.55，坍落度不大于 5cm。

（四）防水混凝土的施工

防水混凝土应用机械搅拌，搅拌时间不得少于 2min。掺外加剂的混凝土，外加剂应用拌合水均匀稀释，不得直接投入，搅拌时间应延长至 3min。搅拌掺加气剂防水混凝土时，搅拌时间应控制在 1.5～2min。

防水混凝土施工时，底板混凝土应连续浇筑，不得留施工缝。墙体一般只允许留水平施工缝，其位置应留在高出底板上表面不小于 200mm 的墙身上，不得留在剪力与弯矩最大处或底板与侧壁的交接处。如必须留垂直施工缝时，应留在结构的变形缝处。施工缝的接缝形式如图 7-7。

图 7-7　施工缝位置和接缝形式
1—底板；2—金属（或塑料）止水条

为了使接缝严密，在继续浇筑混凝土前，应将施工缝处的混凝土凿毛，然后清除杂质，用水冲洗干净，并保持湿润，再铺一层厚 20～50mm 与混凝土成分相同的水泥砂浆，然后继续浇筑混凝土。

混凝土初凝后应覆盖浇水，养护 14d 以上。凡掺早强型外加剂或微膨胀水泥配制的防水混凝土，应加强早期养护。拆模时，结构表面温度与周围气温的温差不得超过 15℃，地下结构应及时回填土，不应长期暴露，以免产生干缩和温差裂缝。

三、防水工程补漏技术

防水工程结构层出现的漏水有孔洞漏水、裂缝漏水、防水面渗水等，这是由于结构层出现孔洞、裂缝和毛细孔造成的。因此，在补漏前应查明原因，确定位置，根据不同情况采取相应措施。补漏的原则是先将大漏变成小漏、片漏变成孔漏，最后堵住漏水。

对防水混凝土工程的修补堵漏，通常采用的方法是用促凝剂和水泥拌制而成的快凝水泥胶浆，进行快速堵漏或大面积修补。近年来，采用膨胀水泥（或掺膨胀剂）作为防水修补材料，其抗渗堵漏效果更好。对混凝土的微小裂缝，则采用化学灌浆堵漏技术。

（一）快硬性水泥胶浆堵漏法

1. 水泥胶浆的拌制

(1) 促凝水泥胶浆：它是在水灰比为 0.55～0.6 的水泥浆中，掺入相当水泥重量1% 的促凝剂，经拌合而成。

(2) 快凝水泥砂浆：这种砂浆是将水泥和砂按 1：1 的比例干拌均匀后，再将促凝剂按 1：1 的比例混合起来，然后可把干拌均匀的水泥和砂按水灰比 0.45～0.5 拌合调制成快硬水泥砂浆，应随拌随用。

(3) 快凝水泥胶浆：它是直接用水泥和促凝剂拌合而成的。根据使用条件不同，分别为水泥：促凝剂＝1：0.5～0.6 或 1：0.8～0.9。这种胶浆凝固快，从开始拌合到使用完毕以 1～2min 为宜。因其在水中同样可以凝固，所以施工时必须随拌随用。

2. 孔洞漏水修堵方法

当水压不大（水位在 2m 以下）、孔洞较小时，可采用"直接堵塞法"。这种方法是首先将漏水处洗刷干净，用 1：0.6 的水泥胶浆搓成与孔洞直径相似的圆锥体，待胶浆开始凝固时，直接堵塞孔洞，并向四周挤压，使其与孔壁紧密结合 0.5min 后即可。完毕后如无渗漏现象，再抹一层水泥砂浆或素灰作为保护层。

当水压较大（水位在 2～4m）、漏水孔洞较大时，可采用"下管堵漏法"。这种方法是先将漏水处剔成上、下基本垂直的孔洞至垫层，洞底铺碎石一层，上盖一层油毡或镀锌薄钢板；再用一根胶管穿透油毡插入碎石中，用胶浆或干硬性混凝土将胶管四周封严压实，待达到强度后将胶管拔出（图 7-8）。

3. 裂缝漏水的修堵方法

裂缝漏水的处理方法有裂缝直接堵塞法和下绳堵漏法。裂缝直接堵塞法适用于水压较小的裂缝漏水，操作时沿裂缝剔成八字形坡的沟槽，刷洗干净后，用快凝水泥胶浆直接堵塞，经检查无渗水再做保护层和防水层。当水压力较大，裂缝较长时，可采用下绳堵漏法，在凿开缝的沟底嵌一根小绳（长 150～120mm），胶浆快凝固时及时将其压入放绳的沟槽内，然后将小绳拉出，使水顺绳流出（图 7-9）。

图 7-8 下管堵漏法

1—胶皮管；2—快凝胶浆；3—挡水墙；
4—油毡一层；5—碎石；6—构筑物；7—垫层

图 7-9 下绳堵漏法

1—小绳（导水用）；2—快凝胶浆填缝；
3—砂浆层；4—暂留小孔；5—构筑物

（二）化学灌浆堵漏法

1. 灌浆材料

(1) 氰凝。氰凝的主体成分是以多异氰酸酯与含羟基的化合物（聚酯、聚醚）制成的预聚体。使用前，在预聚体内掺入一定量的副剂（表面活性剂、乳化剂、增塑剂、溶剂与催化剂等），搅拌均匀即配制成氰凝浆液。氰凝浆液不遇水不发生化学反应，稳定性好；当浆液灌入漏水部位后，立即与水发生化学反应，生成不溶于水的凝胶体；同时释放二氧化碳气体，使浆液发泡膨胀，向四周渗透扩散直至反应结束。

（2）丙凝。丙凝由双组分（甲溶液和乙溶液）组成。甲溶液是丙烯酰胺和 $N\text{-}N'\text{-}$甲撑双丙烯酰胺及 $\beta\text{-}$二甲铵基丙腈的混合溶液。乙溶液是过硫酸铵的水溶液。两者混合后很快形成不溶于水的高分子硬性凝胶，这种凝胶可以密封结构裂缝，从而达到堵漏的目的。

图 7-10　埋入式灌浆嘴埋设方法
1—进浆嘴；2—阀门；3—灌浆嘴；
4——层素灰—层砂浆找平；5—快硬水泥浆；
6—半圆铁片；7—混凝土墙裂缝

2. 灌浆施工

灌浆堵漏施工，可分为对混凝土表面处理、布置灌浆孔、埋设灌浆嘴、封闭漏水部位、压水试验、灌浆、封孔等工序。灌浆孔的间距一般为 1m 左右，并要交错布置；灌浆嘴的埋设如图 7-10 所示；灌浆结束，待浆液固结后，拔出灌浆嘴并用水泥砂浆封固灌浆孔。

第四节　厨房、卫生间防水工程

目前，卫生间、厨房间楼地面防水主要选用高弹性的聚氨酯涂膜防水或弹塑性的氯丁胶乳沥青涂料防水等涂膜防水新工艺，可在卫生间、厨房间的地面和墙面形成一个没有接缝、封闭严密的整体防水层，从而提高其防水工程质量。

一、聚氨酯涂膜防水施工

聚氨酯涂膜防水材料是双组分化学反应固化型的高弹性防水涂料，多以甲、乙双组分形式使用。主要材料有聚氨酯涂膜防水材料甲组分、聚氨酯涂膜防水材料乙组分和无机铝盐防水剂等。施工用辅助材料应备有二甲苯、醋酸乙酯、磷酸等。

施工工艺要点：

1. 基层处理

卫生间的防水基层必须用 1∶3 的水泥砂浆找平，要求抹平压光无空鼓，表面要坚实，不应有起砂、掉灰现象。在抹找平层时，在管道根部的周围，应使其略高于地面，在地漏的周围，应做成略低于地面的洼坑。找平层的坡度以 1‰～2‰ 为宜，坡向地漏。凡遇到阴、阳角处，要抹成半径不小于 10mm 的小圆弧。与找平层相连接的管件、卫生洁具、排水口等，必须安装牢固，收头圆滑，按设计要求用密封膏嵌固。

基层必须基本干燥，一般在基层表面均匀泛白无明显水印时，才能进行涂膜防水层施工。施工前要把基层表面的尘土杂物彻底清扫干净。

2. 涂布底胶

将聚氨酯甲、乙两组分和二甲苯按 1∶1.5∶2 的比例（重量比。以产品说明为准）配合搅拌均匀，再用小滚刷或油漆刷均匀涂布在基层表面上。涂刷量约 0.15～0.2kg/m²，涂刷后应干燥固化 4h 以上，才能进行下道工序施工。

3. 配制聚氨酯涂膜防水涂料

将聚氨酯甲、乙组分和二甲苯按 1：1.5：0.3 的比例配合，用电动搅拌器强力搅拌均匀备用。应随配随用，一般在 2h 内用完。

4. 涂膜防水层施工

用小滚刷或油漆刷将已配好的防水涂料均匀涂布在底胶已干固的基层表面上。涂完第一度涂膜后，一般需固化 5h 以上，在基本不粘手时，再按上述方法涂布第二、三、四度涂膜，并使后一度与前一度的涂布方向相垂直。对管子根部、地漏周围以及墙转角部位，必须认真涂刷，涂刷厚度不小于 2mm。在涂刷最后一度涂膜固化前及时稀撒少许干净的粒径为 2～3mm 的小豆石，使其与涂膜防水层粘结牢固，作为与水泥砂浆保护层粘结的过渡层。

5. 作好保护层

当聚氨酯涂膜防水层完全固化和通过蓄水试验合格后，即可铺设一层厚度为 15～25mm 的水泥砂浆保护层，然后按设计要求铺设饰面层。

质量要求：聚氨酯涂膜防水材料的技术性能应符合设计要求或材料标准规定，并应附有质量证明文件和现场取样进行检测的试验报告以及其他有关质量的证明文件。聚氨酯的甲、乙料必须密封存放，甲料开盖后，吸收空气中的水分会起反应而固化，如在施工中混有水分，则聚氨酯固化后内部会有水泡，影响防水能力。涂膜厚度应均匀一致，总厚度不应小于 1.5mm。涂膜防水层必须均匀固化，不应有明显的凹坑、气泡和渗漏水的现象。

二、氯丁胶乳沥青防水涂料施工

氯丁胶乳沥青防水涂料是以氯丁橡胶和沥青为基料，经加工合成的一种水乳型防水涂料。它兼有橡胶和沥青的双重优点，具有防水、抗渗、耐老化、不易燃、无毒、抗基层变形能力强等优点，冷作业施工，操作方便。

施工工艺要点：

1. 基层处理

与聚氨酯涂膜防水施工要求相同。

2. 二布六油防水层施工

二布六油防水层的工艺流程：基层找平处理→满刮一遍氯丁胶沥青水泥腻子→满刮第一遍涂料→做细部构造加强层→铺贴玻璃布，同时刷第二遍涂料→刷第三遍涂料→铺贴玻纤网格布，同时刷第四遍涂料→涂刷第五遍涂料→涂刷第六遍涂料并及时撒砂粒→蓄水试验→按设计要求做保护层和面层→防水层二次试水，验收。

在清理干净的基层上满刮一遍氯丁胶乳沥青水泥腻子，管根和转角处要厚刮并抹平整，腻子的配制方法是将氯丁胶乳沥青防水涂料倒入水泥中，边倒边搅拌至稠浆状即可刮涂于基层，腻子厚度为 2～3mm，待腻子干燥后，满刷一遍防水涂料，但涂刷不能过厚，不得漏刷，表面均匀不流淌，不堆积，立面刷至设计标高。在细部构造部位，如阴阳角、管道根部、地漏、大便器蹲坑等处分别附加一布二涂附加层。附加层干燥后，大面铺贴玻纤网格布同时涂刷第二遍防水涂料，使防水涂料浸透布纹渗入下层，玻纤网格布搭接宽度不小于 100mm，立面贴到设计高度，顺水接槎，收口处贴牢。

所刷涂料实干后（约 24h），满刷第三遍涂料，表干后（约 4h）铺贴第二层玻纤网格布同时满刷第四遍防水涂料。第二层玻纤布与第一层玻纤布接槎要错开，涂刷防水涂料时，应均匀，将布展平无折皱。上述涂层实干后，满刷第五遍、第六遍防水涂料，整个防水层实干后，可进行第一次蓄水试验，蓄水时间不少于 24h，无渗漏才合格，然后做保护层和饰面层。工程交付使用前应进行第二次蓄水试验。

<h2 align="center">复 习 思 考 题</h2>

1. 防水卷材应具有哪些特性？
2. 试述常见高聚物改性沥青防水卷材的特点和适用范围。
3. 简述卷材防水屋面各构造层的作用和构造。
4. 试述密封材料的种类及其适用范围。
5. 试述卷材防水屋面各构造层的做法及施工工艺。
6. 试述涂膜防水层施工要点。
7. 试述地下防水工程卷材贴法的施工步骤。
8. 试述防水工程的补漏技术。
9. 简述卫生间聚氨酯涂膜防水的施工要点。

第八章 装饰工程

第一节 概　述

装饰工程施工工程量大、工期长、用工量多、所占造价比重高、装饰材料和施工技术更新快，施工管理复杂，并且装饰工程开工时间受到一定的限制。因此，应掌握装饰工程的基本理论，以保证和控制施工进度、施工质量和工程费用。

建筑装饰工程的内容包括抹灰工程、门窗工程、吊顶工程、轻质隔墙工程、饰面板（砖）工程、幕墙工程、涂饰工程、裱糊与软包工程及细部工程等内容。

第二节 抹　灰　工　程

抹灰是将各种砂浆、装饰性石屑浆、石子浆涂抹在建筑物的墙面、顶棚、地面等表面，除了保护建筑物外，还可以作为饰面层起到装饰作用。

一、抹灰工程的分类

抹灰工程按材料和装饰效果分为一般抹灰和装饰抹灰两大类。一般抹灰指石灰砂浆、水泥砂浆、混合砂浆、聚合物水泥砂浆、膨胀珍珠岩水泥砂浆、麻刀灰、纸筋灰、石膏灰等抹灰工程。装饰抹灰的底层和中层与一般抹灰做法基本相同，其面层主要有水刷石、水磨石、斩假石、干粘石、喷涂、滚涂、弹涂、仿石和彩色抹灰等。

二、一般抹灰施工

抹灰一般分三层：底层、中层和面层（或罩面），如图 8-1 所示。

底层主要起与基层粘结的作用，厚度一般为 5～9mm。底层砂浆的强度不能高于基层强度，以免抹灰砂浆在凝结过程中产生较强的收缩应力，破坏强度较低的基层，从而产生空鼓、裂缝、脱落等质量问题；中层起找平的作用，中层应分层施工，每层厚度应控制在 5～9mm；面层起装饰作用，要求涂抹光滑、洁净。

抹灰层的平均总厚度，不得大于以下规定：

（1）顶棚：板条、空心砖、现浇混凝土为 15mm，预制混凝土为 18mm，金属网为 20mm；

（2）内墙：普通抹灰为 18～20mm，高级抹灰

图 8-1　抹灰层的组成
1—底层；2—中层；3—面层；4—基层

为 25mm；

（3）外墙为 20mm，勒脚及突出墙面部分为 25mm；

（4）石墙为 35mm；

（5）当抹灰厚度≥35mm 时，应采取加强措施。

涂抹水泥砂浆每遍厚度宜为 5～7mm；涂抹石灰砂浆和水泥混合砂浆每遍厚度宜为 7～9mm。面层抹灰经赶平压实后的厚度，麻刀石灰不得大于 3mm；纸筋石灰、石膏灰不得大于 2mm。

（一）组成及质量要求

一般抹灰按质量要求分为普通抹灰和高级抹灰二个等级。

普通抹灰为一道底层和一道面层或一道底层、一道中层和一道面层，要求表面光滑、洁净、接槎平整、分格缝应清晰。

高级抹灰为一道底层、数道中层和一道面层组成。要求表面光滑、洁净，颜色均匀无抹纹、分格缝和灰线应清晰美观。

抹灰层与基层之间及各抹灰层之间必须粘结牢固，抹灰层应无脱层、空鼓，面层应无爆灰和裂缝。

（二）抹灰材料要求

一般抹灰所用材料的品种和性能应符合设计要求。水泥的凝结时间和安定性复验应合格。石灰浆应在储灰池中常温熟化不少于 15 天，罩面用的磨细石灰粉的熟化期不应少于 30 天。同时应防止冻结和污染。生石灰不宜长期存放，保质期不宜超过一个月。

（三）抹灰前基层处理

抹灰前应检查门、窗框位置是否正确，与墙连接是否牢固。连接处的缝隙应用水泥砂浆或水泥混合砂浆（加少量麻刀）分层嵌塞密实。

为了使抹灰砂浆与基体表面粘结牢固，防止抹灰层产生空鼓现象，抹灰前对凹凸不平的基层表面应剔平，或用 1∶3 水泥砂浆补平。孔、洞及缝隙处均应用 1∶3 水泥砂浆或水泥混合砂浆（加少量麻刀）分层嵌塞密实。基层表面的尘土、污垢、油渍等应清除干净，并应洒水润湿。过光的墙面应予以凿毛，或涂刷一层界面剂，以加强抹灰层与基层的粘结力。凡室内管道穿越的墙洞和楼板洞，凿剔墙后安装的管道，墙面的脚手孔洞均应用1∶3 水泥砂浆填嵌密实。

在内墙的阳角和门洞口侧壁的阳角、柱角等易于碰撞之处，应按设计要求施工，设计无要求时，应采用 1∶2 水泥砂浆制作护角，其高度应不低于 2m，每侧宽度不小于 50mm。对外墙窗台、窗楣、雨篷、阳台、压顶和突出腰线等，上面应做成流水坡度，下面应做滴水线或滴水槽，滴水槽的深度和宽度均不应小于 10mm，要求整齐一致。

为控制抹灰层的厚度和墙面的平整度，在抹灰前应先检查基层表面的平整度，并用与抹灰层相同砂浆设置 50mm×50mm 的标志或宽约 100mm 的标筋。

不同材料基体交接处表面的抹灰，如砖墙与木隔墙、混凝土墙与轻质隔墙等表面，应采取加强措施，当采用加强金属网时，搭接宽度从缝边起两侧均不小于 100mm（图 8-2），以防抹灰层因基体温度变化胀缩不一而产生裂缝。

顶棚抹灰的基层处理：预制混凝土楼板顶棚在抹灰前应检查其板缝大小，若板缝较大，应用细石混凝土灌实；板缝较小，可用 1∶0.3∶3 的水泥石灰混合砂浆勾实，否则抹灰后将顺缝产生裂缝。预制混凝土板或钢模现浇混凝土顶棚拆模后，构件表面较为光滑、平整，并常粘附一层隔离剂。当隔离剂为滑石粉或其他粉状物时，应先用钢丝刷刷除，再用清水冲干净，当隔离剂为油脂类时，先用浓度为10％的火碱溶液洗刷干净，再用清水冲洗干净。

板条顶棚（单层板条）抹灰前，应检查板条缝是否合适，一般要求间隙为7～10mm。

（四）抹灰施工

抹灰一般遵循先外墙后内墙，先上面后下面，先顶棚、墙面后地面的顺序，也可根据具体工程的不同而调整抹灰先后顺序。一般抹灰施工过程为：浇水湿润基层→做灰饼→设置标筋→阳角护角→抹底层灰→抹中层灰→抹面层灰→清理。

1. 墙面抹灰

为控制抹灰层厚度和墙面平直度，用与抹灰层相同的砂浆先做出灰饼和标筋（图 8-3），待标筋砂浆有七八成干后，就可以进行底层砂浆抹灰。

图 8-2　砖木交接处基体处理
1—砖墙；2—钢丝网；3—板条

图 8-3　抹灰操作中的标志和标筋
（a）灰饼和标筋；（b）灰饼的剖面
1—灰饼；2—引线；3—标筋

中层砂浆抹灰应待水泥砂浆（或水泥混合砂浆）底层凝结后或石灰砂浆底层灰七八成干后，方可进行。中层砂浆凝固前，可在层面上交叉划出斜痕，以增强与面层的粘结。如用水泥砂浆或混合砂浆，应待前一抹灰层凝结后再抹后一层。如用石灰砂浆，则应待前一层达到七八成干后，方可抹后一层。

面层灰应待中层灰凝固后才能进行。

两墙面相交的阴角、阳角抹灰方法，一般按下述步骤进行：

（1）用阴角方尺检查阴角的直角度；用阳角方尺检查阳角的直角度。用线坠检查阴角或阳角的垂直度。根据直角度及垂直度的误差，确定抹灰层厚薄。阴、阳角处洒水湿润。

（2）将底层抹于阴角处，用木阴角器压住抹灰层并上下搓动，使阴角的抹灰基本上达到直角。如靠近阴角处有已结硬的标筋，则木阴角器应沿着标筋上下搓动，基本搓平后，再用阴角抹子上下抹压，使阴角线垂直。

（3）将底层灰抹于阳角处，用木阳角器压住抹灰层并上下搓动，使阳角处抹灰基本上达到直角。再用阳角抹子上下抹压，使阳角线垂直。

（4）在阴角、阳角处底层灰凝结后，洒水湿润，将面层灰抹于阴角、阳角处，分别用阴角抹子、阳角抹子上下抹压，使中层灰达到平整光滑。

阴阳角找方应与墙面抹灰同时进行，即墙面抹底层灰时，阴、阳角抹底层找方。

2. 顶棚抹灰

钢筋混凝土楼板下的顶棚抹灰，应待上层楼板地面面层完成后才能进行。板条、金属网顶棚抹灰，应待板条、金属网装钉完成，并经检查合格后，方可进行。

顶棚抹灰不用做标志、标筋，只要在顶棚周围的墙面弹出顶棚抹灰层的面层高线，此标高线必须从地面量起，不可从顶棚底向下量。

三、装饰抹灰施工

装饰抹灰与一般抹灰的区别在于两者具有不同的装饰面层，其底层和中层的做法与一般抹灰基本相同。装饰抹灰种类很多，其底层多为1：3水泥砂浆打底，面层主要有为水刷石、斩假石、干粘石、假面砖等。现简要介绍几种装饰抹灰面层的做法。

1. 水刷石

水刷石饰面，是将底层抹上水泥石子浆面层，拍平压实，达到一定强度时，用棕刷子蘸水自上而下刷掉面层水泥浆，使各色石子表面外露，然后用喷雾器(或喷水壶)自上而下喷水冲洗干净，形成具有"绒面感"的表面。水刷石多用于外墙面，是石粒类材料饰面的传统做法，这种饰面耐久性强，具有良好的装饰效果，造价较低，是传统的外墙装饰做法之一。

2. 干粘石

干粘石是将干石子直接粘在砂浆层上的一种装饰抹灰做法。装饰效果与水刷石差不多，但湿作业量小，节约原材料，又能明显提高工效。先在底层抹上一层水泥砂浆层，再抹一层水泥石灰膏粘结层，同时将石子甩粘拍平压实在粘结层上，用铁抹子将石子拍入粘结层，要使石子嵌入深度不小于石子粒径的1/2，待有一定强度后洒水养护。

干粘石操作简便，但日久经风吹雨打易产生脱粒现象，现在已多不采用。

3. 聚合物水泥砂浆的喷涂、滚涂与弹涂施工

（1）喷涂施工：喷涂是把聚合物水泥砂浆用砂浆泵或喷斗将砂浆喷涂于外墙面形成的装饰抹灰。

聚合物砂浆应用砂浆搅拌机进行拌合。先将水泥、颜料、细骨料干拌均匀，再边搅拌边顺序加入木质素磺酸钠(先溶于少量水中)、108胶和水，直至全部拌匀为止。如是水泥石灰砂浆，应先将石灰膏用少量水调稀，再加入水泥与细骨料的干拌料中。拌合好的聚合物砂浆，宜在2h内用完。

喷涂聚合物砂浆的主要机具设备有：空气压缩机($0.6\mathrm{m^3/min}$)、加压罐、灰浆泵、振动筛(5mm筛孔)、喷枪、喷斗、胶管(25mm)、输气胶管等。

波面喷涂使用喷枪(图8-4)。粒状喷涂使用喷斗(图8-5)。

（2）滚涂施工：滚涂是将2~3mm厚带色的聚合物水泥砂浆均匀的涂抹在底层上，用平面或刻有花纹的橡胶、泡沫塑料滚子在罩面层上直上直下施滚涂拉，并一次成活滚出所需花纹。

滚涂饰面的底、中层抹灰与一般抹灰相同。中层一般用1：3水泥砂浆，表面搓平实。然后根据图纸要求，将尺寸分匀以确定分格条位置，弹线后贴分格条。

图 8-4　喷枪

1—喷嘴；2—压缩空气接头；3—砂浆皮管接头；4—砂浆
控制阀；5—压缩空气控制阀；6—顶丝；7—喷气管

图 8-5　喷斗

1—砂浆斗；2—喷管；3—喷嘴；
4—压缩空气接头；5—手柄

抹灰面干燥后，喷涂有机硅溶液一遍。滚涂操作有干滚和湿滚两种。干滚法是滚子不蘸水，滚子上下来回滚后再向下滚一遍，达到表面均匀拉毛即可，滚出的花纹较粗，但工效高；湿滚法为滚子蘸水上墙，并保持整个表面水量一致，滚出的花纹较细，但比较费工。

（3）弹涂施工。弹涂是利用弹涂器（图 8-6）将不同色彩的聚合物水泥砂浆弹在色浆面层上，形成有类似于干粘石效果的装饰面。

弹涂基层除砖墙基体应先用 1：3 水泥砂浆抹找平层并搓平外，一般混凝土等表面较为平整的基体，可直接刷底色浆后弹涂。基体应干燥、平整、棱角规矩。

弹涂时，先将基层湿润刷（喷）底色浆，然后用弹涂器将色浆弹到墙面上，形成直径为 1～3mm 大小的图形花点，弹涂面层厚为 2～3mm，一般 2～3 遍成活，每遍色浆不宜太厚，不得流坠，第一遍应覆盖 60%～80%，最后罩一遍甲基硅醇钠憎水剂。

图 8-6　弹涂器工作原理示意图

1—挡棍；2—中轴；3—弹
棒；4—色浆；5—把手

弹涂应自上而下，从左向右进行。先弹深色浆，后弹浅色浆。

喷涂、滚涂、弹涂饰面层，要求颜色一致，花纹大小均匀，不显接槎。

四、抹灰施工质量要求

普通抹灰表面应光滑、洁净、接槎平整，分格缝应清晰，高级抹灰表面则应光滑、洁净、颜色均匀、无抹纹，分格缝和灰线应清晰美观。

护角、孔洞、槽、盒周围的抹灰表面应整齐、光滑；管道后面的抹灰表面应平整。

水刷石的质量要求是石粒清晰、分布均匀、色泽一致、平整密实，不得有掉粒和接槎的痕迹。

干粘石的质量要求是色泽一致、不露浆、不漏粘，石粒应粘结牢固、分布均匀，阳角处应无明显黑边。

一般抹灰工程质量的允许偏差和检验方法应符合表 8-1 的规定。

一般抹灰的允许偏差和检验方法　　　　　　　　　　　表 8-1

项　次	项　　目	允许偏差(mm)		检 验 方 法
		普通抹灰	高级抹灰	
1	立面垂直度	4	3	用 2m 垂直检测尺检查
2	表面平整度	4	3	用 2m 靠尺和塞尺检查
3	阴阳角方正	4	3	用直角检测尺检查
4	分格条(缝)直线度	4	3	拉 5m 线，不足 5m 拉通线，用钢直尺检查
5	墙裙、勒脚上口直线度	4	3	拉 5m 线，不足 5m 拉通线，用钢直尺检查

装饰抹灰工程质量的允许偏差和检验方法应符合表 8-2 的规定。

装饰抹灰的允许偏差和检验方法　　　　　　　　　　　表 8-2

项　次	项　　目	允许偏差(mm)				检 验 方 法
		水刷石	斩假石	干粘石	假面砖	
1	立面垂直度	5	4	5	5	用 2m 垂直检测尺检查
2	表面平整度	3	3	5	4	用 2m 靠尺和楔形塞尺检查
3	阴阳角方正	3	3	4	4	用直角检测尺检查
4	分格条(缝)直线度	3	3	3	3	拉 5m 线，不足 5m 接通线，用钢直尺检查
5	墙裙勒脚上口直线度	3	3	—	—	拉 5m 线，不足 5m 拉通线，用钢直尺检查

第三节　饰面板(砖)工程

饰面工程是指将块料面层镶贴(或安装)在墙柱表面以形成装饰层。块料面层的种类基本可分为饰面砖和饰面板两大类。饰面砖分有釉和无釉两种，饰面板包括天然石饰面板(如大理石、花岗石和青石板等)、人造石饰面板(如预制水磨石板，合成石饰面板等)、金属饰面板(如不锈钢板、涂层钢板、铝合金饰面板等)、玻璃饰面板、木质饰面板(如胶合板、木条板)等。

一、饰面砖镶贴

饰面砖镶贴的一般工序为底层找平→弹线→镶贴饰面砖→勾缝→清洁面层。

（一）施工准备

饰面砖的基层处理和找平层砂浆的涂抹方法与装饰抹灰基本相同。

饰面砖镶贴前应进行预排，预排时应注意同一墙面的横竖排列，均不得有一行以上的非整砖。非整砖应排在最不醒目的部位或阴角处，用接缝宽度调整。

外墙面砖预排时应根据设计图纸尺寸，进行排砖分格并绘制大样图。一般要求水平缝应与碰脸、窗台齐平，竖向要求阴角及窗口处均为整砖，分格按整块分匀，并根据已确定的缝子大小做分格条和划出皮数杆。对墙、墙垛等处要求先测好中心线、水平分格线和阴阳角垂直线。

（二）釉面砖镶贴

1. 墙面镶贴方法

釉面砖的排列方法有"对缝排列"和"错缝排列"两种（图 8-7）。其工序步骤如下：

（1）在清理干净的找平层上，依照室内标准水平线，校核地面标高和分格线；

（2）以所弹地平线为依据，设置支撑釉面砖的地面木托板；

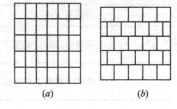

图 8-7　釉面砖镶贴形式
(a)矩形砖对缝；(b)方形砖错缝

（3）调制糊状的水泥浆，其配合比为水泥∶砂＝1∶2(体积比)另掺水泥重量 3%～4% 的 108 胶；

（4）镶贴；

（5）清理。

2. 顶棚镶贴方法

镶贴前，应把墙上的水平线翻到墙顶交接处（四边均弹水平线），校核顶棚方正情况，阴阳角应找直，并按水平线将顶棚找平。如果墙与顶棚均贴釉面砖时，则房间要求规方，阴阳角都须方正，墙与顶棚成 90°直角，排砖时，非整砖应留在同一方向，使墙顶砖缝交圈。镶贴时应先贴标志块，块间距一般为 1.2m，其他操作与墙面镶贴相同。

（三）外墙釉面砖镶贴

外墙釉面砖镶贴由底层灰、中层灰、结合层及面层组成。

外墙釉面砖的镶贴形式由设计而定。矩形釉面砖宜竖向镶贴；釉面砖的接缝宜采用离缝，缝宽不大于 10mm，釉面砖一般应对缝排列，不宜采用错缝排列。

（四）外墙锦砖(马赛克)镶贴

外墙贴锦砖可采用陶瓷锦砖或玻璃锦砖。锦砖镶贴由底层灰、中层灰、结合层及面层等组成。

锦砖的品种、颜色及图案选择由设计而定。锦砖是成联供货的，所镶贴墙面的尺寸最好是砖联尺寸的整倍数，尽量避免将联拆散。

二、大理石板、花岗石板、预制水磨石板等饰面板的安装

（一）小规格饰面板的安装

小规格大理石板、花岗石板、青石板、预制水磨石板，板材尺寸小于 300mm×300mm，板厚 8～12mm，粘贴高度低于 1m 的踢脚线板、勒脚、窗台板等，可采用水泥砂浆粘贴的方法安装。

（二）大规格饰面板的安装

大规格大理石板、花岗石板、青石板、预制水磨石板，可采用安装的方法。

1. 湿法铺贴工艺

湿法铺贴工艺适用于板材厚为20～30mm的大理石、花岗石或预制水磨石板，墙体为砖墙或混凝土墙。

湿法铺贴工艺是传统的铺贴方法，即在竖向基体上预挂钢筋网（图8-8），用铜丝或镀锌铁丝绑扎板材并灌水泥砂浆粘牢。这种方法的优点是牢固可靠，缺点是工序繁琐，卡箍多样，板材上钻孔易损坏，特别是灌注砂浆易污染板面和使板材移位。

采用湿法铺贴工艺，墙体应设置锚固体。砖墙体应在灰缝中预埋$\phi6$钢筋钩，钢筋钩中距为500mm或按板材尺寸，当挂贴高度大于3m时，钢筋钩改用批$\phi10$钢筋，钢筋钩埋入墙体内深度应不小于120mm，伸出墙面30mm，混凝土墙体可射入$\phi3.7\times62$的射钉，中距亦为500mm或按材尺寸，射钉打入墙体内30mm，伸出墙面32mm。

挂贴饰面板之前，将$\phi6$钢筋网焊接或绑扎于锚固件上。钢筋网双向中距为500mm或按板材尺寸。

图8-8 饰面板钢筋网片固定及安装方法

1—墙体；2—水泥砂浆；3—大理石板；4—钢丝；5—横筋；6—铁环；7—立筋；8—定位木楔

在饰面板上、下边各钻不少于两个$\phi5$的孔。孔深15mm，清理饰面板的背面。用双股18号铜丝穿过钻孔，把饰面板绑牢于钢筋网上。饰面板的背面距墙面应不小于50mm。

饰面板的接缝宽度可垫木楔调整，应确保饰面板外表面平整、垂直及板的上沿平顺。每安装好一行横向饰面板后，即进行灌浆。灌浆前，应浇水将饰面板背面及墙体表面湿润，在饰面板的竖向接缝内填塞15～20mm深的麻丝或泡沫塑料条以防漏浆（光面、镜面和水磨石饰面板的竖缝，可用石膏灰临时封闭，并在缝内填塞泡沫塑料条）。

拌合好1:2.5水泥砂浆，将砂浆分层灌注到饰面板背面与墙面之间的空隙内，每层灌注高度为150～200mm，且不得大于板高的1/3，并插捣密实。待砂浆初凝后，应检查板面位置，如有移动错位应拆除重新安装；若无移位，方可安装上一行板。施工缝应留在饰面板水平接缝以下50～100mm处（图8-8）。

突出墙面的勒脚饰面板安装，应待墙面饰面板安装完工后进行。

待水泥砂浆硬化后，将填缝材料清除。饰面板表面清洗干净。光面和镜面的饰面经清洗晾干后，方可打蜡擦亮。

2. 干法铺贴工艺

干法铺贴工艺，通常称为干挂法施工，即在饰面板材上直接打孔或开槽，用各种形式的连接件与结构基体用膨胀螺栓或其他架设金属连接而不需要灌注砂浆或细石混凝土。饰面板与墙体之间留出40～50mm的空腔。这种方法适用于30m以下的钢筋混凝土结构基体上，不适用于砖墙和加气混凝土墙。

干法铺贴工艺主要采用扣件固定法，如图 8-9 所示。

图 8-9　用扣件固定大规格石材饰面板的干作业做法
(a)板材安装立面图；(b)板块水平接缝剖面图；(c)板块垂直接缝剖面图
1—混凝土外墙；2—饰面石板；3—泡沫聚乙烯嵌条；4—密封硅胶；
5—钢扣件；6—膨胀螺栓；7—销钉

扣件固定法的安装施工步骤如下：

板材切割→磨边→钻孔→开槽→涂防水剂→墙面修整→弹线→墙面涂刷防水剂→板材安装→板材固定→板材接缝的防水处理。

三、金属饰面板施工

金属饰面板主要有彩色压型钢板复合墙板、铝合金板和不锈钢板等。

(一) 彩色压型钢板复合墙板

彩色压型钢板复合墙板，是以波形彩色压型钢板为面板，以轻质保温材料为芯层，经复合而成的轻质保温墙板，适用于工业与民用建筑物的外墙挂板。

彩色压型钢板复合板的安装，是用吊挂件把板材挂在墙身檩条上，再把吊挂件与檩条焊牢；板与板之间连接，水平缝为搭接缝，竖缝为企口缝。所有接缝处，除用超细玻璃棉塞缝外，还需用自攻螺钉钉牢，钉距为 200mm。门窗洞口、管道穿墙及墙面端头处，墙板均为异型复合墙板，用压型钢板与保温材料按设计规定尺寸进行裁割，然后照标准板的做法进行组装。女儿墙顶部、门窗周围均设防雨泛水板，泛水板与墙板的接缝处，用防水油膏嵌缝。压型板墙转角处，用槽形转角板进行外包角和内包角，转角板用螺栓固定。

(二) 铝合金板墙面施工

铝合金板墙面装饰，主要用在同玻璃幕墙或大玻璃窗配套，或商业建筑的入口处的门脸、柱面及招牌的衬底等部位，或用于内墙装饰，如大型公共建筑的墙裙等。

1. 铝合金板的固定

铝合金板的固定方法较多，按其固定原理可分为两类：一类是配合特制的带齿形卡脚的金属龙骨，安装时将板条卡在龙骨上面，不需使用钉件；另一种固定方法是将铝合金板用螺栓或自攻螺钉固定于型钢或木骨架上。

（1）铝合金扣板的固定。铝合金扣板多用于建筑首层的入口及招牌衬底等较为醒目的部位，其骨架可用角钢或槽钢焊成，也可用方木铺钉。骨架与墙面基层多用膨胀螺栓固定，扣板与骨架用自攻螺钉固定。

扣板的固定特点是螺钉头不外露，扣板的一边用螺钉固定，另一块扣板扣上后，恰好将螺钉盖住。

（2）铝合金蜂窝板的固定。铝合金蜂窝板与骨架用连接板固定，连接件断面如图 8-10 所示。

（3）铝合金成型板的简易固定。在铝合金板的上下各留两个孔，然后与内架上焊牢的钢销钉相配。安装时，只需将铝合金板的孔眼穿入销钉上即可，上下板之间的缝隙内，填充聚氯乙烯泡沫，然后在其外侧注入硅酮密封胶。

图 8-10　连接件断面

（4）铝合金条板与特制龙骨的卡接固定。在图 8-11 中所示的铝合金条板同以上介绍的几种板的固定方法截然不同。该条板卡在特制的龙骨上，龙骨与墙基层固定牢固。龙骨由镀锌钢板冲压而成，安装条板时，将条板卡在龙骨的顶面。此种固定方法简便可靠，拆换也较为方便。安装铝合金板的龙骨形式比较多，条板的断面也多种多样，在实际工程中应注意，龙骨与铝合金墙板应配套使用。

图 8-11　铝合金条板与特制龙骨的卡接固定

2．铝合金板墙面施工顺序

放线→固定骨架连接件→固定骨架→安装铝合金板。

（三）不锈钢饰面板施工

不锈钢饰面板主要用于墙柱面装饰，具有强烈的金属质感和抛光的镜面效果。

1．圆柱体不锈钢板包面焊接工艺

主要施工工艺为：柱体成型→柱体基层处理→不锈钢板滚圆→不锈钢板定位安装→焊接和打磨修光。

2．圆柱体不锈钢板镶包饰面施工

这种包柱镶固不锈钢板做法的主要特点是不用焊接，比较适宜于一般装饰柱体的表面装饰施工，操作较为简便快捷。通常用木胶合板作柱体的表面，也是不锈钢饰面板的基层。其饰面不锈钢板的圆曲面加工，可采用上述手工滚圆或卷板机于现场加工制作，也可由工厂按所需曲度事先加工完成。其包柱圆筒形体的组合，可以由两片或三片加工好拼接。但安装的关键在于片与片之间的对口处理，其方式有直接卡口式和嵌槽压口式两种。

（1）直接卡口式安装。直接卡口式是在两片不锈钢板对口处安装一个不锈钢卡口槽，将其用螺钉固定于柱体骨架的凹部。安装不锈钢包柱板时，将板的一端弯后勾入卡口槽内；再用力推按板的另一端，利用板材本身的弹性使其卡入另一卡口槽内，即完成了不锈钢板包柱的安装。

（2）嵌槽压口式安装。先把不锈钢板在对口处的凹部用螺钉或钢钉固定，再将一条宽度小于接缝凹槽的木条固定于凹槽中间，两边空出的间隙相等，均宽为 1mm 左右。在木条上涂刷万能胶或其他胶粘剂，在其上嵌入不锈钢槽条。不锈钢槽条在嵌前应用酒精或汽油等将其内侧清洁干净，而后刷涂一层胶液。

四、饰面工程的质量要求

饰面所用材料的品种、规格、颜色、图案以及镶贴方法应符合设计要求；饰面工程的表面不得有变色、起碱、污点、砂浆流痕和显著的光泽受损处；突出的管线、支承物等部位镶贴的饰面砖，应套割吻合；饰面板和饰面砖不得有歪斜、翘曲、空鼓、缺楞、掉角、裂缝等缺陷；镶贴墙裙、门窗贴脸的饰面板、饰面砖，其突出墙面的厚度应一致。

第四节 门 窗 工 程

以前门窗多采用钢、木门窗，随着新材料不断出现以及对节能保温要求的不断提高，铝合金门窗、塑料门窗的应用日益增多，并有逐步取代钢、木门窗之势。安装门窗必须采取预留洞口的方法，严禁边安装边砌口或先安装后砌口。下面就几种主要门窗及玻璃工程作一介绍。

一、木门窗

木门窗的使用比较普遍，而且有悠久的历史。木门窗施工的主要内容是在施工现场安装木门窗框及内扇。安装前应按设计图纸检查校核门窗型号，安装门框前，要用对角线相等的方法复核其兜方程度。

木门窗的安装一般有立框安装和塞框安装两种方法。立框安装是先立好门窗框，再砌筑两边的墙。

（1）立框安装：在墙砌到地面时立门樘，砌到窗台时立窗樘。立框时应先在地面（或墙面）划出门（窗）框的中线及边线，而后按线将门窗框立上，用临时支撑撑牢，并校正门窗框的垂直度及上、下槛水平。

立门窗框时要注意门窗的开启方向和墙面装饰层的厚度，各门框进出一致，上、下层窗框对齐。在砌两旁墙时，墙内应砌经防腐处理的木砖，垂直间隔 0.5～0.7m 一块。木砖大小为 115mm×115mm×53mm。

（2）塞框安装 塞框安装是在砌墙时先留出门窗洞口。门窗框洞口尺寸要比门窗框尺寸每边大 20mm。门窗框塞入后，先用木楔临时塞住，要求横平竖直。校正无误后，将门窗框钉牢在砌于墙内的木砖上。

（3）门窗扇的安装 安装前要先测量一下门窗樘洞口净尺寸，根据测得的准确尺寸来修刨门窗扇。扇的两边要同时修刨。门窗冒头的修刨是，先刨平下冒头，以此为准再修刨上冒头。修刨时要注意留出风缝，一般门窗扇的对口处及扇与樘之间的风缝需留出 20mm

左右。门窗扇安装时，应保持冒头、窗芯水平，双扇门窗的冒头要对齐，开关灵活，但不准出现自开或自关的现象。

(4) 玻璃安装 清理门窗裁口，在玻璃底面与门窗裁口之间，沿裁口的全长均匀涂抹 1～3mm 的底灰，用手将玻璃摊铺平正，轻压玻璃使部分底灰挤出槽口，待油灰初凝后，顺裁口刮平底灰，然后用 1/2～1/3 寸的小圆钉沿玻璃四周固定玻璃，钉距 200mm，最后抹表面油灰即可。油灰与玻璃、裁口接触的边缘平齐，四角成规则的八字形。

二、铝合金门窗

铝合金门窗是用经过表面处理的型材，通过下料、打孔、铣槽、攻丝和制窗等加工过程而制成的门窗框料构件，再与连接件、密封件和五金配件一起组装而成。由于铝合金的线膨胀系数较大，其安装要点是外框与洞口应弹性连接牢固，不得将门窗外框直接埋入墙体。

安装要点：

1. 弹线

铝合金门、窗框一般是用后塞口方法安装。在结构施工期间，应根据设计将洞口尺寸留出。门窗框加工的尺寸应比洞口尺寸略小，门窗框与结构之间的间隙，应视不同的饰面材料而定。抹灰面一般为 20mm；大理石、花岗石等板材，厚度一般为 50mm。以饰面层与门窗框边缘正好吻合为准，不可让饰面层盖住门窗框。

弹线时应注意下列要求：

(1) 同一立面的门窗在水平与垂直方向应做到整齐一致。安装前应先检查预留洞口的偏差。对于尺寸偏差较大的部位，应剔凿或填补处理。

(2) 在洞口弹出门、窗位置线。安装前一般是将门窗立于墙体中心线部位。也可将门窗立在内侧。

(3) 门的安装，须注意室内地面的标高。地弹簧的表面，应与室内地面饰面的标高一致。

2. 门窗框就位和固定

安装时将铝合金门、窗框临时用木楔固定，用厚 1.5mm 的镀锌锚板将其固定在门窗洞口内。

3. 填缝

铝合金门窗安装固定后，应按设计要求及时处理窗框与墙体缝隙。若设计未规定具体堵塞材料时，应采用矿棉或玻璃棉毡分层填塞缝隙，外表面留 5～8mm 深槽口，槽内填嵌缝油膏或在门窗两侧作防腐处理后填 1：2 水泥砂浆。

4. 门、窗扇安装

门窗扇的安装，需在土建施工基本完成后进行，框装上扇后应保证框扇的立面在同一平面内，窗扇就位准确，启闭灵活。平开窗的窗扇安装前应先固定窗，然后再将窗扇与窗铰固定在一起；推拉式门窗扇，应先装室内侧门窗扇，后装室外侧门窗扇；固定扇应装在室外侧，并固定牢固，确保使用安全。

5. 安装玻璃

玻璃安装应在框、扇校正和五金件安装完毕后进行。裁割玻璃时，一般要求玻璃侧面及上下都应与金属面留出一定间隙，以适应玻璃胀缩变形的需要。

平开窗的小块玻璃用双手操作就位。若单块玻璃尺寸较大，可使用玻璃吸盘就位。玻璃就位后，即以橡胶条固定。型材凹槽内装饰玻璃，可用橡胶条挤紧，然后再在橡胶条上注入密封胶；也可以直接用橡胶衬条封缝、挤紧，表面不再注胶。

为防止因玻璃的胀缩而造成型材的变形，型材下凹槽内可先放置橡胶垫块，以免因玻璃自重而直接落在金属表面上，并且也要使玻璃的侧边及上部不得与框、扇及连接件相接触。

6. 清理

铝合金门窗交工前，将型材表面的保护胶纸撕掉，如有胶迹，可用香蕉水清理干净。擦净玻璃。

7. 铝合金门窗安装的允许偏差和检验方法应符合表 8-3 的规定

铝合金门窗安装的允许偏差和检验方法   表 8-3

项次	项　　　目		允许偏差（mm）	检　验　方　法
1	门窗槽口宽度、高度	≤1500	1.5	用钢尺检查
		>1500	2	
2	门窗槽口对角线长度差	≤2000	3	用钢尺检查
		>2000	4	
3	门窗框的正、侧面垂直度		2.5	用垂直检测尺检查
4	门窗横框的水平度		2	用 1m 水平尺和塞尺检查
5	门窗横框标高		5	用钢尺检查
6	门窗竖向偏离中心		5	用钢尺检查
7	双层门窗内外框间距		4	用钢尺检查
8	推拉门窗扇与框搭接量		1.5	用直钢尺检查

三、塑料门窗

塑料门窗的保温性能与密闭性能比其他门窗明显优越，其耐久性能随着塑料材质的不断改进也有显著提高。塑料门窗及其附件应符合国家标准，按设计选用。塑料门窗不得有开焊、断裂等损坏现象，如有损坏，应予以修复或更换。塑料门窗进场后应存放在有靠架的室内并与热源隔开，以免受热变形。

由于塑料门窗的热膨胀系数大，且弯曲弹性模量又较大，故其门窗框与墙体的连接也应用弹性连接固定的方法。常见的连接方法有两种：

一种是连接件法，是用一种专门制作的铁件卡在门、窗框异型材的外侧。另一端用射钉或膨胀螺栓固定在墙体上。

另一种是直接固定法。在砌筑墙体时先将木砖预埋入门窗洞口内，安装时用木楔调整门、窗框与洞口间隙，用木螺钉直接穿过门、窗框与预埋木砖连接，从而将门、窗框直接固定在墙体上。

塑料门窗在安装前，先装五金配件及固定件。由于塑料型材是中空多腔的，材质较脆，因此，不能用螺钉直接锤击拧入，应先用手电钻钻孔，后用自攻螺钉拧入。钻头直径应比所选用自攻螺钉直径小 0.5～1.0mm，这样可以防止塑料门窗出现局部凹隐、断裂和螺钉松动等质量问题，保证零附件及固定件的安装质量。

与墙体连接的固定件应用自攻螺钉等紧固于门窗框上。将五金配件及固定件安装完工并检查合格的塑料门窗框，放入洞口内，调整至横平竖直后，用木楔将塑料框料四角塞牢作临时固定，但不宜塞得过紧以免外框变形。然后用尼龙胀管螺栓将固定件与墙体连接牢固。

框与墙体的缝隙，应用泡沫塑料条或油毡卷条填塞，填塞不宜过紧，以免框架变形。

塑料门窗的玻璃安装同铝合金门窗。

塑料门窗安装的允许偏差和检验方法应符合表 8-4 的规定。

塑料门窗安装的允许偏差和检验方法　　　　　　表 8-4

项次	项　目		允许偏差(mm)	检　验　方　法
1	门窗槽口宽度、高度	≤1500	2	用钢尺检查
		>1500	3	
2	门窗槽口对角线长度差	≤2000	3	用钢尺检查
		>2000	5	
3	门窗框的正、侧面垂直度		3	用垂直检测尺检查
4	门窗横框的水平度		3	用 1m 水平尺和塞尺检查
5	门窗横框标高		5	用钢尺检查
6	门窗竖向偏离中心		5	用钢直尺检查
7	双层门窗内外框间距		4	用钢尺检查
8	同樘平开窗相邻扇高度差		4	用钢直尺检查
9	平开门窗铰链部位配合间隙		+2；−1	用塞尺检查
10	推拉门窗扇与框搭接量		+1.5；−2.5	用钢直尺检查
11	推拉门窗扇与竖框平行度		2	用 1m 水平尺和塞尺检查

第五节　涂料、刷浆及裱糊工程施工

涂料和刷浆是将液体涂料刷在木料、金属、抹灰层或混凝土等表面干燥后形成一层与基层牢固粘结的薄膜，以与外界空气、水气、酸、碱隔绝，达到防潮、防腐、防锈作用，同时也满足建筑装饰的要求。此外在室内装饰时，也常采用壁纸裱糊墙壁，以达到装饰的要求。

一、涂料工程

涂料主要由胶粘剂、颜料、溶剂和辅助材料等组成。涂料的品种繁多，按装饰部位不同有内墙涂料、外墙涂料、顶棚涂料、地面涂料；按成膜物质不同有油性涂料（也称油漆）、有机高分子涂料、无机高分子涂料、有机无机复合涂料；按涂料分散介质不同有：溶剂型涂料、水性涂料、乳液涂料（乳胶漆）。

涂料施工包括基层准备、打底子、抹腻子和涂刷等工序。

（一）基层处理

混凝土和抹灰表面为：基层表面必须坚实，无酥板、脱层、起砂、粉化等现象，否则应铲除。基层表面要求平整，如有孔洞、裂缝，须用同种涂料配制的腻子批嵌，除去表面的油污、灰尘、泥土等，清洗干净。对于施涂溶剂型涂料的基层，其含水率应控制在8%以内，对于施涂乳液型涂料的基层，其含水率应控制在10%以内。

木材基层表面：应先将木材表面上的灰尘、污垢清除，并把木材表面的缝隙、毛刺等用腻子填补磨光，木材基层的含水率不得大于12%。

金属基层表面：将灰尘、油渍、锈斑、焊渣、毛刺等清除干净。

（二）打底子

目的是使基层表面有均匀吸收色料的能力，以保证整个涂料面的色泽均匀一致。

（三）抹腻子

抹腻子的目的是使表面平整，待其干后用砂纸打磨。

（四）涂料施工

涂刷方法有刷涂、喷涂、擦涂、滚涂、弹涂、刮涂等，应根据涂料能适应的涂料方法和现有设备来决定。

（1）刷涂法是人工用刷子蘸上涂料直接涂刷于被饰涂面。要求：不流、不挂、不皱、不漏、不露刷痕。刷涂一般不少于两道，应在前一道涂料表面干后再涂刷下一道。两道间隔时间由涂料品种和涂刷厚度确定，一般为2～4h。其设备简单，操作方便，但工效低，不适于快干或扩散性不良的涂料施工。

（2）喷涂法是用喷枪将涂料均匀喷射于物体表面上。一次不能喷得过厚，要分几次喷涂。其特点是工效高，涂料分散均匀，平整光滑，但是涂料消耗大，施工时还要采取通风、防火、防爆等安全措施。

（3）擦涂法是用棉花团外包纱布蘸油漆在物面上擦涂，待漆膜稍干后再连续揩擦多遍，直到均匀擦亮为止。此法漆膜光亮、质量好，但效率低。

（4）滚涂法是用羊皮、橡皮或泡沫塑料制成的滚筒滚上涂料后，再滚涂于物面上。适用于墙面滚花涂刷。滚完24h后，喷罩一层有机硅以防止污染和增强耐久性。

（5）弹涂法是通过电动弹涂机的弹力器分几遍将不同色彩的涂料弹在已涂刷的涂层上，形成1～3mm大小的扁圆形花点。弹点后同样喷罩一层有机硅。

（6）刮涂法利用刮板，将涂料厚浆均匀地批刮于涂面上，形成厚度为1～2mm的厚涂层。这种施工方法多用于地面等较厚层涂料的施涂。

（五）喷塑涂料施工

1. 喷塑涂料的涂层结构

按喷塑涂料层次的作用不同，其涂层构造分为封底涂料、主层涂料、罩面涂料。按使用材料分为底油、骨架和面油。喷塑，涂料质感丰富、立体感强，具有浮雕饰面的效果。

（1）底油：底油是涂布在基层上的涂层。它的作用是渗透到基层内部，增强基层的强度，同时又对基层表面进行封闭，并消除基层表面有损于涂层附着的因素，增加骨架涂料与基层之间的结合力。作为封底涂料，可以防止硬化后的水泥砂浆抹灰层可溶性盐渗出而破坏面层。

（2）骨架：骨架是喷塑涂料特有的一层成型层，是喷塑涂料的主要构成部分，使用特制大口径喷枪或喷斗，喷涂在底油之上，再经过滚压，即形成质感丰富，新颖美观的立体花纹图案。

（3）面油：面油是喷塑涂料的表面层。面层内加入各种耐晒彩色颜料，使喷塑涂层具有理想的色彩和光感。面油分为水性和油性两种，水性面油无光泽，油性面油有光泽，但目前大都采用水性面油。

2. 喷塑涂料施工

喷涂程序：刷底油→喷点料（骨架材料）→滚压点料→喷涂或刷涂面层。

底油的涂刷、用漆刷进行，要求涂刷均匀不漏刷。

喷点施工的主要工具是喷枪，喷嘴有大、中、小三种，分别可喷出大点、中点和小点。施工时可按饰面要求选择不同的喷嘴。喷点操作的移动速度要均匀，其行走路线可根据施工需要由上向下或左右移动。喷枪在正常情况下其喷嘴距墙 50~60cm 为宜。喷头与墙面成 60°~90°夹角，空压机压力为 0.5MPa。如果喷涂顶棚，可采用顶棚喷涂专用喷嘴。

如果需要将喷点压平，则喷点后 5~10min 便可用胶辊蘸松节水，在喷涂的圆点上均匀地轻轻滚，将圆点压扁，使之成为具有立体感的压花图案。

喷涂面油应在喷点施工 12min 后进行，第一道滚涂水性面油，第二道可用油性面油，也可用水性面油。

如果基层有分格条，面油涂饰后即行揭去，对分格缝可按设计要求的色彩重新描绘。

（六）多彩喷涂施工

多彩喷涂具有色彩丰富、技术性能好、施工方便、维修简单、防火性能好、使用寿命长等特点，因此运用广泛。

多彩喷涂的工艺可按底涂、中涂、面涂或底涂、面涂的顺序进行。

底涂：底层涂料的主要作用是封闭基层，提高涂膜的耐久性和装饰效果。底层涂料为溶剂性涂料，可用刷涂、滚涂或喷涂的方法进行操作。

中涂：中层为水性涂料，涂刷 1~2 遍，可用刷涂、滚涂及喷涂施工。

面涂（多彩）喷涂：中层涂料干燥约 4~8h 后开始施工。操作时可采用专用的内压式喷枪，喷涂压力 0.15~0.25MPa，喷嘴距墙 300~400mm，一般一遍成活，如涂层不均匀，应在 4h 内进行局部补喷。

（七）聚氨酯仿瓷涂料层施工

这种涂料是以聚氨酯-丙烯酸树脂溶液为基料，加入优质大白粉、助剂等配制而成的双组分固化型涂料。涂膜外观是瓷质状，其耐玷污性、耐水性及耐候性等性能均较优异。可以涂刷在木质、水泥砂浆及混凝土饰面上，具有优良的装饰效果。

聚氨酯仿瓷复层涂料一般分为底涂、中涂和面涂三层，其操作要点如下：

（1）基层表面应平整、坚实、干燥、洁净，表面的蜂窝、麻面和裂缝等缺陷应采用相应的腻子嵌平。金属材料表面应除锈，有油渍斑污者，可用汽油，二甲苯等溶剂清理。

（2）底涂施工：底涂施工可采用刷涂、滚涂、喷涂等方法进行。

（3）中涂施工：中涂一般均要求采用喷涂，喷涂压力依照材料使用说明，喷嘴口径一般为 φ4，根据不同品种，将其甲乙组分进行混合调制或直接采用配套中层涂料均匀喷涂，如果涂料太稠，可加入配套溶液或醋酸丁酯进行稀释。

(4) 面涂施工：面涂可用喷涂、滚涂或刷涂方法施工，涂层施工的间隔时间一般在2～4h之间。

仿瓷涂料施工要求环境温度不低于5℃，相对湿度不大于85％，面涂完成后保养3～5d。

二、刷浆工程

刷浆工程是将水质涂料喷刷在抹灰层的表面上，常用于室内外墙面及顶棚表面刷浆。

（一）刷浆材料

刷浆所用材料主要是指石灰浆、水泥色浆、大白浆和可赛银浆等，石灰浆和水泥浆可用于室内外墙面，大白浆和可赛银浆只用于室内墙面。

1. 石灰浆：用生石灰块或淋好的石灰膏加水调制而成，可在石灰浆内加0.3％～0.5％的食盐或明矾，或20％～30％的108胶，目的在于提高其附着力。如需配色浆，应先将颜料用水化开，再加入石灰浆内拌匀。

2. 水泥色浆：由于素水泥浆易粉化、脱落，一般用聚合物水泥浆，其组成材料有：白水泥、高分子材料、颜料、分散剂和憎水剂。高分子材料采用108胶时，一般为水泥用量的20％。分散剂一般采用六偏磷酸钠，掺量约为水泥用量的1％，或木质素磺酸钙，掺量约为水泥用量的0.3％，憎水剂常用甲基硅醇钠。

3. 大白浆：由大白粉加水及适量胶结材料制成，加入颜料，可制成各种色浆。胶结材料常用108胶（掺入量为大白粉的15％～20％）或聚酯酸乙烯液（掺入量为大白粉的8％～10％），大白浆适于喷涂和刷涂。

4. 可赛银浆：可赛银浆是由可赛银粉加水调制而成。可赛银粉由碳酸钙、滑石粉和颜料研磨，再加入干酪素胶粉等混合配制而成。

（二）施工工艺

1. 基层处理和刮腻子：刷浆前应清理基层表面的灰尘、污垢、油渍和砂浆流痕等。在基层表面的孔眼、缝隙、凸凹不平处应用腻子找补并打磨齐平。

对室内中、高级刷浆工程，在局部找补腻子后，应满刮1～2道腻子，干后用砂纸打磨表面。大白浆和可赛银粉要求墙面干燥，为增加大白浆的附着力，在抹灰面未干前应先刷一道石灰浆。

2. 刷浆：刷浆一般用刷涂法、滚涂法和喷涂法施工。其施工要点同涂料工程的涂饰施工。

聚合物水泥浆刷浆前，应先用乳胶水溶液或聚乙烯醇缩甲醛胶水溶液湿润基层。

室外刷浆在分段进行时，应以分格缝、墙角或水落管等处为分界线，材料配合比应相同。同一墙面应用相同的材料和配合比，浆料必须搅拌均匀。

刷浆工程的质量要求和检验方法应符合薄涂料的涂饰质量和检验方法（见表8-8）的规定。

三、裱糊工程

裱糊工程，是将普通壁纸、塑料壁纸等，用胶粘剂裱糊在内墙面的一种装饰工程。用这种装饰，施工简单，美观耐用，增加了装饰效果。

普通壁纸为纸面纸基，是传统使用的壁纸，现已很少采用。塑料壁纸和墙布是目前日益广泛采用的内墙装饰材料，具有可擦洗、耐光、耐老化，颜色稳定、防霉、无毒、施工简单，且花纹图案丰富多采，富有质感。适用于粘贴在抹灰层、混凝土墙面，以及纤维板、石膏板、胶合板表面。塑料壁纸的裱糊施工要点为基层处理、弹垂直线、裁纸、浸水润湿和刷胶、壁纸粘贴。

1. 基层处理：裱糊前，应将基层表面的污垢、尘土清除干净，泛碱部位宜用9％的稀醋酸中和清洗。不得有飞刺、麻点和砂粒。阴阳角宜顺直。要求基层基本干燥，混凝土和抹灰层的含水率不得大于8％，木材制品不得大于12％。对局部的麻点、凹坑、接缝须先用腻子修补填平，干后用砂纸磨平。对木基层要求接缝密实，不露钉头，接缝处要裱纱纸、纱布，然后满刮腻子，干后磨光磨平。涂刷后的腻子，要坚实牢固，不得起皮和裂缝。

常用的腻子为乙烯乳胶(白胶)腻子。在处理好的基层上，裱糊前再满刷或喷一遍108稀胶(108胶：水＝1：1)底胶。要求薄而均匀，不得漏刷、流坠。以便防止基层吸水太快，引起胶粘剂脱水而影响壁纸粘结效果。同时也有利于下一步胶粘剂的涂刷。

2. 弹垂直线：为使壁纸粘贴的花纹、图案、线条纵横连贯，故在基层底胶干燥后弹划垂直线，作为裱糊壁纸时的操作准线。

3. 裁纸：根据墙面尺寸及壁纸类型、图案、规格尺寸，规划分幅裁纸，并将纸幅编号，按顺序粘贴。墙面上下两端要预留5cm的裁边。分幅拼花裁切时，要照顾主要墙面花纹图案，对称完整及光泽效果。裁切的一边只能搭接；不能对缝。裁边应平直整齐，不能有纸毛、飞刺等。

4. 浸水润湿和刷胶：纸基壁纸裱糊吸水后，在宽度方面能胀出约1％。故壁纸应先浸水3min，再抖掉余水，静置20min待用。这样刷胶后裱糊，可避免出现皱褶。在纸背和基层表面上刷胶要求薄而均匀。裱糊用的胶粘剂应按壁纸的品种选用。

5. 壁纸粘贴：粘贴时，首先纸幅要垂直，后对花拼缝，再用括板由上向下、先高后低抹压平整。不足一幅的应裱糊在较暗或不明显的部位。阴角处接缝应搭接，阳角处不得有接缝。多余的胶粘剂，应顺操作方向，赶压出纸边，用湿润的干净布及时揩净。要求纸面色泽一致，不得有气泡、空鼓、翘边、皱折和污斑，斜视时无胶痕。各幅拼接时，不得漏缝，距墙面1.5m处正视，不显拼缝。拼缝处的图案和花纹应吻合，且应顺光搭接。不得有漏贴、补贴和脱层等缺陷。在裱糊过程中以及裱后干燥期间，应防止穿堂风劲吹和温度的突然变化。

裱糊普通壁纸，应先将壁纸背面用水湿润，并在基层表面涂刷胶和复合壁纸背面刷胶粘剂。裱糊时，壁纸正面宜用纸衬托进行。

裱糊墙布和复合壁纸的方法大体与塑料壁纸相同，不同之处首先在于墙布和复合壁纸基材无吸水伸胀的特点，可直接刷胶裱糊；其次是材性与壁纸不同，宜用聚酯酸乙烯乳液作为胶粘剂。另外，墙布盖底力稍差，使用时要注意防止裱糊面色泽发生明显差异。

第六节 吊 顶 工 程

吊顶是采用悬吊方式将装饰顶棚支承于屋顶或楼板下面。

一、吊顶的构造组成

吊顶主要由支承、基层和面层三个部分组成。

1. 支承

吊顶支承由吊杆(吊筋)和主龙骨组成。

(1)木龙骨吊顶的支承：木龙骨吊顶的主龙骨又称为大龙骨或主梁，传统木质吊顶的主龙骨，多采用 50mm×70mm～60mm×100mm 方木或薄壁槽钢、∟60×6～∟70×7(mm)角钢制作。龙骨间距按设计，如设计无要求，一般按 1m 设置。主龙骨一般用 8～10mm 的吊顶螺栓或 8 号镀锌铁丝与屋顶或楼板连接。木吊杆和木龙骨必须作防腐和防火处理。

(2)金属龙骨吊顶的支承部分：轻钢龙骨与铝合金龙骨吊顶的主龙骨截面尺寸取决于荷载大小，其间距尺寸应考虑次龙骨的跨度及施工条件，一般采用 1～1.5m。其截面形状较多，主要有 U 形、T 形、C 形、L 形等。主龙骨与屋顶结构楼板结构多通过吊杆连接，吊杆与主龙骨用特制的吊件或套件连接，金属吊杆和龙骨应作防锈处理。

2. 基层

基层用木材、型钢或其他轻金属材料制成的次龙骨组成。吊顶面层所用材料不同，其基层部分的布置方式和次龙骨的间距大小也不一样，但一般不应超过 600mm。

吊顶的基层要结合灯具位置、风扇或空调透风口位置等进行布置，留好预留洞穴及吊挂设施等，同时应配合管道、线路等安装工程施工。

3. 面层

木龙骨吊顶，其面层多用人造板(如胶合板、纤维板、木丝板、刨花板)面层或板条(金属网)抹灰面层。轻钢龙骨、铝合金龙骨吊顶，其面板多用装饰吸声板(如纸面石膏板、钙塑泡沫板、纤维板、矿棉板、玻璃丝棉板等)制作。

二、吊顶施工工艺

1. 木质吊顶施工

(1)弹水平线。首先将楼地面基准线弹在墙上，并以此为起点，弹出吊顶高度水平线。

(2)主龙骨的安装。主龙骨与屋顶结构或楼板结构连接主要有三种方式：用屋面结构或楼板内预埋铁件固定吊杆，用射钉将角钢等固定于楼底面固定吊杆，用金属膨胀螺栓固定铁件再与吊杆连接(图 8-12)。

主龙骨安装后，沿吊顶标高线固定沿墙木龙骨，木龙骨的底边与吊顶标高线齐平。一般是用冲击电钻在标高线以上 10mm 处墙面打孔，孔内塞入木楔，将沿墙龙骨钉固于墙内木楔上。然后将拼接组合好的木龙骨架托到吊顶标高位置，整片调正调平后，将其与沿墙龙骨和吊杆连接(图 8-13)。

(3)罩面板的铺钉。罩面板多采用人造板，应按设计要求切成方形、长方形等。板材安装前，按分块尺寸弹线，安装时由中间向四周呈对称排列，顶棚的接缝与墙面交圈应保持一致。面板应安装牢固且不得出现折裂、翘曲、缺棱掉角和脱层等缺陷。

2. 轻金属龙骨吊顶施工

图 8-12　吊杆固定

(a)射钉固定；(b)预埋件固定；(c)预埋φ6钢筋吊环；(d)金属膨胀螺丝固定；(e)射钉
直接连接钢丝(或8号铁丝)；(f)射钉角铁连接法；(g)预埋8号镀锌铁丝

1—射钉；2—焊板；3—φ10钢筋吊环；4—预埋钢板；5—φ6钢筋；6—角钢；

7—金属膨胀螺栓；8—镀锌铁丝(6号、12号、14号)；9—8号镀锌铁丝

轻金属龙骨按材料分为轻钢龙骨和铝合金龙骨。

(1)轻钢龙骨装配式吊顶施工

利用薄壁镀锌钢板带，经机械冲压而成的轻钢龙骨即为吊顶的骨架型材。轻钢吊顶龙骨有 U 形和 T 形两种。

U 形上人轻钢龙骨安装方法如图 8-14 所示。

图 8-13　木龙骨吊顶

1—吊筋横梁；2—纵撑横龙骨；3—横
撑龙骨；4—吊筋；5—罩面板；
6—木砖；7—砖墙；8—吊木

施工前，先按龙骨的标高在房间四周的墙上弹出水平线，再根据龙骨的要求按一定间距弹出龙骨的中心线，找出吊点中心，将吊杆固定在埋件上。吊顶结构未设埋件时，要按确定的节点中心用射钉固定螺钉或吊杆，吊杆长度计算好后，在一端套丝，丝口的长度要考虑紧固的余量，并分别配好紧固用的螺母。

主龙骨的吊顶挂件连在吊杆上校平调正后，拧紧固定螺母，然后根据设计和饰面板尺寸要求确定的间距，用吊挂件将次龙骨固定在主龙骨上，调平调正后安装饰面板。

饰面板的安装方法有：

搁置法：将饰面板直接放在 T 形龙骨组成的格框内。有些轻质饰面板，考虑刮风时会被掀起(包括空调口，通风口附近)，可用木条、卡子固定。

嵌入法：将饰面板事先加工成企口暗缝，安装时将 T 形龙骨两肢插入企口缝内。

粘贴法：将饰面板用胶粘剂直接粘贴在龙骨上。

钉固法：将饰面板用钉、螺钉，自攻螺钉等固定在龙骨上。

卡固法：多用于铝合金吊顶，板材与龙骨直接卡接固定。

(2)铝合金龙骨装配式吊顶施工

图 8-14 U 形龙骨吊顶示意图

1—BD 大龙骨；2—UZ 横撑龙骨；3—吊顶板；4—UZ 龙骨；5—UX 龙骨；

6—UZ₃ 支托连接；7—UZ₂ 连接件；8—UZ₂ 连接件；9—BD₂ 连接件；

10—UX₁ 吊挂；11—UX₂ 吊件；12—BD₁ 吊件；13—UX₃ 吊杆 $\phi 8 \sim \phi 10$

铝合金龙骨吊顶按罩面板的要求不同分龙骨底面不外露和龙骨底面外露两种形式，按龙骨结构形式不同分 T 形和 TL 形。TL 形龙骨属于安装饰面板后龙骨底面外露的一种（图 8-15，图 8-16）。

图 8-15 TL 形铝合金吊顶

1—大龙骨；2—大 T；3—小 T；4—角条；5—大吊挂件

图 8-16 TL 形铝合金不上人吊顶

1—大 T；2—小 T；3—吊件；4—角条；5—饰面板

铝合金吊顶龙骨的安装方法与轻钢龙骨吊顶基本相同。

（3）常见饰面板的安装

铝合金龙骨吊顶与轻钢龙骨吊顶饰面板安装方法基本相同。

1）石膏饰面板的安装可采用钉固法、粘贴法和暗式企口胶接法。U 形轻钢龙骨采用钉固法安装石膏板时，使用镀锌自攻螺钉与龙骨固定。钉头要求嵌入石膏板内 0.5～1mm，钉眼用腻子刮平，并用石膏板与同色的色浆腻子涂刷一遍。螺钉规格为 M5×25 或 M5×35。螺钉与板边距离应不大于 15mm，螺钉间距以 150～170mm 为宜，均匀布置，并与板面垂直。石膏板之间应留出 8～10mm 的安装缝。待石膏板全部固定好后，用塑料压缝条或铝压缝条压缝。

2）钙塑泡沫板的主要安装方法有钉固和粘贴两种。钉固法即用圆钉或木螺钉，将面板钉在顶棚的龙骨上，要求钉距不大于150mm，钉帽应与板面齐平，排列整齐，并用与板面颜色相同的涂料装饰。钙塑板的交角处，用木螺钉将塑料小花固定，并在小花之间沿板边按等距离加钉固定。用压条固定时，压条应平直，接口严密，不得翘曲。钙塑泡沫板用粘贴法安装时，胶粘剂可用401胶或氧丁胶浆——聚异氧酸脂胶(10：1)涂胶后应待稍干，方可把板材粘贴压紧。

3）胶合板、纤维板安装应用钉固法：要求胶合板钉距80～150mm，钉长25～35mm，钉帽应打扁，并进入板面0.5～1mm，钉眼用油性腻子抹平；纤维板钉距80～120mm，钉长20～30mm，钉帽进入板面0.5mm，钉眼用油性腻子抹平；硬质纤维板应用水浸透，自然阴干后安装。

4）矿棉板安装的方法主要有搁置法、钉固法和粘贴法。顶棚为轻金属T形龙骨吊顶时，在顶棚龙骨安装放平后，将矿棉板直接平放在龙骨上，矿棉板每边应留有板材安装缝，缝宽不宜大于1mm。顶棚为木龙骨吊顶时，可在矿棉板每四块的交角处和板的中心用专门的塑料花托脚，用木螺钉固定在木龙骨上；混凝土顶面可按装饰尺寸做出平顶木条，然后再选用适宜的胶粘剂将矿棉板粘贴在平顶木条上。

5）金属饰面板主要有金属条板、金属方板和金属格栅。板材安装方法有卡固法和钉固法。卡固法要求龙骨形式与条板配套，钉固法采用螺钉固定时，后安装的板块压住前安装的板块，将螺钉遮盖，拼缝严密。方形板可用搁置法和钉固法，也可用铜丝绑扎固定。格栅安装方法有两种，一种是将单体构件先用卡具连成整体，然后通过钢管与吊杆相连接，另一种是用带卡口的吊管将单体物体卡住，然后将吊管用吊杆悬吊。金属板吊顶与四周墙面空隙，应用同材质的金属压缝条找齐。

第七节　隔墙与隔断工程

隔墙和隔断是由于使用功能的需要，通过设计手段并采用一定的材料来分割房间和建筑物内部大空间，对空间做更深入、更细致的划分，使装饰空间更丰富，功能更完善。现代室内隔墙、隔断要求隔断物自身质量轻，厚度薄，拆移方便，并具有一定刚度及隔声能力。隔墙与隔断都是分隔建筑内外空间的非承重墙，两者的区别如下：

（1）隔墙高度是到顶的；而隔断高度可到顶或不到顶；

（2）隔墙在很大程度上限定空间，即完全分隔空间；而隔断限定空间的程度弱，使相邻空间有似隔非隔的感觉；

（3）隔墙在一定程度上满足隔声、阻隔视线的要求，并可分隔有防潮、防火要求的房间；而隔断在隔声、阻隔视线方面无要求，并具有一定的空透性，使两个空间有视线的交流；

（4）隔墙一经设置，往往具有不可更改性，至少是不能经常变动；而隔断则有时比较容易移动和拆除，具有灵活性，可随时连通和分隔相邻空间。

一、隔墙

隔墙按构造方式可分为砌块隔墙、骨架隔墙、板材隔墙三种。

（一）砌块隔墙

砌块隔墙是指用加气混凝土砌块、空心砌块及各种小型砌块等砌筑而成的非承重墙，具有防潮、防火、隔声、取材方便、造价低等特点。传统砌块隔墙由于自重大、墙体厚、需现场湿作业、拆装不方便，在工程中已逐渐少用。目前，装饰工程中多采用玻璃砖砌筑隔墙。

（二）骨架隔墙

骨架隔墙是由骨架（龙骨）和饰面材料组成的轻质隔墙。常用的骨架有木骨架和金属骨架，饰面有抹灰饰面和板材饰面。

1. 抹灰饰面骨架隔墙

抹灰饰面骨架隔墙，是在骨架上加钉板条、钢板网、钢丝网，然后做抹灰饰面，还可在此基础上另加其他饰面，这种抹灰饰面骨架隔墙已很少采用。

2. 板材饰面骨架隔墙

板材饰面骨架隔墙自重轻、材料新、厚度薄、干作业、施工灵活方便，目前室内采用较多。

（1）木骨架隔墙

木骨架隔墙是由上槛、下槛、立柱（墙筋）、横档或斜撑组成骨架，然后在立柱两侧铺钉饰面板，这种隔墙质轻、壁薄、拆装方便，但防火、防潮、隔声性能差，并且耗用木材较多。

（2）金属骨架隔墙

金属骨架隔墙一般采用薄壁轻型钢、铝合金或拉眼钢板做骨架，两侧铺钉饰面板，这种隔墙因其材料来源广泛、强度高、质轻、防火、易于加工和大批量生产等特点，近几年得到了广泛的应用。

（三）板材隔墙

板材隔墙是用各种板状材料直接拼装而成的隔墙，这种隔墙一般不用骨架，有时为了提高其稳定性也可设置竖向龙骨。隔墙所用板材一般为等于房间净高的条形板材，通常分为复合板材、单一材料板材、空心板材等类型。常见的有金属夹芯板、石膏夹芯板、石膏空心板、泰柏板、增强水泥聚苯板（GRC 板）、加气混凝土条板、水泥陶粒板等。板材式隔墙墙面上均可做喷浆、油漆、贴墙纸等多种饰面。

二、隔断

（一）传统建筑隔断

1. 隔扇

隔扇又称碧纱橱，多数是用硬木精工制作骨架，隔心镶嵌玻璃或裱糊纱纸。裙板多数镂雕图案或以螺钿、玉石、贝壳等作装饰，如图 8-17 所示。

2. 罩

罩是一种附着于柱和梁的空间分隔物，常用细木制作。两侧落地称为"落地罩"，两侧不落地为称"飞罩"，如图8-18 所示。用罩分隔空间能增加空间的层次，造成一种有分有合、似分似合的空间环境。

荷叶栓斗

荷叶墩

图 8-17　隔扇

244

边框

抱柱

挂落条   结子

(c)

图 8-18 罩的形式

(a)梅花冰纹月洞式落地罩；(b)灯笼框莲叶莲瓣洞式落地罩；(c)飞罩

上述传统隔断大量应用于现代建筑中，只是工艺、材料更加先进多样，形式更接近功能要求和人们欣赏趣味。

（二）现代建筑隔断

现代建筑隔断的类型很多，按隔断的固定方式分，有固定式隔断和活动式隔断；按隔断的开启方式分，有推拉式隔断、折叠式隔断、直滑式隔断、拼装式隔断；按隔断的材料分，有木隔断、竹隔断、玻璃隔断、金属隔断等。另外，还有硬质隔断、软质隔断、家俱式隔断、屏风式隔断等。下面按固定方式介绍隔断构造。

1. 固定式隔断

固定式隔断所用材料有木制、竹制、玻璃、金属及水泥制品等，可做成花格、落地罩、飞罩、博古架等各种形式，俗称空透式隔断。下面介绍几种常见的固定式隔断。

（1）木隔断

木隔断通常有两种，一种是木饰面隔断；另一种是硬木花格隔断。

1）木饰面隔断 木饰面隔断一般采用木龙骨上固定木板条、胶合板、纤维板等面板，做成不到顶的隔断。木龙骨与楼板、墙应有可靠的连接，面板固定在木龙骨上后，用木压条盖缝，最后按设计要求罩面或贴面。

另外，还有一种开放式办公室的隔断，高度为 1.3～1.6m，用高密度板做骨架，防火装饰板罩面，用金属(镀铬铁质、铜质、不锈钢等)连接件组装而成，如图 8-19 所示。这种隔断便于工业化生产，壁薄体轻，面板色泽淡雅、易擦洗、防火性好，并且能节约办公用房面积，便于内部业务沟通，是一种流行的办公室隔断。

2）硬木花格隔断 硬木花格隔断常用的木材多为硬质杂木，它自重轻，加工方便，制作简单，可以雕刻成各种花纹，做工精巧、纤细。

連接件
木螺钉
罩面板
高密度板
連接件
橡胶垫

(a) (b) (c)

图 8-19 开放式办公木隔断
(a)几种木花饰；(b)竖板与花饰连接；(c)竖板安装

硬木花格隔断一般用板条和花饰组合，花饰镶嵌在木质板条的裁口中，可采用榫接、销接、钉接和胶接，外边钉有木压条，为保证整个隔断具有足够的刚度，隔断中立有一定数量的板条贯穿隔断的全高和全长，其两端与上下梁、墙应有牢固的连接。

（2）玻璃隔断

玻璃隔断是将玻璃安装在框架上的空透式隔断。这种隔断可到顶或不到顶，其特点是空透、明快，而且在光的作用下色彩有变化，可增强装饰效果。

玻璃隔断按框架的材质不同有落地玻璃木隔断、铝合金框架玻璃隔断、不锈钢圆柱框玻璃隔断。

1）落地玻璃木隔断 直接在隔断的相应位置安装竖向木骨架，并与墙、柱及楼板连接，然后固定上、下槛，最后固定玻璃。对于大面积玻璃板，玻璃放入木框后，应在木框的上部和侧边留 3mm 左右的缝隙，以免玻璃受热开裂，如图 8-20 所示。

2）铝合金框架玻璃隔断 用铝合金做骨架，将玻璃镶嵌在骨架内所形成的隔断，如图 8-21 所示。

3）不锈钢柱框玻璃隔断 这种隔断的构造关键是要解决好玻璃板与不锈钢柱框的连接固定。玻璃板与不锈钢柱框的固定方法有三种，第一种是将玻璃板用不锈钢槽条固定；第二种是将玻璃板直接镶在不锈钢立柱上；第三种是根据设计要求用专用的不锈钢紧固件将相应部位打孔的玻璃与不锈钢柱连接固定，如图 8-22 所示，此种固定方法要求玻璃必须是安全玻璃，而且玻璃上的孔位尺寸精确。这种玻璃隔断现代感强、装饰效果好。

留3mm缝隙

2. 活动式隔断

活动式隔断又称移动式隔断，其特点是使用时灵活多变，可以随时打开和关闭，使相邻空间根据需要成为一个

图 8-20 落地玻璃木隔断构造

图 8-21　铝合金框架玻璃隔断构造

图 8-22　不锈钢柱框玻璃隔断构造

大空间或几个小空间，关闭时能与隔墙一样限定空间，阻隔视线和声音。也有一些活动式隔断全部或局部镶嵌玻璃，其目的是增加透光性，不强调阻隔人们的视线。活动式隔断有拼装式、直滑式、折叠式、卷帘式和起落式五大类，其构造较为复杂。

第八节　玻璃幕墙施工

玻璃幕墙是近代科学技术发展的产物，是高层建筑时代的显著特征，其主要部分由饰面玻璃和固定玻璃的骨架组成。其主要特点是：建筑艺术效果好，自重轻，施工方便，工期短。但玻璃幕墙造价高，抗风、抗震性能较弱，能耗较大，对周围环境可能形成光污染。

一、玻璃幕墙分类

1. 明框玻璃幕墙

其玻璃板镶嵌在铝框内，成为四边有铝框的幕墙构件，幕墙构件镶嵌在横梁上，形成横梁、主框均外露且铝框分格明显的立面。

明框玻璃幕墙构件的玻璃和铝框之间必须留有空隙，以满足温度变化和主体结构位移所必须的活动空间。空隙用弹性材料（如橡胶条）充填，必要时用硅酮密封胶（耐候胶）予以密封。

2. 隐框玻璃幕墙

隐框玻璃幕墙是将玻璃用结构胶粘结在铝框上，大多数情况下不再加金属连接件。因此，铝框全部隐蔽在玻璃后面，形成大面积全玻璃镜面。

隐框幕墙的节点大样如图 8-23 所示，玻璃与铝框之间完全靠结构胶粘结。结构胶要承受玻璃的自重及玻璃所承受的风荷载和地震作用、温度变化的影响，因此，结构胶的质量好坏是隐框幕墙安全性的关键环节。

图 8-23　隐框幕墙节点大样示例
1—结构胶；2—垫块；3—耐候胶；4—泡沫棒；
5—胶条；6—铝框；7—立柱

3. 半隐框玻璃幕墙

半隐框玻璃幕墙是将玻璃两对边嵌在铝框内，另两对边用结构胶粘在铝框上，形成半隐框玻璃幕墙。立柱外露，横梁隐蔽的称竖框横隐幕墙；横梁外露，立柱隐蔽的称为竖隐横框幕墙。

4. 全玻幕墙

为游览观光需要，在建筑物底层、顶层及旋转餐厅的外墙，使用玻璃板，其支承结构采用玻璃肋，称之为全玻幕墙。

高度不超过 4.5m 的全玻璃幕墙，可以用下部直接支承的方式来进行安装，超过 4.5m 的全玻幕墙，宜用上部悬挂方式安装。

二、玻璃幕墙的安装要点

1. 定位放线

玻璃幕墙的测量放线应与主体结构测量放线相配合，其中心线和标高点由主体结构单位提供并校核准确。

水平标高要逐层从地面基点引上，以免误差积累，由于建筑物随气温变化产生侧移，测量应每天定时进行。

放线应沿楼板外沿弹出墨线或用钢琴线定出幕墙平面基准线，从基准线测出一定距离为幕墙平面。以此线为基准确定立柱的前后位置，从而决定整片幕墙的位置。

2. 骨架安装

骨架安装在放线后进行。骨架的固定是用连接件将骨架与主体结构相连。固定方式一般有两种：一种是在主体结构上预埋铁件，将连接件与预埋铁件焊牢；另一种是在主体结构上钻孔，然后用膨胀螺栓将连接件与主体结构相连。

连接件一般用型钢加工而成，其形状可因不同的结构类型，不同的骨架形式，不同的安装部位而有所不同，但无论何种形状的连接件，均应固定在牢固可靠的位置上，然后安装骨架。骨架一般是先安竖向杆件（立柱），待竖向杆件就位后，再安装横向杆件。

（1）立柱的安装

立柱先连接好连接件，再将连接件(铁码)点焊在主体结构的预埋钢板上，然后调整位置，立柱的垂直度可用锤球控制，位置调整准确后，将支撑立柱的钢牛腿焊牢在预埋件上。

立柱一般根据施工运输条件，可以是一层楼高或二层楼高为一整根。接头应有一定空隙，采用套筒连接法。

（2）横梁的安装

横向杆件的安装，宜在竖向杆件安装后进行。如果横竖杆件均是型钢一类的材料，可以采用焊接，也可以采用螺栓或其他办法连接。当采用焊接时，大面积骨架需焊接的部位较多，由于受热不均，容易引起骨架变形，故应注意焊接的顺序及操作。如有可能，应尽量减少现场的焊接工作量。螺栓连接是将横向杆件用螺栓固定在竖向杆件的铁码上。

铝合金型材骨架，其横梁与竖框的连接，一般是通过铝拉铆钉与连接件进行固定。连接件多为角铝或角钢，其中一条肢固定在横梁上，另一条肢固定竖框。对不露骨架的隐框玻璃幕墙，其立柱与横梁往往采用型钢，使用特制的铝合金连结板与型钢骨架用螺栓连接，型钢骨架的横竖杆件采用连结件连接隐蔽于玻璃背面。

3. 玻璃安装

在安装前，应清洁玻璃，四边的铝框也要清除污物，以保证嵌缝耐候胶可靠粘结。

玻璃的镀膜面应朝室内方向。

当玻璃在 $3m^2$ 以内时，一般可采用人工安装。玻璃面积过大，重量很大时，应采用真空吸盘等机械安装。

玻璃不能与其他构件直接接触，四周必须留有空隙，下部应有定位垫块，垫块宽度与槽口相同，长度不小于 100mm。

隐框幕墙构件下部应设两个金属支托，支托不应凸出到玻璃的外面。

4. 耐候胶嵌缝

玻璃板材或金属板材安装后，板材之间的间隙，必须用耐候胶嵌缝，予以密封，防止气体渗透和雨水渗漏。

第九节　冬雨期施工

装饰工程应尽量在冬期前施工完成，或推迟在初春化冻后进行。必须在冬期施工的工程，应按冬期施工的有关规定组织施工。

一、一般抹灰冬期施工

凡昼夜平均气温低于 +5℃ 和最低气温低于 -3℃ 时，抹灰工程应按冬期施工的要求进行。

一般抹灰冬期常用施工方法有热作法和冷作法两种。

（一）热作法施工

热作法施工是利用房屋的永久热源或临时热源来提高和保持操作环境的温度，人为创造一个正温环境，使抹灰砂浆硬化和固结。热作法一般用于室内抹灰。常用的热源有：火炉、蒸汽、远红外加热器等。

室内抹灰应在屋面已做好的情况下进行。抹灰前应将门、窗封闭，脚手眼堵好，对抹灰砌体提前进行加热，使墙面温度保持在＋5℃以上，以便湿润墙面不至结冰，使砂浆与墙面粘接牢固。冻结砌体应提前进行人工解冻，待解冻下沉完毕，砌体强度达设计强度的20％后方可抹灰。抹灰砂浆应在正温的室内或暖棚内制作，用热水搅拌，抹灰时砂浆的上墙温度不低于10℃。抹灰结束后，至少7d内保持＋5℃的室温进行养护。在此期间，应随时检查抹灰层的湿度，当干燥过快时，应洒水湿润，以防产生裂纹，影响与基层的粘结，防止脱落。

（二）冷作法施工

冷作法施工是低温条件下在砂浆中掺入一定量的防冻剂（氯化钠、氯化钙、亚硝酸钠等），在不采取采暖保温措施的情况下进行抹灰作业。冷作法适用于房屋装饰要求不高、小面积的外饰面工程。

冷作法抹灰前应对抹灰墙面进行清扫，墙面应保持干净，不得有浮土和冰霜，表面不洒水湿润；抗冻剂宜优先选用单掺氯化钠的方法，其次可用同时掺氯化钠和氯化钙的复盐方法或掺亚硝酸钠。其掺入量与室外气温有关，单盐掺入量可按表8-5选用，也可由试验确定。

当采用亚硝酸钠外加剂时，砂浆内亚硝酸钠掺量应符合表8-6规定。

砂浆内氯化钠掺量（占用水量的％）　　　　　　表8-5

项　　　目	室 外 气 温（℃）	
	0～-5	-5～-10
挑檐、阳台、雨罩、墙面等抹水泥砂浆	4	4～8
墙面为水刷石、干粘石水泥砂浆	5	5～10

砂浆内亚硝酸钠掺量（占用水量的％）　　　　　　表8-6

室外气温（℃）	0～-3	-4～-9	-10～-15	-16～-20
掺　　量	1	3	5	8

防冻剂应由专人配制和使用，配制时可先配制20％浓度的标准溶液，然后根据气温再配制成使用溶液。

掺氯盐的抹灰严禁用于高压电源的部位，做涂料墙面的抹灰砂浆中，不得掺入氯盐防冻剂。氯盐砂浆应在正温下拌制使用，拌制时，先将水泥和砂干拌均匀，然后加入氯盐水溶液拌合，水泥可用硅酸盐水泥或矿渣硅酸盐水泥，严禁使用高铝水泥。砂浆应随拌随用，不允许停放。

当气温低于-25℃时，不得用冷作法进行抹灰施工。

二、装饰抹灰

装饰抹灰冬期施工除按一般抹灰施工要求掺盐外，可另加水泥重量20％的108胶水。要注意搅拌砂浆应先加一种材料搅拌均匀后再加另一种材料，避免直接混搅。釉面砖及外墙面砖施工时宜在2％盐水中浸泡2h，并在晾干后方可使用。

三、其他装饰工程的冬期施工

冬期进行油漆、刷浆、裱糊、饰面工程，应采用热作法施工。应尽量利用永久性的采暖设施。室内温度应在 5℃ 以上，并保持均衡，不得突然变化。否则不能保证工程质量。

冬期气温低，油漆会发粘不易涂刷，涂刷后漆膜不易干燥。为了便于施工，可在油漆中加一定量的催干剂，保证在 24h 内干燥。

室外刷浆应保持施工均衡，粉浆类料宜采用热水配制，随用随配，料浆使用温度宜保持 15℃ 左右。裱糊工程施工时，混凝土或抹灰基层含水率不应大于 8%。施工中当室内温度高于 20℃，且相对湿度大于 80% 时，应开窗换气，防止壁纸皱折起泡。玻璃工程冬期施工时，应将玻璃、镶嵌用合成橡胶等材料运到有采暖设备的室内，操作地点环境温度不应低于 5℃。

外墙铝合金、塑料框、大扇玻璃不宜在冬期安装。

室内外装饰工程的施工环境温度，除满足上述要求外，对新材料应按所用材料的产品说明要求的温度进行施工。

复 习 思 考 题

1. 试述装饰工程的分类和施工特点。
2. 试述一般抹灰和装饰抹灰的施工过程和技术要求。
3. 试述饰面工程的施工过程和技术要求。
4. 试述木门窗的安装方法及应注意的事项。
5. 试述铝合金门窗的安装方法及注意事项。
6. 熟悉涂饰工程的施工过程和技术要求。
7. 试述裱糊工程的主要施工顺序。
8. 试述木龙骨吊顶、铝合金吊顶、轻钢龙骨吊顶的施工方法和要点。
9. 试述隔墙、隔断工程的特点及施工工序。
10. 试述玻璃幕墙工程的特点及施工工序。
11. 装饰工程冬期施工注意事项。

第九章 高层建筑施工

第一节 概 述

多少层或多高的建筑物算是高层建筑？不同的国家和地区有不同的理解。我国《民用建筑设计通则》中规定，高层建筑是指 10 层以上的住宅及总高超过 24m 的公共建筑及综合建筑，但不包括单层超过 24m 的建筑物。

高层建筑在我国起源于建造佛教砖塔。早在公元 523 年建于河南登封的嵩岳寺砖塔，15 层、高 41m；公元 704 年改建的西安大雁塔，7 层、高 64m；北宋开元寺砖塔，11 层、高 84m 等。我国这些现存的古代高层建筑，经受了几百年、甚至上千年的风雨侵蚀和地震的考验，至今基本完好，充分显示了我国古代劳动人民的高度智慧和才能，以及对高层建筑的设计和营造技术水平。

古代高层建筑，由于受当时技术经济条件的限制，不论是承重的砖墙或筒体结构，壁都很厚，使用空间很小，建筑物越高，这个问题就越突出。现在由于轻质高强材料的发展，新的设计理论和计算机的应用，以及新的施工机械和施工技术的出现，都为大规模的、经济的建造高层建筑提供了可能。同时由于城市人口地猛增和城市用地有限、地价昂贵，都迫使建筑物不断向高层发展，加之国际交往的日益频繁和世界各国旅游事业的发展，更促进了高层建筑的蓬勃发展。

如今高层建筑已不是作为城市的点缀品和标志而建造的，而是城市走向现代化的必然产物。随着国民经济的提高，我国的高层建筑正在迅猛发展，仅上海市至 1997 年底高层建筑已达 2437 幢，其中 30 层以上者就有 105 幢。还有一大批高层和超高层建筑正在建设。随着经济的高速发展，目前我国的高层建筑建设，已从北京、上海、天津、重庆、广州、深圳、武汉等大城市发展到其他大中城市，有些经济发达的小城市亦建有高层建筑。

第二节 高层建筑及其施工特点

一、高层建筑分类

高层建筑和超高层建筑在国际上没有统一的标准。1972 年国际高层建筑会议规定按建筑层数和高度多少划分为四类。

第一类高层建筑：9～16 层(最高到 50m)；

第二类高层建筑：17～25 层(最高到 75m)；

第三类高层建筑：26～40 层(最高到 100m)；

第四类高层建筑：40 层以上(高度 100m 以上)。

我国《民用建筑设计通则》（GB 50352—2005）中规定：

1. 住宅建筑按层数划分为：1~3 层为低层；4~6 层为多层；7~9 层为中高层；10 层及 10 层以上为高层住宅。

2. 公共建筑及综合性建筑总高度超过 24m 者为高层（不包括高度超过 24m 的单层公共建筑）。

3. 建筑物高度超过 100m 的民用建筑为超高层。

对高层建筑进行统计时，很难做到逐栋公共建筑核实其建筑总高是否达到 24m，为简化统计统一标准，建设部主管部门从 1984 年起，对住宅和非住宅规定为：10 层及 10 层以上的建筑都为高层建筑。

二、高层建筑结构体系

结构体系是指建筑主体采用的结构类型。高层建筑承受着巨大的竖向荷载和水平荷载，其中水平荷载是主要控制因素，因此选用何种结构体系来抵抗水平荷载最为有效，是高层建筑结构设计中的关键。

1980 年以前，我国高层建筑住宅大部分采用剪力墙结构，公共建筑大多采用框架和框架剪力墙结构，旅馆则根据情况三者兼有。混凝土三大常规结构体系如图 9-1 所示。

图 9-1　混凝土三大常规结构体系
(*a*)框架结构；(*b*)剪力墙结构；(*c*)框架-剪力墙结构

20 世纪 80 年代以来，由于建筑功能、高度和层数等要求，以及抗震设防烈度的提高，以空间受力为特征的筒体结构得到了广泛的应用，如图 9-2 所示。

图 9-2　筒体结构体系
(*a*)筒中结构；(*b*)筒体-框架结构；(*c*)多筒体结构

20 世纪 90 年代以来，出现了更新颖的结构类型，如图 9-3 所示。这些结构形式以整体受力为主要特点，能够更好地满足建筑功能的要求。

图 9-3　新结构体系

(a)悬挂结构；(b)巨型框架结构；(c)桁架结构；(d)刚性桁架结构

另外，随着我国钢材生产技术水平和施工安装水平的提高，钢结构高层建筑也有兴建的趋势。我国在 1998 年正式颁布了《高层民用建筑钢结构技术规范》（JGJ 99—98），目前在北京、上海、深圳等的地已有多座钢结构高层建筑。

三、高层建筑施工特点

高层建筑楼层多、高度大，要求施工质量高及施工的连续性强，施工技术和组织管理复杂，在具体施工中主要有以下施工特点：

1. 工程量大、造价高

据资料统计，高层建筑比多层建筑造价一般平均高出 60% 左右，建筑面积一般是多层建筑的 6 倍。

2. 施工周期长、工期紧

据建工系统统计，高层建筑单栋施工周期平均 2a(年)左右，结构工期一般 5～10d 一层，少则 3d 一层，而且需进行冬、雨期施工。因此，要保证质量、节约费用，必须充分利用全年的时间，合理安排工序。

3. 施工准备工作量大，而且大多施工用地紧张

高层建筑施工用料量大，品种多、机具设备繁杂、运输量大；但一般又在市区施工，场地较小，这就要求高质量的现场调配、机具选用和设备、材料的存储量安排。

4. 基础较深、地基处理、基坑支护复杂

高层建筑基础一般较深，土方开挖、基坑支护、地基处理等，在施工、技术上都较复杂困难，对造价和工期影响较大。

5. 高处作业多、垂直运输量大、安全防护要求严

高空作业要突出解决好材料、设备和人员的垂直运输问题，用水、用电、防火、通信、安全保护问题，防止物品坠落等问题，以便保证工效。

6. 装饰、防水、设备质量要求高，技术复杂

高层建筑深基础、地下室、墙面、卫生间的防水和管道连接等施工质量都要求达到优良，施工中必须采取有效的技术措施和新材料、设备、工艺加以保证，施工技术复杂。

7. 工种多、立体交叉作业多、机械化程度高

高层建筑施工为加快工程进度，往往采用多工种、多工序平行流水交叉作业，而且机

254

械化程度比较高，需要解决好各个工种工序、设备运行等各方面的关系，保证施工有条理、有节奏的安全顺利进行。

8. 工程参与施工的单位多、管理复杂

高层施工在总包、分包中涉及很多单位，各方面协作关系涉及许多部门，只有合理组织、精于管理才能保证施工的顺利进行。

第三节 高层建筑运输设备和脚手架

一、高层建筑运输设备

在高层建筑施工中，首先必须装配好垂直运输、起重和混凝土输送设备。对保证施工顺利进行，加快工程进度，缩短工期，降低施工成本都具有极为重要的意义。

我国目前高层建筑施工常用的起重运输机械有：塔式起重机、快速提升机、井架起重机和输送混凝土的混凝土泵、以输送人员为主的施工电梯。

由于不同的起重运输设备各有不同的用途和特点，因此在选择起重运输设备时，首先应根据工程特点和施工条件确定采取何种不同起重运输设备的组合方式。在确定采用何种组合方式时，首先应满足施工需要，同时还要考虑是否有较好的综合经济效益。下面是我国近些年来在高层建筑施工中的一些常用组合方式：

(1) 塔式起重机＋混凝土泵＋施工电梯；

(2) 塔式起重机＋施工电梯；

(3) 塔式起重机＋快速提升机(或井架起重机)＋施工电梯；

(4) 井架起重机＋施工电梯。

(一) 塔式起重机

塔式起重机，简称塔吊，是由塔体、工作机构、电气设备及安全装置等组成。塔式起重机种类繁多，高层建筑施工中主要应用附着自升式和内爬式塔式起重机，如图9-4所示。

图 9-4 塔式起重机
(a)附着式；(b)内爬式

图 9-5 单塔架单吊笼起重机

（二）井架起重机

井架起重机，又称井架提升机，是由钢结构塔架（包括吊篮平台或吊笼料斗）、卷扬机、绳轮系统及导向装置等组成的简易提升机。井架起重机有单塔架单吊笼（如图9-5所示）、双吊笼等多种形式，可根据需要选用。

井架起重机可作为塔吊的辅助机械，在特定条件下也可独立承担运输工作。

（三）混凝土泵

混凝土泵是专门用来输送和浇注混凝土的机械，它能一次连续完成混凝土的水平运输和垂直运输，配以布料杆和布料机，还可以进行布料和浇注。

混凝土泵分为固定式、拖式（牵引）（图9-6）和汽车式泵车（图9-7）。高层混凝土施工主要应用后两种形式。

图 9-6　HBT60 牵引柱塞式混凝土泵

1—料斗；2—泵体；3—变量手柄；4—车轿；5—导向轮；6—前支腿；7—后支腿

图 9-7　带布料杆的混凝土泵车

1—混凝土泵；2—输送管；3—布料杆回转支承装置；

4—布料杆臂架；5—油缸；6—输送管；7—橡胶软管

（四）施工电梯

施工电梯，全称为外用施工电梯，或施工升降机，它是附着在外墙面或其他结构部位上的垂直提升机械。施工电梯主要是运送施工人员上下楼，还可以运送材料和小型机具。

我国目前使用的施工电梯分为：齿轮条驱动式（图 9-8 所示）和绳索驱动式（图 9-9 所示）。两者都由吊箱和塔架组成，塔架可以自升接高。

图 9-8　齿轮条驱动施工电梯　　　　图 9-9　绳索驱动施工电梯

二、高层施工脚手架

在高层建筑施工中，为满足结构施工和外墙装饰施工的需要，都必需搭设脚手架。脚手架对高层建筑的施工安全、施工质量、施工进度和工程成本都有很大影响。

高层建筑施工中外脚手架的种类有：扣件式钢管脚手架、碗扣式钢管脚手架和门式钢管脚手架、悬挑式脚手架、附着升降式脚手架、悬吊式脚手架等。高层建筑施工中内脚手架与多层建筑施工用的内脚手架相似，不再赘述。

脚手架形式的选用，应按工程特点和施工组织的要求、各地的操作习惯、材料用量、搭拆难易、安全保障程度等综合考虑经济技术效果后加以确定。

（一）扣件式钢管脚手架

扣件式钢管脚手架由标准的钢管扣件（立杆、横杆和斜杆），以特制的扣件作连接件组成的脚手骨架，与脚手板、防护构配件、连墙件等搭设而成的具有各种用途的脚手架。该脚手架应用范围最广，如图 9-10 所示。当采用落地搭设时，搭设高度最大不得超过 50m；超过时可采用分段悬挑和吊脚手架等措施。

图 9-10 扣件式脚手架

1—外立杆；2—内立杆；3—横向水平杆；4—纵向水平杆；5—栏杆；6—挡脚板；
7—直角扣件；8—旋转扣件；9—连墙件；10—侧向斜撑；11—主立杆；12—副立杆；
13—抛撑；14—剪刀撑；15—垫板；16—纵向扫地杆；17—横向扫地杆

（二）碗扣式钢管脚手架

碗扣式钢管脚手架由钢管立杆、横管和碗扣接头组成。碗扣式钢管脚手架是在吸取国外同类型脚手架的先进接头和配件基础上，结合我国实际情况而研制出来的一种新型脚手架，如图 9-11 所示。它有很好的强度和刚度、搭接安全方便、易改造、便于管理。

图 9-11 碗扣式双排脚手架

1—立杆；2—横杆；3—斜杆；4—垫座；
5—斜脚手板；6—梯子

图 9-12 门型脚手架单元图

1—门型架；2—螺栓基脚；3—剪刀撑；4—连接棒；
5—平架（踏脚板）；6—锁臂；7—木板

（三）门式钢管脚手架

门式钢管脚手架，基本单元是由一对门型架、二副剪刀撑、一副平架（踏脚板）和四个连接器组合而成（图 9-12 所示）；若干基本单元通过连接棒在竖向叠加，扣上锁臂，组成一个多层框架；在水平方向，用加固杆和平梁架（或脚手板）使与相邻单元联成整体，加上剪刀撑斜梯、栏杆柱和横杆组成上下步相通的外脚手架，并通过连墙件与建筑物主体结构相连，形成整体稳定的脚手架结构。

门式钢管脚手架是一种新型工具式脚手架，它是用普通钢管材料制成工具式标准件，在施工现场组合而成，它承载力大、寿命长，适应于周期短或频繁周转的脚手架。

（四）悬挑式脚手架

悬挑式脚手架是搭设在正在施工的建筑物结构外缘挑出构件上的脚手架，其荷载最后全部传给已施工完的下部建筑结构承受，如图9-13所示。它分为钢管悬挑式、下撑式、斜拉式悬挑脚手架。这种脚手架必需有足够的强度、刚度和稳定性。

图 9-13　悬挑式脚手架

(a)斜拉式；(b)下撑式

（五）附着升降式脚手架

附着升降式脚手架是指附着于工程结构、依靠自身提升设备实现升降的悬空脚手架，主要由架体结构、提升设备、附着支撑设备和防倾防坠装置等组成。

附着升降式脚手架是一种工具式脚手架，施工时只需搭设一定高度的外脚手架，并将其附着在建筑物上，脚手架本身带有升降机构和动力设备，随着工程的进展，脚手架沿建筑物整体或分段升降，满足结构和外装修施工的需要。它耗材少，可重复使用，其经济效益是其他脚手架无法与之比拟的，目前在高层、超高层建筑中应用越来越广。

第四节　高层建筑基础施工

高层建筑基础大多为复合基础，主要有桩上箱基和桩上筏基。桩基工程的施工参见本书第二章。高层建筑的箱基基础和筏板基础，都有厚度较大的钢筋混凝土底板，还常有深梁、大型设备基础，这些都是大体积混凝土基础。

大体积混凝土一般是指结构断面最小尺寸在 80cm 以上，水化热引起混凝土内的最高温度与外界气温之差，预计超过 25℃的混凝土。

大体积混凝土工程条件复杂、混凝土的收缩变形、水化热产生的温度变化都很大，极易产生裂缝，因此大体积混凝土施工中在选用的材料、配合比和施工方法、养护等方面，都需采取一系列的措施才能有效地防止产生裂缝、确保工程质量。

1. 大体积混凝土的原材料要求

大体积混凝土工程宜采用低热水泥，尽量减少水泥用量，用大骨料配合比，再掺加一定量的引气减水剂和缓凝剂，以此改善混凝土的性质。

2. 钢筋工程施工

大体积混凝土结构的钢筋，具有数量多、直径大、分布密、上下层钢筋高差较大等特点，为保证上层钢筋的标高和位置准确无误，应设角钢焊制的钢筋支架。支架支撑上层钢筋的重量、控制钢筋的标高、承担上部操作平台的全部施工荷载。

钢筋网片和骨架可在钢筋加工厂加工成型，然后运到施工现场进行安装；工地有时也设简易的钢筋加工成型机械，以便对钢筋整修和临时补缺。

钢筋的连接，可采用电弧焊、气压焊、对焊、直螺纹和套筒挤压连接等方法。

3. 模板工程施工

模板是保证工程结构设计外形和尺寸的关键。大体积混凝土的浇筑常采用泵送混凝土工艺，该工艺的特点是浇筑速度快，浇筑面集中。由于泵送混凝土的操作工艺不可能做到同时将混凝土均匀地分送到需浇筑混凝土的各个部位，往往会使某一部位的混凝土有较大量后，才移动输送管，依次浇筑其他部位的混凝土。因此，采用泵送工艺的大体积混凝土的模板，不能按照传统、常规的办法配置。而应当根据实际受力状况，对模板和支撑系统等进行认真计算，以确保模板体系具有足够的强度和刚度，如采用砖模、组合钢模。

4. 混凝土工程施工

高层建筑基础工程的大体积混凝土浇筑数量较大，多采用商品混凝土，或现场设置搅拌站搅拌混凝土，由混凝土泵（泵车）进行浇筑。

（1）施工平面布置

混凝土泵送能否顺利进行，在很大程度上取决于合理的施工平面布置、泵车的布局以及施工现场道路的畅通。

混凝土泵车的布置是保证混凝土顺利浇筑的核心，在布置时应注意：根据混凝土的浇筑计划、顺序和速度等要求，选择混凝土泵车的型号、台数，确定每一台泵车负责的浇筑范围；应尽量使泵车靠近基坑；严格施工平面管理和道路交通管理，确保泵车、搅拌运输车正常运输。

在泵送混凝土的施工过程中，最容易发生的是混凝土堵塞，为了充分发挥混凝土泵车的效率，确保管道输送畅通，在混凝土施工过程中，应加强混凝土的质量控制；搅拌运输车在卸料之前，应首先高速运转1min，使卸料时的混凝土质量均匀；严格对混凝土泵车的管理，在使用前和工作过程中，要特别重视"一水"(冷却水)、"三油"(工作油、材料油和润滑油)的检查；作业后，应将料斗内和管道内的混凝土全部输出，然后对泵机、料斗、管道进行冲洗。

(2) 大体积混凝土的浇筑

大体积混凝土的浇筑与其他混凝土的浇筑工艺基本相同，主要包括搅拌、运送、浇筑入模、振捣及平仓等工序，其中浇筑方法可结合结构物大小、钢筋疏密、混凝土供应条件以及施工季节等情况加以选择。

为保证混凝土结构的整体性，混凝土应当连续浇筑，根据结构特点不同，可分为全断面分层浇筑、分段分层浇筑和斜面分层浇筑等方案，每层的厚度应符合规定，如图9-14所示。目前工程上常用的是斜面分层浇筑法。

(a)   (b)   (c)

图9-14　体积混凝土的浇筑方案
(a)全断面分层浇筑；(b)分段分层浇筑；(c)斜面分层浇筑
1—模板；2—新浇筑的混凝土

混凝土的振捣是保证混凝土质量的重要环节。根据混凝土泵送时自然形成坡度的实际情况，在每个浇筑带的前、后布置两道振动器，第一道振动器布置在混凝土的卸料点，主要解决上部混凝土的捣实；第二道振动器布置在混凝土的坡脚处，以确保下部混凝土的密实。随着混凝土浇筑工作的向前推进，振动器也相应跟上，以保证整个高度混凝土的质量，如图9-15所示。

图9-15　混凝土振捣示意图
1—前道振动器；2—后道振动器

大体积混凝土(尤其采用泵送混凝土工艺)，其表面水泥浆较厚，不仅会引起混凝土的表面收缩开裂，而且会影响混凝土的表面强度。因此，在混凝土浇筑结束后要认真进行表面处理。处理的基本方法是在混凝土浇筑4～5h左右，先初步按设计标高用长刮尺刮平，在初凝前用铁辊碾压数遍，再用木蟹打磨压实，以闭合收水裂缝，经12～14h后，覆盖二层草袋(包)充分浇水湿润养护。大体积混凝土宜采用蓄热养护法养护，其内外温差不宜大于25℃，一般养护时间为14～21d。

第五节　高层建筑结构施工

一、高层框架结构施工

框架结构(包括框架—剪力墙结构)都是由梁、板、柱、墙等构件，现场支模、轧钢筋、浇筑混凝土而形成的结构。

框架结构形式有梁、板、柱结构和板柱结构。

框架结构的施工工艺有：现浇框架、装配整体式框架、整体预应力装配式板柱结构等。目前高层建筑框架结构主要采用现浇框架，部分采用装配整体式框架。

现浇框架结构具有结构整体性好、抗震能力较强、用钢量较省、现场作业多、现场用工量大等特点，是目前高层建筑中应用较多的一种结构形式。

现浇框架结构的施工：模板主要采用各种组合式模板，可以散支散拆，也可以拼装成大块模板，如装配式柱模、梁板施工的台模；粗钢筋的竖向连接，采用气压焊、电渣压力焊以及各种机械连接方法(钢筋绑扎连接质量不可靠，应限制使用)；混凝土浇筑多采用泵送混凝土，宜掺入适量的煤灰，以改善混凝土的黏塑性，保证浇筑顺利。

高层框架结构也可采用预制楼板。其施工工艺有两种：一是先浇筑柱、梁混凝土后安装楼板；二是先安装楼板再浇筑梁混凝土。

二、高层筒体结构施工

筒体结构是由一个或几个筒体作为承重结构的高层结构承重体系，水平荷载主要由筒体承受，承受荷载时整个筒体如同一个固定在基础上的封闭空心悬臂梁。

筒体结构，刚度大、建筑布局灵活，能形成大空间，单位面积的结构材料消耗少，比框架结构有一定的优势，是目前超高层建筑的主要应用结构体系。

筒体结构的类型有多种：核心筒体系：一般是由设于平面中央的电梯井和设备竖井的现浇钢筋混凝土筒体与外部框架共同组成。框筒体系：是由建筑物四周密集的柱子与高跨比较大的横梁组成，柱距一般为 1.2～3.0m，横梁高 0.6～1.2m。筒中筒体系：是由内筒、外筒组合而成，内筒为电梯井或设备井等，外筒多为框筒，内外筒的间距多为 10～16m，楼板支撑在内外筒壁上。组合筒体系：分为成束筒和成组筒两类。

筒体结构有钢筋混凝土结构，也有钢结构。

筒体结构的施工标准层约占整体建筑的 80% 左右，标准层大都有统一的尺寸、结构模式和配筋，这样在组织材料、机具、劳动力时要统筹安排。筒体结构的施工模板可以采用筒体大模板、整体升降模板、爬升模板或滑模；运输工具多用塔吊、人货电梯等垂直运输工具；混凝土浇筑采用泵送高强混凝土，混凝土的配比、外掺剂质量极其重要，一定要严格把关。

三、高层钢结构施工

高层钢结构建筑具有自重轻、构件截面小、强度高、抗震性能好、平面布置灵活、有效使用空间大，而且施工速度快、周期短、用工少、现场施工文明等一系列优势。不过钢材用量大、价格昂贵、防火要求高，但其综合效益优于同类高层混凝土结构，而且建筑物越高，其优势越突出。

高层钢结构建筑的结构体系有纯框架体系、框架剪力墙体系、错层桁架体系、框筒体系、筒中筒体系等。高层钢结构应用较多的是前两种体系，主要由框架柱，主梁、次梁、剪力板组成。

高层钢结构建筑施工中应用最多的是 Q235 普通碳素钢，其次是普通低合金钢，还有耐候钢、结构钢、铸钢和高强度钢等。钢结构构件制作工艺要求严格，均由专业工厂加工，施工现场主要是检查其质量是否合格。

高层钢结构构件安装前需检查柱基、标高块设置和柱底灌浆等，并且要妥善安排好钢材的储存与堆放；钢结构构件的连接采用高强度螺栓连接和焊接连接，施工后都需作质量检查，合格后才能进行钢结构的安装。

高层钢结构安装包括钢柱安装、框架钢梁安装、剪力墙板安装和钢扶梯安装，安装中一定要按钢结构施工规范要求控制安装质量，不合格应立即校正。

高层钢结构，需进行防火保护层的施工。钢结构的防火材料，应选用绝热性能好，与构件能牢固粘结，而且不腐蚀钢材的防火材料。我国近来多用绝缘型防火涂料和膨胀防火涂料，防火涂料一般采用湿法喷涂，由于防火层较厚，应分层喷涂。

第六节　高层建筑施工的安全措施

一、地基基础

高层建筑地基基础施工主要是桩基施工和地下室施工。在桩基施工中相应的国家规范和地方条例对目前常用的钢筋混凝土预制桩、钢筋混凝土钻孔灌注桩、挖孔灌注和沉管灌注桩等都作了详细的技术要求，同时对施工中的安全作了明确规定：

（1）人工挖孔桩施工时，孔内必须设置应急软爬梯，供人员上下井，使用的电葫芦、吊笼等应安全可靠并配有自动卡紧保险装置，使用前检查其安全工作性能。

（2）人工挖孔桩施工每日开工前必须检测井下的有毒有害气体；桩孔开挖深度超过10m 时，应有专门向井下送风的设备。

（3）人工挖孔桩孔口四周必须设置护栏。

（4）挖出的土方应及时运离孔口，不得堆放在孔口四周 1m 范围内，机动车辆的通行不得对井壁的安全造成影响。

（5）施工现场的一切电源、电路的安装和拆除必须由持证电工操作。各孔用电必须分闸，严禁一闸多用。孔内电缆、电线必须有防磨损、防潮、防断等保护措施。

（6）在地下室施工中，需考虑支护结构的可靠度、周围建筑物、道路、地下管线及整个环境的安全问题，采取相应的安全保障措施。

二、脚手架

搭设脚手架在高层建筑施工中是必不可少的一项重要工程，也是各项安全生产的有效保证，在施工中必须做到以下安全措施：

（1）搭设前检查脚手架材料的质量是否合格，如钢管脚手架的钢管上禁止打孔，门式脚手架钢管应平直、没有硬伤等；

（2）钢管脚手架的主节点处必须设置一根横向水平杆；一字形、开口形双排脚手架的两端必须设置横向斜撑；脚手架外侧立面两端需设剪刀撑；各节点的连接必须安全可靠；

（3）脚手架的高度达到一定时必须设置连墙件与建筑物可靠连接；

（4）当脚手架基础下有设备基础、管沟时，在脚手架使用过程中不应开挖，否则必须采取加固措施；

（5）脚手架的搭设必须配合施工进度，一次搭设高度不应超过相邻连墙件以上两步；

（6）连墙件、剪刀撑等加固杆件的搭设应与脚手架同步搭设；

（7）脚手架搭设必须设置防电避雷措施；

（8）拆脚手架时应由专业架子工担任，施工时戴安全帽、穿防滑鞋；

（9）拆除作业必须由上而下逐层进行，严禁上下层同时作业；连墙件必须随脚手架逐层拆除，严禁先将连墙件整层或数层拆除后再拆脚手架。

三、运输系统

高层建筑施工中的运输系统主要有起重机、施工电梯和混凝土泵送设备。运输系统的安全问题，在高层建筑施工中尤为重要，应采取下列相应的措施：

（1）起重机在安装完毕后，必须经正式验收，符合要求后方可投入使用。

（2）必须有安全停靠装置或断绳保护装置。

（3）附墙架与架体及建筑之间，必须是刚性连接、固定可靠。

（4）紧急断电开关应设在便于司机操作的位置，在紧急情况下，应能及时切断起重机的总控制电源。

（5）卷扬机应安装在平整坚实的位置上，应远离危险作业区，且视线应良好。

（6）在安装、拆除以及使用起重机的过程中设置的临时缆风绳，必须使用钢丝绳，严禁使用镀锌铁丝、钢筋或麻绳等代替。

（7）物料在吊篮内应均匀分布，不得超出吊篮。当长料在吊篮中立放时，应采取防滚落措施；散料应装箱或装笼；电梯使用时也要防止偏重。严禁超载使用。

（8）运输设备在施工时遇大雨、大雾、大风，应马上停止工作，并切断电源。

（9）设备运行中发现机械有异常情况，应立即停机检查，排除故障后方可继续运行。

（10）混凝土泵送中，机械操作和喷射操作人员应密切联系，加料、送风、停机、停风及发生堵塞等应相互配合。

（11）泵送混凝土时，在喷嘴的前方或周围 5m 范围内不得站人；工作停歇时，喷嘴不对向有人的方向。

（12）平时注意检查设备，并按要求对设备加以维修和养护。

四、高处作业

高层施工过程绝大部分是在高空进行，因此高处作业安全十分重要，对高空施工必须执行下列安全措施：

（1）雨天和雪天进行高处作业时，必须采取可靠的防滑、防寒和防冻措施，凡水、冰、霜、雪均应及时清除。

（2）对高耸建筑物，应事先设置避雷设施。遇有六级以上强风、浓雾等恶劣气候，不得进行露天攀登与悬空高处作业；台风暴雨过后，应对高处作业安全设施逐一加以检查，发现有问题，应立即修理完善。

（3）临边高处作业，必须设置防护措施。

（4）当临边的外侧面临街道时，除防护栏杆外，敞口立面必须采取满挂安全网或其他可靠措施作全封闭处理。

（5）进行洞口作业、因工程和工序需要而产生的使人与物有坠落危险区域或危及人身安全的其他洞口等，均应根据具体情况按防护要求采取设置稳固的盖件、设防护栏杆、张挂安全网、安装栅门等措施。

（6）支模应按规定的作业程序进行，模板未固定前不得进行下一道工序。严禁在连接件和支撑件上攀登上下。

（7）工作人员应从规定的通道上下，不得在阳台之间等非通道进行攀登，也不得利用吊车臂架等设备进行攀登。上下梯子时应面向梯子，不得手持器物。

（8）防护棚搭设与拆除时，应设警戒区，并应派专人监护。严禁上下同时拆除。

复习思考题

1. 高层建筑是如何界定的？有哪些类型？
2. 高层建筑有哪些结构形式？有哪些相应的施工方法？
3. 高层建筑施工中如何组织施工运输？
4. 高层建筑有哪些主要的垂直运输方式？其适用范围？施工中的安全要求有哪些？
5. 施工电梯有哪些？使用中有哪些安全要求？
6. 泵送混凝土的施工机械有哪几种？其施工特点如何？
7. 泵送混凝土的施工的安全要求有哪些？
8. 高层建筑施工中脚手架有哪些类型？各有什么特点？施工需注意哪些安全事项？
9. 高层建筑基础施工内容有哪些？
10. 什么是大体积混凝土施工？简述其施工方法。

第十章　大模板建筑施工

第一节　大模板建筑结构类型和特点

大模板是一种大型的定型模板，可以用来浇筑混凝土墙体和楼板。模板尺寸一般与楼层高度和开间尺寸相适应。大模板结构施工就是采用大模板，并配以相应的施工机械，通过合理的施工组织，以工业化生产方式在现场浇筑钢筋混凝土墙体。

现阶段，我国大模板建筑一般是横墙承重。故内墙一般均采用大模板现浇混凝土墙体，而楼梯、楼梯平台、阳台、分间墙板等均为预制构件。按外墙施工方法不同，可将大模板结构施工工艺大体分为三类：

1. 内外墙全现浇结构施工

这类建筑的内墙、外墙全部采用大模板现浇钢筋混凝土墙体。结构整体性好，抗震性强，但施工时外墙模板支设复杂，高空作业工序较多，工期较长。

2. 现浇和预制相结合的结构施工

这种类型采用单一材料或复合材料做预制外墙板，内墙的部分或全部用大模板支模，在现场浇筑混凝土。这是国内外用得最多的一种高层大模板体系，可以简称为外板内模、内浇外板、内浇外挂及一模三板等。其特点是预制和现浇紧密结合，将有综合功能(围护、保温、隔热、防水、饰面、隔声、承重等)要求而构造较复杂的外墙，在工厂先做成预制品，再运到现场安装，从而减轻了现场工作量，节省了现场用工，在工厂制作外墙一般还能较好地保证质量。但由于增加了墙板的生产、运输和安装环节，通常费用较现浇外墙稍贵。

3. 现浇和砌筑相结合的结构施工

这种体系是大模板建筑和砖混建筑的结合。即内墙采用大模板现浇钢筋混凝土墙体，外墙为普通黏土砖砌体，即"内浇外砌"的施工工艺。"内浇外砌"用于6层以下民用建筑，较混合结构整体性好，内装饰工程量小，可缩短工期。

大模板施工法适用于剪力墙体系的高层建筑，特别适用于高层住宅和高层旅馆的施工。采用大模板施工法施工具有施工工艺简单、施工速度快、装修湿作业少、劳动强度低、结构质量和抗震性能好的优点，有较全面的技术经济效果，是建筑工业化体系的一个重要组成部分。

第二节　大模板的构造与组成

一、大模板的组成

大模板主要由板面系统、支撑系统、操作平台和附件组成(图 10-1)。

图 10-1　大模板组成构造示意图

1—面板；2—水平加劲肋；3—支撑桁架；4—竖楞；5—调整水平度的螺旋千斤顶；
6—调整垂直度的螺旋千斤顶；7—栏杆；8—脚手板；9—穿墙螺栓；10—固定卡具

（1）面板系统：面板系统包括面板、小肋板、横肋和竖肋。它的作用是使混凝土墙面具有设计要求的外观。因此，要表面平整、拼缝严密，具有足够的刚度。

（2）支撑系统：支撑系统包括支撑架和地脚螺栓，其作用是传递水平荷载，防止模板倾覆。因此，除了必须具备足够的强度外，尚应保证模板的稳定。一块模板至少设 2 个支撑，支撑架通过螺栓与竖肋相连。为了调节模板大垂直度，在支撑下安设地脚螺栓。在面板下也安 2 个地脚螺栓，用以调整模板的水平标高。

（3）操作平台：操作平台包括平台架、脚手平台和防护栏杆。操作平台是施工人员操作的场所和运行的通道。平台架插放在焊于竖肋上的平台套管内，脚手板铺在平台架上。防护栏杆可上下伸缩。

（4）附件：穿墙螺栓、上口卡子是模板最重要的附件，穿墙螺栓的作用是加强模板刚度，承受新浇混凝土的侧压力，控制模板的间距。

墙体的厚度由两块模板之间套在穿墙螺栓外的硬塑料管来控制，塑料管长度等于墙的厚度，塑料管待拆模后敲出，重复利用。穿墙螺栓一般设在大模板的上、中、下三个部位。上穿墙管距模板顶部 250mm 左右，下穿墙螺栓距模板底部 200mm 左右。

模板上口卡子又称铁卡，也用来控制墙体厚度和承受一部分混凝土侧压力。

二、模板的构造及布置方案

大模板按构造外形分有平模、小角模、大角模和筒子模。

（1）平模：分整体式平模和组合模数式平模。其构造见图 10-2。

图 10-2 平模构造示意图

(a)整体式平模；(b)组合模数模

1—面板；2—横筋；3—支架；4—穿墙螺栓；5—竖向主肋；6—操作平台；7—铁爬梯；8—地脚螺栓

整体式平模是以一面墙制作一块模板。单块模板重量最大约 1.5t。

采用平模布置方案的主要特点，是横墙与纵墙混凝土在一个流水段范围内分两次浇，先支横模板，待拆模后再支纵墙模板。平模方案能够较好地保证墙面的平整度，所有模板接缝均在纵横墙交接的阴角处，便于接缝处理，模板加工量较少，周转次数多，适用性强，模板组装和拆卸方便，模板可不落地或少落地。缺点是纵横墙要分开浇筑，竖向施工缝多，影响房屋整体性，并且安排施工比较麻烦。外墙用预制墙板砌筑时，多采用平模布置方案，即一面墙用一块平模(图 10-3)。

图 10-3 平模平面布置示意图

1—横墙平模；2—纵墙平模；3—横墙；4—纵墙；5—预制外墙板

组合模数式平模以建筑物常用的轴线尺寸作基数拼制模板，再辅以 30cm 或 60cm 宽的拼接模板，以适应建筑平面按 30cm 进位的变化。模板板面的两侧附有拼缝扁钢，可以适应现浇纵墙和横墙厚度的变化。用一种模板就可以满足 16~20cm 不同的墙厚。

（2）小角模：小角模是为适应纵横墙一起浇筑而在纵横墙相交处附加的一种模板，通常用 100mm×100mm 的角钢制成。它设置在平模转角处，从而使得每个房间的内模形成封闭支撑体系。小角模有带合页和不带合页两种(图 10-4)。

图 10-4　小角模构造示意图

(a)带合页的小角模；(b)不带合页的小角模

1—小角模；2—合页；3—花篮螺栓；4—转动铁拐；5—平模；6—扁铁；7—压板；8—转动拉杆

小角模布置方案使纵横墙可以一起浇筑混凝土，模板整体性好，组拆方便，墙面平整。但墙面接缝多，修理工作量大，角模加工精度要求也较高。

(3) 大角模：大角模系由上下四个大合页连接起来的两块平模、三道活动支撑和地脚螺栓等组成。其构造如图 10-5 所示。

大角模方案，使房间的纵横墙体混凝土可以同时浇筑，故房屋整体性好。它还具有稳定，拆装方便，墙体阴角方整，施工质量好等特点。但是大角模也存在加工要求精细，运转麻烦，墙面平整度较差，接缝在墙中部等缺点。

(4) 筒子模：筒子模是一个房间三面现浇墙体模板，通过挂轴悬挂在同一钢架上，墙角用小角模封闭而构成的一个筒形单元体(图 10-6)。

图 10-5　大角模构造示意图

1—合页；2—花篮螺栓；3—固定销子；
4—活动销子；5—调整用螺旋千斤顶

图 10-6　筒子模

1—模板；2—内角模；3—外角模；4—钢架；5—挂轴；
6—支杆；7—穿墙螺栓；8—操作平台；9—出入孔

采用筒子模方案,由于模板的稳定性好,纵横墙体混凝土同时浇筑,故结构整体性好,施工简单。减少了模板的吊装次数,操作安全,劳动条件好。缺点是模板每次都要落地,且模板自重大,需要大吨位起重设备,加工精度要求高,灵活性差,安装时必须按房间弹出十字中线就位,比较麻烦。

第三节 大模板施工工艺

一、内墙现浇外墙预制的大模板建筑施工

此类型的外墙板有两种做法:

(1)单一材料外墙板,一般采用保温隔热性能较好的轻混凝土,如各种陶粒、浮石、膨胀矿渣珍珠岩等,也可以在构件厂生产普通混凝土外墙板,到现场安装后,再加保温材料和面层(石膏板等);

(2)复合材料外墙板,以普通混凝土或各种轻混凝土作面层,以加气混凝土或岩棉、聚苯乙烯板、膨胀珍珠岩等作保温隔热材料。

内墙的一部分或全部用大模板在现场支模浇筑混凝土。

门窗框和外饰面可以在工厂预先加工,也可以在现场制作。

施工操作要点:

(1)抄平放线:包括弹轴线、墙身线、模板就位线、门口、隔墙、阳台位置线和抄平水准线等工作。

在每栋建筑物的四角和流水段分段处,应设置标准轴线控制桩,再用经纬仪根据标准轴线桩引出各层控制轴线。每栋建筑物均应设水准点,在底层墙上确定控制水平线,并用钢尺引测各层标高。

(2)钢筋敷设:墙体钢筋应尽量预先在加工厂按图纸点焊成网片,运至现场。在运输、堆放和吊装过程中,要采取措施防止钢筋产生弯折变形或焊点脱开。

在安装外墙板前,应剔除并理直钢筋套环,内外墙的钢筋套环要重合,按设计要求插入竖向钢筋。

(3)模板的安装:大模板进场后要核对型号,清点数量,清除表面锈蚀,用醒目的字体在模板背面注明标号。模板就位前还应认真涂刷脱模剂,将安装处模面清理干净,检查墙体中心线及边线,准确无误后方可安装模板。

安装模板时,应按顺序吊装,按墙身线就位,并通过调整地脚螺栓,用"双十字"靠尺反复检查校正模板的垂直度。模板合模前,还要检查墙体钢筋、水暖电器管线、预埋件、门窗洞口模板和穿墙螺栓套管是否遗漏,位置是否正确,安装是否牢固,是否影响墙体强度,并清除在模板内的杂物。模板校正合格后,在模板顶部安放上口卡子,并紧固穿墙螺栓或销子。紧固时要松紧适度,过松影响墙体厚度,过紧会将模板顶成凹孔。

门口模板的安装有两种方法:一种是先立门洞模板,后安门框;另一种是直接立门框。

(4)墙体混凝土浇筑:为了便于振捣密实,使墙面平整光滑,混凝土的坍落度一般采用7~8cm。用插入式振捣棒连续分层振捣。每层的间隔时间不应超过2~3h,或根据水泥的初凝时间确定。混凝土的每层浇筑高度控制在500mm左右,保证混凝土振捣密实。

浇筑门窗洞位置的混凝土时，应注意从门窗洞口正上方下料，使两侧能同时均匀浇筑，以免发生偏移。

墙体的施工缝一般宜设在门窗洞口上，次梁跨中 1/3 区段。当采用组合平模时可留在内纵墙与内横墙的交接处，接槎处混凝土应加强振捣，保证接槎严密。

（5）拆模与养护：在常温条件下，墙体混凝土强度达到 $1.2N/mm^2$ 时方准拆模。拆模的顺序是：首先拆除全部穿墙螺栓、拉杆及花篮卡具，再拆除补缝钢管或木方，卸掉埋设件的定位螺栓和其他附件，然后将每块模板的底脚螺栓稍稍升起，使模板在脱离墙面之前应有少许的平行下滑量，随后再升起后面的两个底脚螺栓，使模板自动倾斜脱离墙面，然后将模板吊起。在任何情况下，不得在墙上口晃动、撬动或敲砸模板。模板拆除后，应及时清理干净。

二、内浇外砌的大模板建筑施工

为了增强砖砌体与现浇内墙的整体性，外墙转角及内外墙的节点，以及沿砖墙高度方向，均应设钢筋拉结。

（1）墙体砌筑：技术要求同第三章砌筑工程，砖外墙与现浇混凝土内墙的连接处应留设好拉结钢筋。

（2）支模：内墙支模时不同部位模板的安装顺序为，在纵横墙相交十字节点处，先立横墙正号模板，依次立门洞模板，安设水电埋件及预留孔洞，进行隐蔽工程验收，立横墙反号模板，立纵墙正号模板，使纵墙板端头角钢紧贴横墙模板端头挑出的钢板翼缘，立纵墙的门洞模板，并安设预埋件，立纵墙反号模板。外墙与内墙模板交接处的小角模，必须固定牢固，确保不变形。

（3）混凝土浇筑：内浇外砌结构四大角构造柱的混凝土应分层浇筑，每层厚度不得超过 300mm；内外墙交接处的构造柱和混凝土墙应同时浇筑，振捣要密实。

三、内外墙全现浇的大模板建筑施工

内外墙均为现浇混凝土的大模板体系，以现浇外墙代替预制外墙板，提高了整体刚度。由于减少了外墙的加工环节，造价较便宜。但增加了现场工作量。要解决好现浇外墙材料的保温隔热、支模及混凝土的收缩等问题。

内外墙全现浇的大模板工艺按外墙模板形式不同，分为悬挑式外模和外承式外模两种施工方法。

1. 外墙支模

外墙的内侧模板与内墙模板一样，支承在楼板上，外侧模板有两种支设方法。

（1）当采用悬挑式外模板施工时，支模顺序为：先安装内墙模板，再安装外墙内模，然后将外模板通过内模上端的悬臂梁直接悬挂在内模板上。悬臂梁可采用一根 8 号槽钢焊在外侧模板的上口横筋上，内外墙模板之间用两道对拉螺栓拉紧，下部靠在下层外墙混凝土壁(图 10-7)。

（2）当采用外承式外模板时，可先将外墙外模板安装在下层混凝土外墙面上挑出的支承架上(图 10-8)。支承架可做成三角架，用 L 形螺栓通过下一层外墙预留孔挂在外墙上。为了保证安全，要设防护栏杆和安全网。外墙外模板安装好后，再安装内墙模板和外墙的内模板。

图 10-7　悬挑式外模示意图　　　　　　　图 10-8　外承式外模示意图

1—外墙外模；2—外墙内模；3—内墙模板　　　1—外墙外模；2—外墙内模；3—外承架；

4—安全网；5—现浇外墙；6—穿墙卡具；7—楼板

2. 门窗洞口支撑

全现浇结构的外墙门窗洞口模板，宜采用固定在外墙里模板上的活动折叠模板。门窗洞口模板与外墙钢模用合页连接，可转动 60°。洞口支好后，用固定在模板上的钢支撑顶牢。

第四节　大模板工程质量标准与安全技术

一、质量标准

大模板施工前，必须对建筑物的位置、预制构件进行预检，同时对钢筋、预埋件进行隐蔽工程验收。此外，安装的大模板需满足支模的质量检查标准。施工后的墙体、门窗洞口的质量需满足检查标准。现浇混凝土若有蜂窝、麻面、气泡、掉角等缺陷应在拆模后进行修补。

二、施工安全技术

（1）大模板和预制构件，应按施工组织设计的规定分区堆放，各区之间保持一定距离。存放场地必须平整夯实，不得存放在松土和洼坑不平的地方。

（2）大模板存放，必须将地脚螺栓提上去，使自稳角成为 20°~30°，应用拉杆连接绑牢。存放在楼层时，须在大模板横梁上挂钢丝绳或花篮螺栓，勾在楼板吊钩或墙体钢筋上。

（3）吊模作业前应做好安全交底和安全教育工作，并检查吊具。吊装时应设专人指挥，统一信号，密切配合。

（4）模板安装和拆除时，指挥、挂钩和安装人员应经常检查吊环。起吊时应用卡环和安全吊钩，不得斜吊。严禁操作人员随模板起落。

（5）大模板安装时，应对号就位。单面模板就位后，用钢筋三角支架插入板面螺栓眼上支撑牢固。双面模板就位后，用拉杆和螺栓固定。未就位固定前不得摘钩。

（6）各种预制构件安装必须按施工顺序对号就位，应保持垂直稳起。就位后立即将构件的拉杆和支撑焊牢或锚固，方可摘钩。禁止站在外墙板边沿探身推拉构件。

（7）外墙为砖砌体的，内墙浇筑混凝土前，必须将外墙加固，防止墙体外涨。在拆除时，禁止把加固材料悬挂在墙体上或直接下扔。

（8）阳台板安装就位必须逐层支设临时支柱，连续支柱不得少于三层，并应与墙体拉结牢固。阳台板顶留的拉结筋与圈梁钢筋应及时焊接。

（9）阳台栏板和楼梯栏杆，应随楼层安装。如不能及时安装，必须在外侧搭设防护栏杆。

（10）当风力达五级时，仅允许吊装 1～2 层楼板、模板。风力超过五级，应停止吊装楼板。

复习思考题

1. 什么是大模板？有什么特点？
2. 试述大模板的组成和构造。
3. 大模板结构施工工艺分哪几类？
4. 简述内墙现浇外墙预制大模板建筑的施工要点。

第十一章 液压滑升模板施工

滑升模板也是一种工业化模板，简称滑模。滑升模板施工，是一种现浇混凝土工程的连续成型施工工艺。其施工方法是按照施工对象的平面形状，在地面上预先将滑模装置安装就位，随着在模板内不断地绑扎钢筋和分层浇筑混凝土，利用液压提升设备将滑模装置滑离地面并使其不断地向上滑升，直至需要的高度为止。

滑模施工工艺广泛应用于现场浇筑高耸构筑物和建筑物等的竖向结构，如烟囱、筒仓、高桥墩、电视塔、竖井、沉井、双曲线冷却塔和高层建筑等。近年来，其工艺方法也向多样化方向发展，如滑框倒模工艺、液压爬模工艺及用于长度较大工程的横向滑模工艺，有的工程还将网架屋盖顶升与柱滑模同步施工，这些都为滑模施工的发展提供了丰富的经验。

滑模施工具有机械化程度高、结构整体性好、施工速度快、节约模板和劳动力，有利于安全施工等优点。滑模施工的整个施工过程只需要进行一次模板组装，整套滑模装置均利用机械提升，从而减轻了劳动强度，实现了机械化操作；在滑模施工中，因混凝土分层连续浇筑，各层之间不会形成施工缝，因而结构整体性好；而且在施工中模板组装一次成型，减少了模板的装拆工序，且连续作业，竖向结构施工速度快。如果合理选择横向结构的施工工艺与相应配套，进行交叉作业，可以缩短施工周期。并且滑模的施工装置事先在地面上组装，施工中一般不再变化，不但可以大量节约模板，同时极大地减少了装拆模板的劳动力，且浇筑混凝土方便，改善了操作条件，因而有利于安全施工。

采用滑模施工，模板装置一次性投资较多，对建筑物立面造型有一定限制，结构设计上也必须根据滑模施工的特点予以配合。更重要的是对施工队伍的专业素质有较高要求。

第一节 滑升模板的组成及构造

滑升模板的装置主要由模板系统、操作平台系统和液压提升系统三部分组成，如图11-1所示。

一、模板系统

模板系统包括模板、围圈和提升架等。模板用于成型混凝土，承受新浇混凝土的侧压力，多用钢模或钢木组合模板。模板的高度取决于滑升速度和混凝土达到出模强度（0.2～0.4N/mm²）所需的时间，一般高 1.0～1.2m。为防止滑升过程中混凝土与模板的粘结引起滑升困难，应将模板做成上口小、下口大的锥形，单面锥度约 0.2%～0.5%。两块模板的间距控制则以模板上口以下 2/3 模板高度处的净间距为结构断面的厚度。围圈用于支承和固定模板，保证模板所构成的几何形状及尺寸，内外挑挂架子的支撑部件。同时可以承受模板传来的荷载（包括水平和垂直两个方向）以及操作平台和内外挑挂架子传来的荷

图 11-1　滑升模板的组成

1—支承杆；2—液压千斤顶；3—油管；4—提升架；5—围圈；6—模板；

7—混凝土墙体；8—操作平台桁架；9—内吊脚手架；10—外脚手架

载。一般情况下，模板上下各布置一道，分别支撑在提升架的立柱上，把模板与提升架联系在一起，构成模板系统。它承受模板传来的水平侧压力（混凝土的侧压力和浇筑混凝土时的水平冲击力）和由摩阻力、模板与围圈自重（如操作平台支承在围圈上，还包括平台自重和施工荷载）等产生的竖向力。上下围圈的间距，视模板高度而定，以使模板受力时变形小时为原则。上下围圈的距离视模板高度而定，一般为 500～700mm。以 1～1.2m 高的模板为例，上下围圈间距宜在 600～700mm，距上口不宜大于 250mm，以确保模板上口刚度，距下口不宜大于 150mm。围圈可视为以提升架为支承的双向弯曲的多跨连续梁，材料多用角钢或槽钢，以其受力最不利情况计算确定其截面。提升架的作用是固定围圈，防止模板的侧向变形，把模板系统和操作平台系统连成整体，承受整个模板系统和操作平台系统的全部荷载并将其传递给液压千斤顶。提升架分单横梁式与双横梁式两种，多用型钢制作，其截面按框架计算确定。

二、操作平台系统

操作平台即工作平台，既是施工人员绑扎钢筋、浇筑混凝土、提升模板、安装预埋件及施工人员进行操作的场所，又是材料、工具等的堆放场所和液压控制设备的安置台，有时还利用它架设垂直运输的机械。因此，操作平台应有足够的强度和刚度，以便能控制平台水平上升。操作平台的构造如图 11-2 所示，具体组成及要求见表 11-1。

操作平台分为主操作平台和外挑操作平台。主操作平台一般由承重钢桁架（或梁）、楞木和铺板组成。承重钢桁架支承在提升架的立柱上，也可通过托架支承在桁架式围圈上。按结构平面形状的不同，操作平台的平面可组装成矩形、圆形等各种形状。按操作平台结构的不同，分为分割式和整体式。分割式的操作平台在提升架之间划分，整体式操作平台则通过纵横连续梁将整个建筑物的操作平台连成整体，刚度较好。按施工工艺要求的不同，操作平台的铺板可设计成固定式或活动式，活动式在揭开平台板后可方便地进行横向结构的施工。

图 11-2　操作平台的构造

1—上辅助平台；2—主操作平台；3—吊脚手架；4—三角挑架；5—承重桁架；6—防护栏杆

操作平台系统的组成及要求　　　　　　　　　　　　　　表 11-1

组成部分	构　　　造	基　本　要　求
主操作平台	由于既要考虑在施工上操作方便，又要结构牢稳、可靠，一般将提升架设在立柱内侧、提升架之间的平台板采用固定式，提升架外侧采用活动式。活动式平台板用型钢制作框架，上铺多层胶合板或木板，再铺钢板保护；平台桁架最好设计成伸缩式，以适应不同跨度的需要，其支架也设计成活动支座	主操作平台承受的基本是活荷载，且变化幅度大，应安放平稳牢固，而且在建筑物施工中，由于楼板跟随施工的需要，要求操作平台采用活动式，便于揭开，进行楼板施工
外挑操作平台	一般由三角挑架、楞木和铺板组成，宽一般 0.8～1m，三角架可支撑在提升架立柱上或固定在围圈上	为了安全，外侧应设防护栏杆，同时三角架应用型钢制作，应固定牢固，其固定连接方法见图 11-3
吊脚手架	其构造如图 11-4 所示，吊杆可用 $\phi16$～$\phi18$mm 的钢筋制成，铺板宽度一般为 600～800mm，底层高 2m 左右	为了安全，每根吊杆必须安装双螺母以拧紧，外侧设安全网，内外吊脚手设置两层及两层以上时，应同时考虑吊杆的强度及提升架的刚度，防止变形
上辅助平台	一般由承重桁架、防护栏杆、铺板组成	应保证其结构的稳定性

外挑操作平台一般由外挑三角架、楞木和铺板组成。三角挑架固定在提升架的立柱上或固定在围圈上。外挑操作平台的外挑宽度为 0.8～1.0m，并在其外侧设置防护栏杆和张挂安全网，以便安全操作。

图 11-3　三角挑架的一种形式

1—立柱；2—角钢三角挂架；3—U 形螺栓；

4—支托；5—1 号钢管

图 11-4　吊脚手架

1—外吊脚手杆；2—内吊脚手杆；3—木楔；4—脚手板；

5—固定吊杆的卡棍；6—套靴；7—连接螺栓；8—平台承重桁架；

9—三角挑架；10—防护栏杆

三、液压提升系统

液压提升系统包括支承杆、液压千斤顶和液压控制装置等，它是承担全部滑升模板装置、设备及施工荷载，使滑升模板向上滑升的动力装置。由电动机带动高压液压泵，将液压油通过换向阀、分油器截止阀及管路，输送到各台千斤顶，在不断供油回流的过程中，使千斤顶活塞不断地压缩复位，将全部滑动模板装置向上提升到需要的高度。

1. 支承杆（又称爬杆）

支承杆既是液压千斤顶向上爬升的轨道，又是滑升模板的承重支柱，它承受施工过程中的全部荷载，其规格要与选用的千斤顶相适应。目前使用的额定起重量为 30kN 的滚珠式卡具千斤顶，其支承杆一般采用直径为 25mm 的 Q235 圆钢筋。当采用楔块式千斤顶时，应通过试验选用，亦可用螺纹钢筋。支承杆应调直除锈，当 HPB235 级圆钢采用冷拉调直时，冷拉率控制在 3% 以内。为了节约钢材和投资，应尽量采用加套管的工具式支承杆。为便于施工，支承杆的长度一般为 3～5m，宜用无齿锯或锯条切割，不应采用切断机剪切。制作好的支承杆，应用套管做通过实验。

支承杆接长时相邻的接头要互相错开，使用同一标高上的接头数量不超过 25%，以防止接长支承杆的工作量过于集中而削弱滑模结构的支承能力。因此，最下一段支承杆开始时至少应做成四种不同长度，长度差可以 50cm 为一档，以后即可用同一长度的支承杆接长。

2. 液压千斤顶

滑模工程中所用的千斤顶为穿心式液压千斤顶，支承杆从其中心穿过。按千斤顶卡具形式的不同可分为滚珠卡具式和楔块卡具式，按额定起重量来分，有 30、60、75、90kN 和 100kN 等，但以 30kN 应用较广。千斤顶的允许承载力，即工作起重量一般不应超过其额定起重的 1/2。

3. 液压控制系统

(1) 液压控制台：液压控制台是液压传动系统的控制中心，主要由电动机、齿轮油泵、溢流阀、换向阀、分油器和油箱等组成。其工作过程为：电动机带动齿轮油泵运转，将油箱中的油液通过溢流阀控制压力后，经换向阀输送到分油器，然后经油管将油液输入到各千斤顶，使千斤顶沿支承杆爬升。当活塞走满行程之后，换向阀变换油液的流向，在千斤顶排油弹簧回弹作用下，油液回流到油箱。每一个工作循环，可使千斤顶爬升一个行程，历时约 3～5min。液压控制台按操作方式的不同，可分为手动和自动控制等形式；按油泵流量(L/min)的不同，可分为 15、36、56、72、100、120 等型号，常用的有 36、56、72 型等。

(2) 液压回路系统：为了保证各千斤顶供油均匀，控制千斤顶的升差，油路的布置一般采取三级并联的方式。从液压控制台通过主油管到分油器，从每个分油器经分油管到支分油器，最后再从每个支分油器经支油管到各个千斤顶。

第二节 滑升模板的组装与拆除

一、滑模系统组装

滑模施工的特点之一，是将模板一次组装好，一直到施工完毕，中途一般不再变化，而且滑模构造比较复杂。因此，要求模板组装工作一定要认真、细致、严格地按照设计要求及有关操作技术规程进行。

1. 组装前的准备工作

(1) 滑模的组装工作，应在起滑线以下的基础或结构的混凝土达到一定强度后方可进行。基础土方应回填平整。

(2) 按照图纸，在基底上弹出结构各部位的轴线、边线、门窗等尺寸线，并标出提升架、支承杆、平台桁架等装置的位置线和标高。

(3) 在结构基底及其附近，设置一定数量的可靠的观测垂直偏差的控制桩和标高控制点。

(4) 对滑模装置的各个部件，必须按有关制作标准检查其质量，进行除锈和刷漆等处理，核对好规格和数量并依次编号，然后妥善存放以备使用。

(5) 进行液压设备的试车、试压检查。

(6) 安装垂直运输设备和搭设临时组装平台。

2. 组装顺序

滑模组装的先后顺序为：安装提升架→安装围圈→安装模板→安装操作平台→安装电气设备→安装提升设备并检查运转情况→安装支撑杆→安装内外脚手架，如图 11-5 所示。

3. 组装的质量标准

组装质量标准见表 11-2。

图 11-5 滑模装置的组装顺序图

滑模装置组装的允许偏差   表 11-2

内　　　　容		允 许 偏 差(mm)
模板结构轴线与相应结构轴线位置		3
围圈位置偏差	水平方向	3
	垂直方向	3
提升架的垂直偏差	平面内	3
	平面外	2
安放千斤顶的提升架横梁相对标高偏差		5
考虑倾斜度后模板尺寸的偏差	上　　口	−1
	下　　口	+2
圆模直径、方模边长的偏差		5
相邻两块模板平面平整的偏差		2

二、滑模系统的拆除

1. 拆除的一般要求

(1) 切断全部电源,撤掉一切机具。

(2) 拆除液压设施,但千斤顶及支承杆必须保留。

(3) 揭去操作平台板,拆除平台梁或桁架。

(4) 高空解体散拆时,还必须先将挂架子及外挑架拆除。

2. 拆除方法

(1) 整体分段拆除,地面解体

1) 优点:可充分利用现场起重机械,既快又比较安全。

2) 注意事项:整体拆除前,应做好分段拆除方案设计,拆除时应注意以下几点:

① 现场起重机械的吊运要做到既要充分利用起重机械的起吊能力,又避免超载;

② 每一房间墙壁(或梁)的整段两侧模板作为一个单元同时吊运拆除,外墙(外围轴线

梁)模板连同外挑梁、挂架亦可同时吊运,筒壁结构模板应按均匀分段设计;

③ 外围模板与内墙(梁)模板间围圈连接点不能过早松开(如先松开,必须对外围模板进行拉结,防止模板向外倾覆),待起重设备挂好吊钩并绷紧钢丝绳后,再及时将连接点松开;

④ 若模板下脚有较可靠的支撑点,内墙(梁)提升架上的千斤顶可提前拆除,否则须待起重设备挂好吊钩并绷紧钢丝绳时,将支承杆割断,再起吊运下;

⑤ 模板吊运前,应挂好溜绳,模板落地前用溜绳引导,平稳落地,防止模板系统部件损坏,外围模板有挂架子时,更需如此;

⑥ 模板落地解体前,应根据具体情况做好拆解方案,明确拆解顺序,制订好临时支撑措施,防止模板系统部件出现倾倒事故。

(2) 高空解体散拆

1) 特点:不需要大型吊装设备,但占用工期长,耗用的劳动力多,且危险性大,无特殊情况,一般不采用此方法。

2) 解体散拆顺序:拆除外吊架脚手架、护身栏(自外墙无门窗洞口处开始,向后倒退拆除)→拆除外吊架吊杆及外挑架→拆除内固定平台→拆除外墙(柱)模板→拆除外墙(柱)围圈→将外墙(柱)千斤顶从支承杆上端抽出→拆除内墙模板→拆除一个轴线段围圈,相应拆除一个轴线提升架→千斤顶从支承杆上端抽出。

3) 注意事项:在模板散拆的过程中,必须保证模板系统的总体稳定和局部稳定,防止模板系统整体或局部倾倒坍落。因此,制定方案、技术交底和实施过程中,务必有专职人员统一组织、指挥。

第三节　滑升模板安全技术

滑模工程不宜安排在冬期施工,如必须在冬期施工时,应制定相应的安全技术措施。滑模工程开工前,施工单位必须根据工程结构和施工特点以及施工环境、气候等条件编制滑模施工安全技术措施,作为滑模工程施工组织设计的一部分,报上级安全和技术主管部门审批后实施。对参加滑模工程施工的人员,必须进行技术培训和安全教育,使其了解本工程滑模施工特点、熟悉本规范的有关条文和本岗位的安全技术操作规程,并通过考核合格后方能上岗工作。主要施工人员应相对固定。滑模操作平台上的施工人员应定期体检,经医生诊断凡患有高血压、心脏病、贫血、癫痫病及其他不适应高空作业疾病的,不得上操作平台工作。

滑模施工中的安全技术工作,除应遵照一般土建施工安全操作规程外,尚应根据滑模特点,在施工前制定出一套安全操作注意事项或具体安全措施,并在施工中严格做到以下几点:

1. 建筑物基底四周及运输通道上,必要时应搭建防护棚,以防高空坠物伤人。建筑物四周应划出安全禁区,其宽度一般应为建筑物高度的 1/10,且不小于 10m。当不能满足要求时,应采取有效的安全防护措施。在禁区边缘设置安全标志。

2. 操作平台应经常保持清洁。拆下的模板及废钢筋头等,必须及时运到地面。

3. 操作平台上的备用材料及设备,必须严格按照施工设计规定的位置和数量进行布置，不得随意变动，尽量做到荷载堆放布置均匀，防止不均匀而产生平台倾斜。

4. 操作平台四周（包括上辅助平台及吊脚手架），均应设置护栏或安全围网，栏杆高度不得低于1.2m。

5. 操作平台的铺板接缝必须紧密，以防落物伤人。

6. 必须设置供操作人员上下的可靠楼梯，不得用临时直梯代替。不便设楼梯时，应设置由专人管理的、安全可靠的上人装置（如附着式电梯或上人罐笼等）。

7. 操作平台与卷扬机房、起重机司机等处，必须建立通信联络信号和必要的联络制度。

8. 操作平台上应设置避雷装置。避雷针以及操作平台上的电动设施，均应设置接地装置。

9. 操作平台上应备有消防器材，以防高空失火。

10. 采用降模施工楼板时，各吊点应增设保险钢丝绳。

11. 夜间施工必须有足够的照明。平台的照明设施，应采用低压安全灯。滑模施工应备有不间断电源。

12. 施工中如遇大雨及六级以上大风时，必须停止操作并采取停滑措施，保护好平台上下所有设备，以防损坏。

13. 模板拆除应均衡对称地进行。已拆除的模板构件，必须及时用起重机械运至地面，严禁任意抛下。

14. 严格按滑模支承杆的设计要求进行施工，确保支承杆的垂直度、平直度，控制支承杆的自由长度，防止因支承杆压曲而使平台产生倾覆倒塌。

复习思考题

1. 液压滑升模板操作平台的作用是什么？
2. 试述液压滑升模板组装的顺序。
3. 液压滑升模板对钢筋绑扎有什么要求？
4. 液压滑升模板对混凝土配制、混凝土凝结时间及出模强度有何要求？
5. 在滑模施工过程中，因特殊情况需暂停施工时，应采取哪些停滑措施？
6. 试述液压滑升模板施工的安全技术。

参 考 文 献

[1] 陈跃庆编. 地基与基础工程施工技术. 北京：机械工业出版社，2003.

[2] 基础工程施工手册编写组编写. 基础工程施工手册(第二版). 北京：中国计划出版社，2002.

[3] 河南省土木建筑学会编. 土木建筑文库第3卷. 上海：同济大学出版社，2005.

[4] 廖代广主编. 土木工程施工技术. 武汉：武汉理工大学出版社，2002.

[5] 卢循主编. 建筑施工技术. 上海：同济大学出版社，1999.

[6] 许红主编. 混凝土结构施工. 南京：东南大学出版社，2005.

[7] 王立新主编. 砌体结构施工. 南京：东南大学出版社，2005.

[8] 姚谨英主编. 建筑施工技术. 北京：中国建筑工业出版社，2003.

[9] 江正荣主编. 实用高层建筑施工手册. 北京：中国建筑工业出版社，2003.

[10] 孙家宝编. 高层建筑施工. 北京：化学工业出版社，2005.

[11] 徐伟，胡晓依，刘匀主编. 高层建筑施工. 武汉：武汉理工大学出版社，2004.

[12] 赵志缙主编. 高层建筑施工. 上海：同济大学出版社，1999.

全国高职高专教育土建类专业教学指导委员会规划推荐教材

（工程造价与建筑管理类专业适用）

征订号	书　名	定价	作　者	备　注
15809	建筑经济(第二版)	22.00	吴泽	国家"十一五"规划教材
16528	建筑构造与识图(第二版)	38.00	高远　张艳芳	土建学科"十一五"规划教材
16911	建筑结构基础与识图(第二版)	23.00	杨太生	国家"十一五"规划教材
12559	建筑设备安装识图与施工工艺	24.00	汤万龙　刘玲	土建学科"十一五"规划教材
15813	建筑与装饰材料(第二版)	23.00	宋岩丽	国家"十一五"规划教材
16506	建筑工程预算(第三版)	32.00	袁建新　迟晓明	国家"十一五"规划教材
15811	工程量清单计价(第二版)	27.00	袁建新	国家"十一五"规划教材
16532	建筑设备安装工程预算(第二版)	19.00	景星蓉	国家"十一五"规划教材
16918	建筑装饰工程预算(第二版)	16.00	但霞　何永萍	土建学科"十一五"规划教材
12558	工程造价控制	15.00	张凌云	土建学科"十一五"规划教材
16533	工程建设定额原理与实务(第二版)	12.00	何辉　吴瑛	国家"十一五"规划教材
16530	建筑工程项目管理(第二版)	32.00	项建国	国家"十一五"规划教材
20979	建筑电气工程识图·工艺·预算(第二版)	38.00	杨光臣	国家"十一五"规划教材
20765	管道工程施工与预算(第二版)	37.00	景星蓉	国家"十一五"规划教材
21621	建筑施工工艺	35.00	丁宪良　魏杰	土建学科"十一五"规划教材

欲了解更多信息，请登录中国建筑工业出版社网站：http://www.cabp.com.cn查询。